内蒙古野生鸟类

Wild Birds in Inner Mongolia

聂延秋　著　　邢莲莲　主审

中国大百科全书出版社

内蒙古野生鸟类
Wild Birds in Inner Mongolia

图书在版编目（CIP）数据

内蒙古野生鸟类／聂延秋著. — 北京：中国大百科全书出版社，2011.5
ISBN 978-7-5000-8578-2
Ⅰ. ①内… Ⅱ. ①聂… Ⅲ. ①鸟类—介绍—内蒙古 Ⅳ. ①Q959.708
中国版本图书馆CIP数据核字（2011）第090881号

出　　品　北京全景地理书业有限公司
策　　划　陈沂欢
责任编辑　徐世新　吴　琴　郭颖谦
责任印制　乌　灵

出　　版　中国大百科全书出版社（100037 北京西城区阜成门北大街 17 号）
网　址：http://www.ecph.com.cn　电话：(010) 88390718
发　　行　新华书店总经销
印　　刷　北京华联印刷有限公司
制　　版　北京美光制版有限公司
开　　本　889mm × 1194mm　1/16
印　　张　22
字　　数　350 千字
版　　次　2011 年 6 月第 1 版
印　　次　2011 年 6 月第 1 次印刷
书　　号　ISBN 978-7-5000-8578-2
定　　价　290.00 元

PREFACE 序言

欣闻内蒙古包头观鸟协会会长聂延秋先生的著作《内蒙古野生鸟类》即将出版，特此表示衷心祝贺！聂延秋先生是一位富有成就的医院院长，出于对自然的热爱，在工作之余到野外去观鸟和拍鸟，在近六年的时间里，在内蒙古境内行程40余万千米，拍摄了50余万幅野生鸟类图片，收集了大量第一手的鸟类资料，本书就是在此基础上完成的。本书收录了内蒙古野生鸟类466种，与以往对该地区的鸟类记述相比，增加了23种新的鸟种记录，是目前内蒙古自治区鸟类资源的最新研究成果。

中国鸟类资源十分丰富，在世界上占有重要的地位。但研究鸟类、关心鸟类的人还很少。许多地区的鸟类资源本底尚未调查清楚，大量物种的基础生物学资料缺乏，许多鸟类甚至还没有一张清晰野外生活照片。这种状况要改变，一方面需要国家加大对鸟类资源调查和基础研究的经费投入，另一方面需要鸟类学专业研究人员和大众观鸟队伍的发展壮大。

中国的民间观鸟活动起始于20世纪的80年代中期，到现在已有20多年的历史。进入21世纪以后，中国的民间观鸟活动快速发展，目前在全国各地诞生了数十个地方观鸟组织，从事观鸟和鸟类摄影的人数逐年增多。在中国富有影响的一个鸟类爱好者的网络“鸟网”，目前已有注册成员4万余人。通过观鸟活动，可以发现鸟类新的分布记录，也可以对鸟类资源动态进行长期监测。积极推动观鸟、鸟类摄影活动在中国的普及和发展，不仅可以为中国鸟类学研究积累数据和资料，还能引领更多的人体验自然、热爱鸟类。

聂延秋先生是中国著名鸟类摄影家。多年以来，他一直努力实践并积极倡导生态摄影。2010年7月，在黑龙江省大庆市第二届中国野生动物摄影高端论坛上，由他起草的《野生动物摄影行为准则》得到了与会专家的一致认同，并以此形成了大会宣言。他的保护环境、保护野生动物、传播生态文明的理念，对目前中国野生动物摄影的健康发展起到了一定的积极作用。

聂延秋先生是中国鸟类学会观鸟与摄影专业委员会的负责人之一，在推动国内观鸟与鸟类摄影活动方面做出了重要的贡献。他还是一名著名的环保志愿者。从2009年10月开始，他用自己所拍摄的精美鸟类图片配以生物说明及倡导环保的诗词，走进城市、农村、校园和自然保护区，开展了“保护环境、珍爱生命”万里行活动。该活动令各地观展民众产生了强烈的共鸣并产生了积极的社会效果。2010年6月21日，他应邀在全国政协礼堂举办了鸟类摄影展。党和国家领导人贾庆林、李克强、王刚、钱运录等同志亲自观展，并对此项活动给予了高度评价和充分的肯定。

在观鸟和鸟类摄影方面，聂延秋先生积累了丰富的经验。

本书的照片多是他在野外拍摄的。本书由内蒙古著名鸟类学家邢莲莲教授审校，图文并茂，集科学性、艺术性于一体，一定会受到全国各地读者的欢迎。我希望早日读到该书，也希望中国能涌现出更多的志愿者，像聂延秋先生一样，为鸟类的生存和自然的和谐付出爱心。

北京师范大学教授

中国鸟类学会秘书长　张正旺

2010年8月于北京

作者简介

聂延秋，男，1954年11月生人，现任包头观鸟协会会长、中国鸟类学会观鸟摄影专业委员会负责人之一、中国野生动物保护协会资深会员、中国摄影家协会会员、中国艺术摄影协会会员、鸟网专家组成员、内蒙古自治区环境科学学会副理事长、内蒙古自治区野生动植物保护协会副秘书长、内蒙古科技大学生物科学与技术学院兼职教授、政协包头市十一届委员。

曾任包头市卫生局副局长、包头第四医院院长、内蒙古自治区青联第七、八届常委、内蒙古自治区政协第六、七届委员和第八、九届常委、包头市十二届人大代表。

先后荣获：1998年全国抗洪救灾先进个人，2004年全国首批百姓放心示范医院优秀管理者，2006年中国医院（百名）优秀院长，2008年感动包头十大杰出人物、包头市五一劳动奖章、2009年斯巴鲁生态保护奖——生态文明传播奖、中国边境野生生物卫士奖——优秀卫士奖。

FOREWORD 前言

我打小就喜欢鸟，总想把家乡的鸟儿集录下来，让更多的人知道在我们的身边还有那么多美丽的小鸟，它们是人类的朋友。我是一名医生，一所医院的院长，我还是一名保护环境、保护野生鸟类的志愿者。拍鸟与进行野生鸟类资源调查纯属个人喜好，且悟性不高非常业余，但我总想尽我最大的努力，把我的所见所思整理出来，留给科学研究，留给教育事业，留给孩子们，留给未知的将来一点清晰的记忆。

我们过去曾喝黄河水，用乌梁素海的水煮鱼。短短几十年后，我们现在喝桶装水，用深井水做饭。小鸟那娇小的身体、脆弱的生命能到哪里去喝水呢？时下，工业正以从未有过的高速度在发展，城市仍在无限度地扩张，地下水位直线下降，山涧河流、草原湖泊逐渐干涸。再过几十年……

我知道每个人都热爱自己的家园，都有责任去爱惜、保护我们赖以栖居的地球与自然，这个道理很简单，但做起来却很难很难。怎样去适应飞速变化的社会环境，怎样才能摆正现实经济利益与子孙后代生存大计的关系，怎样去完成自己最真实的灵魂表达，都在年复一年的困扰着人们的思绪。

气候在不断变化，生态环境在不断恶化，但尊重自然、万物相依、生命高于一切的理念让我们不会止步。我会用我的付出、我的经历、我的作品，去影响、呼吁、引领更多的人走进自然、走进阳光、走进健康向上的现代文明生活，共同保护好还要养育子孙后代的生态环境，让美丽的小鸟永远与人类相伴。

小鸟伴我度过了苦涩但快乐的童年，伴我度过了亢奋且思维偏执的青少年时期，我的目光五十年来从没有离开过它们，将热爱深植于心，魂牵梦萦。

继《包头野鸟》出版之后，在各位老师的鼓励下，特别是在内蒙古自治区林业厅的大力帮助下，我于2005年开始进行内蒙古野生鸟类资源的调查工作。几年来，行程40余万千米，拍摄野生鸟类图片50余万幅，其间，我有成功的喜悦，也有失败的沮丧，几遇惊险，死里逃生，特别是课题到了后期进展缓慢，步履维艰，有时为找到一种鸟奔波数万千米，在那么多善良朋友的帮助下克服了难以想象的重重困难，终于走了下来。

为了鉴定包头地区野生鸟类和完成资源调查课题，我有幸结识了中国鸟类学会前任秘书长、北京师范大学生命科学院宋杰教授。宋先生热情友善、谦虚谨慎、平易近人、知识渊博，令我十分敬重。认识宋杰教授是我人生当中一次新的转折，对此我心怀感激并视其为自己一生的良师益友。在宋杰教授的引荐下我先后拜见了郑光美院士、张正旺教授和邢莲莲教授。郑光美先生是世界著名的鸟类学家、中科院院士、中国鸟类学会终身名誉理事长。先生宽容大度、语言不多，但其精辟的理论与独到的见解让我领略了先生的勤奋博学、热情善良、治学严谨、乐于施教的名师风范。先生对《包头野鸟》一书给予了高度评价:“这是造福子孙后代的大事，比十个医院院长对社会的贡献都大……”。我深知这是先生对一个鸟类爱好者的鞭策和鼓励，但却包含着先生对保护野生鸟类事业的关注和期望。在先生的精神影响下，我坚定了对内蒙古境内野生鸟类资源调查的信心。中国鸟类学会秘书长张正旺教授担负着繁重的教学、科研、学会和繁杂的社会工作，但温文儒雅的微笑始终挂在他的脸上，微笑中蕴藏着智慧、善良、勤奋和一往无前的精神，深深感染和激励着我，在他多方面的支持与鼓励下，“包头观鸟协会”于2007年得以成立。邢莲莲教授一生致力于鸟类学教学和研究，她是一位贤妻良母，更是一位杰出的鸟类学家，为内蒙古的教育事业、科学研究，为各级保护区的建设，为野生动物的保护事业，足迹踏遍辽阔的内蒙古大地，把博大的母爱情怀融进了蓝天、碧水、草原、青山。她像一位老大姐给予了我那么多无私的帮助，每每想起都令我心生感激并充满敬意。

感谢著名鸟类学家何芬奇先生、郭玉民博士、段文科先生给予的指导和帮助。感谢为本书提供图片以及给予我相助的中国鸟类学会、鸟网及各位鸟类摄影家、鸟友，感谢我的助手和身边的同事们的付出。特别是感谢我的家人和兄弟姐妹，这么多年的节假日我都奔波在外，不仅不能陪伴身边，还让他们担心牵挂，这一切都让我时时感怀在心，每一次不自觉的触动都百感交集、心绪难抑。仅以这本凝聚着我多年心血，印着我风雨兼程的足迹，饱含着我酸甜苦辣感触和万千心迹历程的《内蒙古野生鸟类》，作为一份特殊的礼物送给你们，并以此回报社会，回报老师，回报我的家人，回报鸟友和朋友，回报那么多理解我支持我的身边同事们。

由于我是业余鸟类观察者，又是在业余时间完成此书，书中难免有谬误之处，恳请大家不吝指教。

聂延秋

2010. 5

曲格平　中国环保事业的开拓者和奠基人之一，著名环境学家，现任中华环境保护基金会理事长。曾任中国常驻联合国环境署首任代表，国家环境保护局首任局长，全国人大环境与资源保护委员会第八届、第九届主任委员等职

保护野生鸟类
恩泽子孙后代

旭日干

二〇〇九年十一月廿六日

旭日幹璽

旭日干　中国工程院副院长、工程院院士

内蒙古野生鸟类

镜底留形成绝品
花香鸟语俱含情
资源环境同承重
更庆新编羡内蒙

王鸿祯敬书
二〇一〇年一月

王洪祯　中国科学院院士、中国地质大学教授

CONTENTS 目录

内蒙古自然概况

内蒙古自治区位于中国的北疆，界于东经97°10′～126°09′，北纬37°24′～53°20′之间，总面积118.3万平方千米，约占国土总面积的八分之一，自东北向西南延伸，横贯东北、华北、西北三大地区，北部与蒙古国、俄罗斯毗邻，从东北至西南分别与黑龙江、吉林、辽宁、河北、山西、陕西、宁夏、甘肃接壤。现辖3盟9市，分别为：兴安盟、锡林郭勒盟、阿拉善盟，呼和浩特市、包头市、赤峰市、乌海市、呼伦贝尔市、通辽市、乌兰察布市、鄂尔多斯市、巴彦淖尔市。

阿拉善胡杨林

疣鼻天鹅

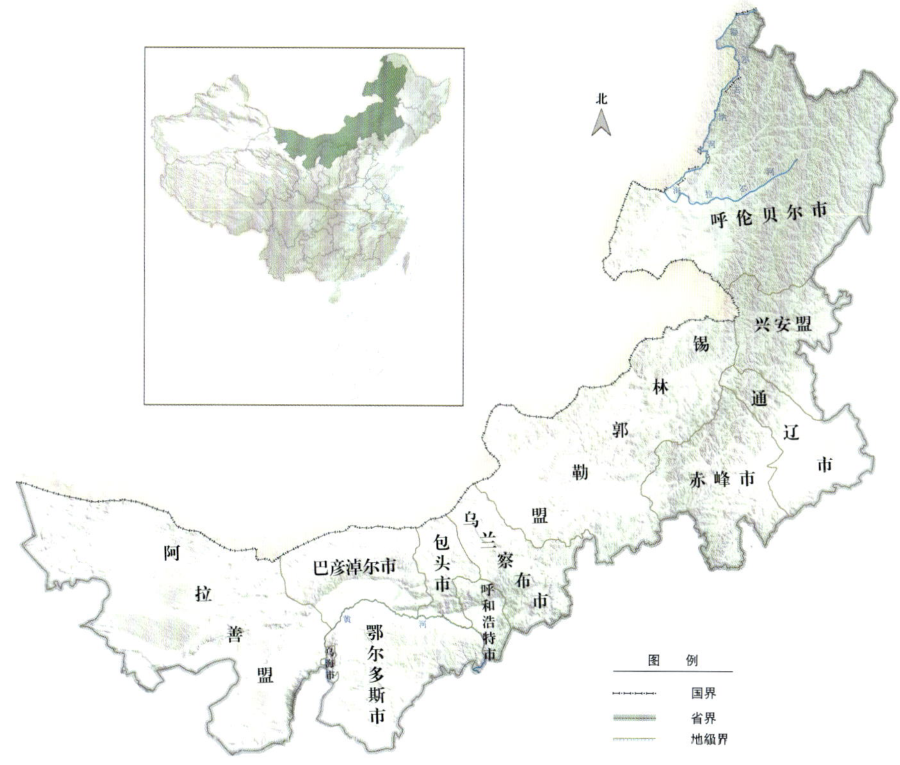

内蒙古地貌复杂但有规律，主体为高原，大兴安岭呈东北——西南方向贯穿于内蒙古东部，阴山山系东西走向横亘于中部，贺兰山呈南北向纵卧于西南，最西部为北山山系，各山系首尾相接，形成一条弧形山带，山带北部围成内蒙古高原。阴山山脉以南，黄河大湾以内为鄂尔多斯高原。大兴安岭向东南部过渡为松嫩、辽河平原，阴山山系南坡陡峻，山前形成东西走向的带状洪积河套平原。

内蒙古地域辽阔，东西横跨29个经度，相距2400千米，南北纵向穿越16个纬度，相距1700千米。太阳辐射的热能自北向南递增，依次属寒温带、中温带及暖温带。东部受海洋性季风影响较大，向西递减，最西部的阿拉善盟已深居中亚极端干旱区，又处于青藏高原的雨影区，年降水量不足20毫米。

受水热条件控制，内蒙古植被自东北向西南呈带状分布，依次为夏绿落叶阔叶林、寒温带针叶林、森林草原、典型草原、荒漠化草原、草原化荒漠、戈壁荒漠。贺兰山、阴山山脉等高海拔山体，山地植被呈现垂直带谱。由于鸟类与自然环境的协同演化，每种植被带均分布有代表性的鸟类，多样的自然环境造就了内蒙古鸟类区系的复杂性和特殊性。在陆生脊椎动物地理区划中，内蒙古被划归欧洲——西伯利亚亚界、东亚亚界及中亚亚界三个亚界。大兴安岭区、东北区、华北区、蒙新区四个区。

内蒙古鸟类分布特点

内蒙古是一块古陆，已经历了2亿多年苍海桑田、冷热交替的历史演变，在自然环境的变迁中，鸟类区系组成协同环境同样经历了物种绝灭、新种形成、分布区扩散、区系重组等变迁，逐渐形成现代的格局，众多的鸟类以其自身的存在维护着大自然的秩序。

内蒙古的森林鸟类主要分布于大兴安岭、燕山北部余脉、阴山山系、贺兰山、北山山系、额济纳旗等地的胡杨林及人工林等地。大兴安岭北部是内蒙古的冷湿中心，年降水量450～500毫米，冬季极端最低气温可达-50℃。植被为寒温带针叶林，是泰加林的南延地带。兴安落叶松、樟子松、白桦等乔木和越橘、杜鹃花等灌丛为优势种。最具代表性的鸟类为黑嘴松鸡、柳雷鸟、白背啄木鸟、长尾林鸮。优势种为黄雀、栗鹀等。除此之外，还可见到乌林鸮、鬼鸮、雪鸮、花尾榛鸡、黑琴鸡、三趾啄木鸟、北朱雀、松雀、极北柳莺、红交嘴雀、旋木雀、雪鹀等。华北燕山山系的两大余脉七老图山和努鲁尔虎山分别向西北和东北伸入内蒙古赤峰市的喀喇沁旗西南部和敖汉旗、奈曼旗南部，受地形降水影响，山地雨量相对充沛，南部已进入暖温带，水热条件较好，森林茂盛，植被属暖温型夏绿阔叶林，还有成片的油松林。鸟类资源丰富，在动物地理区划中划归华北区，代表性鸟类有红嘴蓝鹊、灰喜鹊、黑卷尾、宝兴歌鸫、黄眉姬鹟、黑枕黄鹂、黄腹山雀、大山雀、勺鸡、黄喉鹀、褐头鸫、牛头伯劳等；阴山山系横亘于内蒙古中部，基带为草原和荒漠，山地森林植被较稀疏，但是大青山阴坡及

大兴安岭林区景观

黑嘴松鸡

长尾林鸮

沟谷、峦汉山、九峰山等山地森林发育较好。九峰山海拔最高达2338米，植被的垂直层谱清晰，海拔1800～1900米以上为寒温带针叶林和亚高山灌丛带，繁殖鸟类以蒙新区种类为主，旅鸟的成分较复杂，常见种类有山鹛、山噪鹛、鹪鹩、石鸡、红角鸮、褐头山雀、白背矶鸫、红翅悬壁雀、北红尾鸲、红隼、红尾伯劳、灰眉岩鹀、三道眉草鹀等，临近河流的山崖常有黑鹳营巢。贺兰山为纵卧于内蒙古中西部的山脉，是内蒙古与宁夏回族自治区的界山，西坡属内蒙古，最高峰3556米，山脉南部植被茂密，垂直层谱复杂，基带为荒漠，赭红尾鸲、红腹红尾鸲、欧夜鹰、漠鹏、凤头百灵等为常见种。海拔1000米左右的低山阔叶林灌丛带，鸟类的种类较多，秃鹫、煤山雀、普通朱雀、红眉朱雀、褐头山雀、黑头䴓、橙斑翅柳莺、北红尾鸲、乌脚柳莺、黄爪隼、白眉朱雀、蒙古沙雀、褐岩鹨较为

常见。于海拔1700米左右繁殖的鸟类有兰马鸡、凤头雀莺、红交嘴雀、拟大朱雀、白翅拟蜡嘴雀、黄嘴朱顶雀等。在山顶草甸繁殖的种类较少，如领岩鹨。胡杨林是内蒙古最西部阿拉善盟极端干旱地区最具特色的林地，多分布于额济纳河河滩水分条件较好、盐碱化程度较高的地方，树木高大挺拔。金鹛、黑鸢等猛禽在树林上空盘旋，在林间灌丛及枝头活动的多为黑顶麻雀、白喉林莺、沙白喉林莺等

黑卷尾

红嘴蓝鹊

阴山山系景观

小型雀形目鸟类。雅布赖山深处山泉溪流涌出的地方，生长有沙枣林和果树，黑顶麻雀等小型雀类分布于此。内蒙古还拥有沙地疏林等特有林地，如科尔沁沙地疏林、浑善达克沙地疏林、呼伦贝尔沙地疏林及毛乌素沙地疏林、白音敖包沙地云杉林等，这些特殊林地林下灌丛及草本植物发育较好，植被垂直层谱明显，供不同生态习性的鸟类选择，长耳鸮、黑鸢、灰椋鸟、北椋鸟、家麻雀、白喉林莺、攀雀、褐头山雀、斑翅山鹑、鹌鹑等常在乔木、灌丛或草丛中繁殖栖息；平原地区以人工林为主，迁徙季节，很多雀类在此停歇觅食，常见的繁殖鸟类有长尾灰伯劳、红尾伯劳、金翅雀、黑尾蜡嘴雀、黄腹山雀、大山雀、黑卷尾、红脚隼、喜鹊、乌鸦、灰斑鸠等。

内蒙古有天然草原7880万公顷，为欧亚大草原的组成部分。草原植被以丛生禾草草原为主，还有灌丛草原等，草原低湿环境往往出现芨芨草草甸。草原植被的垂直层谱简单，隐蔽条件较差，在草原上繁殖的鸟类多营造地面巢，如大鸨、蓑羽鹤、毛腿沙鸡、黑喉石鹏及蒙古百灵、沙百灵、角百灵等

凤头百灵

凤头䴙䴘 / 呼和浩特市

普通鸬鹚 / 巴彦淖尔市

百灵科鸟类。穗䳭、沙䳭、灰沙燕、石雀、戴胜等则把巢筑于土洞或石缝中。草原鹛、大鵟的巢多筑于风蚀残丘上，大鵟有时甚至在电线杆上搭巢。

内蒙古西部的阿拉善盟及鄂尔多斯市和巴彦淖尔市的一部分为戈壁荒漠、草原化荒漠及沙漠，总面积约7000万公顷，荒漠环境的热能高，降水量少，只有5～200毫米，构成了一个独特的超旱生生

态系统。由于自然条件恶劣，栖息于此的鸟类多具有特殊的适应能力，如营洞巢、饮哺或利用一些相对较好的小生境，常见的种类有黑尾地鸦、凤头百灵、蒙古沙雀、巨嘴沙雀、漠地林莺、漠䳭、沙白喉林莺等。

内蒙古的大部分地区处于干旱、半干旱区，但是又拥有很多类型的湿地，湿地总面积仅次于西藏和黑龙江居中国第三位，包括六大外流水系、大小河流1000多条；较大的湖泊300多个和大面积的湿草甸。众多的湿地为雁鸭类、䴙䴘、鸬鹚等游禽，鹬鸻、鸥类、鹭类等涉禽及鹡鸰科等小型雀形目鸟类提供了适宜的生存环境。

红喉潜鸟 / 孙晓明

潜鸟目 Gaviiformes
潜鸟科 Gaviidae

红喉潜鸟

Gavia stellata (Red-throated Diver)

潜鸟目潜鸟科。全长约60cm。繁殖羽头、颈浅灰色，**枕至后颈有黑白相间的细纵纹，喉至颈前有栗色三角斑**，背灰黑褐色有白色斑点。胸腹白色，胸侧有黑色细纵纹。冬羽上体黑褐色具白斑，颏、颈侧、脸白色。虹膜红色或栗色，嘴黑色或浅灰色，脚暗绿色，跗跖、趾缀以白色或黄色。

栖息于北极苔原和森林苔原带的江河、湖泊及沿海地区，善潜水。以鱼类、昆虫、软体动物为食。繁殖期6～7月，营巢于近水边的植物堆上，每窝产卵1～3枚。旅鸟，仅呼伦贝尔市、 巴彦淖尔市有记录报道。

黑喉潜鸟

Gavia arctica (Black-throated Diver)

潜鸟目潜鸟科。全长约68cm。夏羽头顶、后颈暗灰色，喉、前颈黑绿色，具金属光泽，**颈侧有黑白纵纹，上体黑色，有辉紫色方形斑**，胸腹白色，胸部有黑色纵纹。冬羽背部黑色，喉、颈、胸、腹白色，后腹部具白斑。嘴灰黑色，细长而直，脚黑色。

单独或成对栖息于湖泊、河流及沿海海面，迁徙时结小群活动。主要以鱼为食，也食水生昆虫或植物。5月开始繁殖，营巢于河边草丛和挺水植物中，每窝产卵1～3枚，雌雄共同孵卵。旅鸟，罕见于呼伦贝尔市。

黑喉潜鸟 / 王吉衣

䴙䴘目 Podicipediformes
䴙䴘科 Podicipedidae

小䴙䴘 / **非繁殖羽** / 包头市 / 2008-12-20

小䴙䴘

Tachybaptus ruficollis (Little Grebe)

䴙䴘目䴙䴘科。全长约26cm。夏羽上体黑褐色，颊、颈前、颈侧红栗色。冬羽上体灰褐色，下体污白色，颈侧淡棕色，喉白色。尾羽绒毛状，似无尾。趾间具蹼。身体短圆，不善飞行，善游泳潜水。虹膜黄色，嘴黑色，尖端浅黄，嘴裂草黄色，脚灰蓝色。

栖息于河、湖、水库、沼泽等地，常潜水取食，以水生昆虫、鱼虾等为食。繁殖时在浅水的芦苇、灯心草、香蒲等草丛中营巢，繁殖期6～7月，每窝产卵4～7枚，卵形钝圆，污白色，雄雌轮流孵卵。夏候鸟，数量多，分布于内蒙古自治区全境。

小䴙䴘 / **繁殖羽** / 包头市 / 2007-4-27

赤颈䴙䴘 / 章克家

凤头䴙䴘 / 非繁殖羽 / 包头市 / 2006-10-17

赤颈䴙䴘

Podiceps grisegena (Red-necked Grebe)

䴙䴘目䴙䴘科。全长约47cm。夏羽头顶黑色，头顶两侧羽毛延长形成短的黑色羽冠。后颈、背部灰褐色，尾羽黑色。颊和喉部灰白色，**前颈、颈侧、上胸棕红色**，下体银灰色，两胁白色。冬羽后颈、上体暗褐色，有灰褐色羽缘，颊部淡褐色，头侧和喉灰白色，下体白色，胸侧、两胁具黑褐色斑。虹膜黑褐色，嘴黑色，基部黄色，跗跖黑色。

栖息于内陆湖泊。善游泳和潜水。水中觅食，主要以昆虫及幼虫、小鱼、小虾等为食，也食水生植物。4～8月繁殖，营巢于芦苇、香蒲多的湖泊和水泡子中，每窝产卵2～6枚，蓝绿色。分布于呼伦贝尔市、兴安盟、赤峰市，在内蒙东北部为夏候鸟，鄂尔多斯有记录。少见。

凤头䴙䴘 / 繁殖羽 / 呼和浩特市 / 2007-3-28

凤头䴙䴘 / 呼和浩特市 / 2005-5-12

凤头䴙䴘

Podiceps cristatus (Great Crested Grebe)

䴙䴘目䴙䴘科。全长56cm。夏羽黑色羽冠明显，眼先、颊、眉纹、耳羽均白色，前颈污白，后颈灰褐，**上颈有一圈带黑色的棕色羽，形成皱领，上体灰褐色，**下体银白色，两翅暗褐色，有白斑，胸和两胁淡棕色。冬羽羽色较夏羽暗，上体呈暗黑褐色，羽冠不明显，皱领消失。体型似鸭，颈修长，虹膜橙黄。嘴暗褐色，扁且直尖，嘴基红色，尖端白色。脚青色，内侧暗绿色。雌雄同色。

栖息于江河、湖泊、池塘等水域，潜水能力强，以软体动物、鱼、虾及水生植物等为食。以芦苇、蒲草、水草等在水面和蒲丛间筑巢，繁殖期5～7月，每窝产卵4～5枚，卵呈枯黄色。夏候鸟，分布于内蒙古全境。常见。

角䴙䴘

Podiceps auritus (Slavonian Grebe)

䴙䴘目䴙䴘科。全长约35cm。夏羽，眼先金黄，**眼后有一簇状似"角"的金黄色饰羽伸至头顶，额、头顶、**后颈黑色，**颈侧有皱领，**背部暗灰褐色，上胸栗红色，下胸、腹白色。冬羽背侧黑褐色，腹侧白色。虹膜红色，嘴黑色、直尖，先端黄色。

栖息于淡水湖泊、河流、沼泽地，主要以鱼、节肢动物、蛙、蝌蚪等水生动物为食，也食水生植物。4～8月繁殖，营巢于水生植物丰富的湖泊中，每窝产卵1～7枚，长卵圆形，淡白色，两性共同孵卵。旅鸟，分布于呼伦贝尔市，鄂尔多斯市有记录。属国家二级重点保护动物，极少见。

角䴙䴘 / 繁殖羽 / 陈建中

黑颈䴙䴘 （右幼鸟） / 包头市 / 2007-7-2

黑颈䴙䴘

Podiceps nigricollis (Black-necked Grebe)

䴙䴘目䴙䴘科。全长约30cm。**夏羽头、颈和上体黑色，眼后有黄色扇形饰羽。**两胁红褐色，胸腹白色。冬羽无耳饰羽，黑色顶冠延伸至眼下，颏喉部、两颊及后头两侧白色。虹膜橙红色，嘴黑色、上翘，脚黑色。

栖息于水库、河塘、湖泊、湿地，以鱼虾、昆虫、软体动物、水草及草籽为食。成群在水面上繁殖，以蒲草、芦苇在水上筑浮巢，繁殖期4～7月，每窝产卵3～7枚，卵白绿色。夏候鸟，分布于呼伦贝尔市、兴安盟、锡林郭勒盟、乌兰察布市、包头市、鄂尔多斯市、巴彦淖尔市、阿拉善盟，属国家二级重点保护动物，是乌梁素海主要繁殖鸟之一，常见。

黑颈䴙䴘 / 繁殖羽 / 巴彦淖尔市 / 2009-4-11

鹈形目 Pelecaniformes
鹈鹕科 Pelecanidae

卷羽鹈鹕

Pelecanus crispus (Dalmatian Pelican)

鹈形目鹈鹕科。全长约175cm。体大似天鹅，但更粗壮，通体白色，嘴下具橘黄色大型喉囊，具蓝褐色斑点。颈背部具卷曲的白色冠羽，前颈、前胸乳黄，腹、尾下覆羽、胁、腋羽白色。飞翔时翼尖呈明显黑色。虹膜淡红黄色，眼先暗黄，上嘴沙黄色，下嘴青铜色，嘴甲橙黄，跗跖深灰色沾橄榄绿或棕褐色。

栖息于湖泊、河流、滨海沼泽水域，将头插入水中捕食，主要以鱼类为食。鹈鹕为“一夫一妻”制，营巢于树上，与鹭、鸬鹚等混巢一处，每窝产卵3～4枚，雏鸟把嘴伸进亲鸟喉囊中取食。旅鸟，分布于包头市、鄂尔多斯市、巴彦淖尔市，极少见。属国家二级重点保护动物，被《中国物种红色名录》列为易危物种。

卷羽鹈鹕 / 丁洪安

鹈形目 Pelecaniformes
鸬鹚科 Phalacrocoracidae

普通鸬鹚

Phalacrocorax carbo (Great Cormorant)

鹈形目鸬鹚科。全长90cm。**夏羽额、头、枕颈部及羽冠黑色**，并有白色丝状羽，**眼圈蓝色**，**眼先裸露**，全身黑色并有金属光泽，嘴厚重，脸颊及喉白色，两肋具白斑。冬羽无羽冠和白色丝状羽，两肋白斑消失。虹膜宝石绿色，上嘴黑褐色，上嘴边缘及下嘴乳黄，脚黑色，蜡膜黄色。

栖息于湖泊、池塘等水域，休息时多站立岸边或树上，不时扇动两翅，主要以鱼类为食，亦食甲壳类、线虫等。喜成群在河湖岸边树上用枯枝、干草营巢。繁殖期5～7月，每窝产卵3～5枚，卵白沾淡蓝色。夏候鸟，旅鸟，除乌海市无记录外，分布于内蒙古大部地区，是乌梁素海优势鸟种之一。数量多，分布广。

普通鸬鹚 / 包头市 / 2005-5-12

鹳形目 Ciconiiformes
鹭科 Ardeidae

苍　鹭 / 包头市 / 2007-9-15

苍　鹭

Ardea cinerea (Grey Heron)

鹳形目鹭科。全长约100cm。夏羽头颈白色，**头顶两侧及枕部黑色**，上体灰色，下体白色，**前颈有2～3条纵列黑斑**，体侧有较大黑斑。**雄鸟头顶有两条黑色长形辫状冠羽**，繁殖期后，羽冠脱落，体色变深。**飞行时颈部缩成"S"形**，脚伸于尾后，双翅扇动缓慢。虹膜黄色，眼圈黄色，嘴、脚黄绿色，爪黑色。

喜栖息于江河、湖边，以鱼、虾、昆虫等为食。4～6月繁殖，筑巢于岸边峭壁、高大乔木上或苇丛中，每窝产卵3～6枚，卵呈长椭圆形，淡绿色。夏候鸟，分布于内蒙古全境，并在大部分地区有繁殖，数量多，常见。

苍　鹭 / 包头市 / 2007-6-5

草　鹭 / 亚成鸟 / 巴彦淖尔市 / 2007-9-15

草　鹭

Ardea purpurea (Purple Heron)

鹳形目鹭科。体长95cm。**头顶蓝黑色，枕具两条黑色长形辫状冠羽。颈细长，栗褐色，两侧有黑蓝色纵纹，前颈下部有长呈灰色的矛状饰羽**。上体栗褐色，胸、腹中央铅灰色，两侧暗栗色。虹膜黄色，**眼先裸露皮肤黄色**，嘴暗黄，嘴峰褐色，胫部黄色，跗跖和趾栗褐色，爪黑褐色。

栖息于平原、丘陵湿地的河、湖水边，行动迟缓，食性似苍鹭。5～7月繁殖，筑巢于芦苇、蒲草等挺水植物的水域岸边，每窝产卵4～5枚，卵椭圆形，灰蓝色，无斑纹。夏候鸟，分布于内蒙古全境。数量较多，常见。

草　鹭 / 成鸟 / 包头市 / 2006-4-27

草　鹭 / 巴彦淖尔市 / 2008-6-9

大白鹭 / 巴彦淖尔市 / 2007-9-15

大白鹭

Egretta alba (Great Egret)

鹳形目鹭科。全长约95cm。**全身白色，繁殖期颈下和背部有长形蓑羽**，非繁殖羽无蓑羽。**嘴、颈和脚特别长**，虹膜淡黄，**眼先和嘴黑绿色**，小腿沾粉红色，跗跖、趾、**爪黑色。**

栖息于河、湖、水塘等湿地。喜结小群在浅水处、岸边取食鱼、虾、昆虫等。3～7月繁殖，营巢于高大乔木或蒲草、苇丛中，每窝产卵3～6枚，卵灰蓝色，无斑点，雌雄共同孵卵。夏候鸟，分布于呼伦贝尔市、兴安盟、赤峰市、锡林郭勒盟、呼和浩特市、包头市、巴彦淖尔市、阿拉善盟。在乌梁素海苇丛中集群繁殖，数量多，常见。

大白鹭 / 巴彦淖尔市 / 2008-12-16

大白鹭 / 包头市 / 2007-3-29

白鹭

Egretta garzetta (Little Egret)

鹳形目鹭科。全长约60cm。体羽白色，**枕后长有两根细长的饰羽**，颈前和背具有蓑羽，脸部裸露皮肤黄绿色。虹膜黄色，**繁殖期脚、嘴黑色，趾黄绿色，爪黑色**。

栖息于河、湖、水库、鱼塘、沼泽地。喜结小群活动于浅水处。以鱼、虾、昆虫、蛙等为食。4～7月繁殖，筑巢于高大乔木上，每窝产卵2～5枚，浅蓝绿色，无斑点，雌雄共同孵卵。夏候鸟、旅鸟，在包头、乌梁素海近几年较常见，在乌梁素海有繁殖。

白　鹭 / 巴彦淖尔市 / 2007-6-10

黄嘴白鹭

Egretta eulophotes (Chinese Egret)

鹳形目鹭科。全长约63cm。嘴、颈、脚长，全身洁白。**夏羽头顶至枕部有多枚细长白羽组成的丝状羽冠**，背肩及前胸具发状蓑羽。冬羽似夏羽，但蓑羽消失。雌雄形态相似，雌性个体小。虹膜黄色。**嘴夏季橘黄色，眼先裸出部蓝灰色**，冬季嘴暗褐色，下嘴基部黄色，眼先裸出部黄绿色。胫、跗跖黑褐色，脚黄绿色。

栖息于河口、海岸、湖泊、沼泽地带，以各种小型鱼类为食。5～7月繁殖，营巢于悬崖岩石、矮小树杈、沼泽塔头上，每窝产卵2～4枚，卵圆形，淡蓝色。夏候鸟，分布于赤峰市境内，属国家二级重点保护动物，濒危，少见。

白　鹭 / 繁殖羽 / 巴彦淖尔市 / 2009-4-24

黄嘴白鹭 / 2009-5-16

黄嘴白鹭 / 繁殖羽 / 2009-5-16

牛背鹭 / 包头市 / 2007-5-3

牛背鹭 / **亚成鸟** / 包头市 / 2007-9-15

牛背鹭

Bubulcus ibis (Cattle Egret)

鹳形目鹭科。全长约51cm。**嘴、头颈、上胸、背上饰羽橙黄色**，其它体羽白色，脚黑色。冬羽全身洁白，无蓑羽。虹膜黄色。

栖息于低山、平原的稻田、牧场、湖泊、沼泽。取食鱼、虾、蛙、昆虫等，常停留于牛背或其它家畜背上，啄食寄生虫。3～6月繁殖，营巢于高树上，每窝产卵3～6枚，浅蓝色。旅鸟，在包头、乌梁素海近几年较常见。

池　鹭

Ardeola bacchus (Chinese Pond Heron)

鹳形目鹭科。全长约45cm。**夏羽头、头顶及延伸到背部的冠羽、后颈、颈侧和胸均栗红色。**肩背部有伸至尾羽末

池　鹭 / 繁殖羽 / 呼和浩特市 / 2007-5-9

端的蓝黑色长形蓑羽。翅、尾、颏、喉、前颈和腹白色，飞翔时白翅、白尾、黑色背非常显眼。冬羽头颈淡黄色，具黑色纵斑，背部棕褐色，上胸具栗色斑纹。虹膜黄色，眼周裸出，黄绿色，嘴尖黑色，中部黄色，基部蓝色。

栖息于湖、塘、沼泽、稻田附近，取食鱼、蛙、小型爬行动物、昆虫等。3～7月繁殖，集群在高大乔木上筑巢，每窝产卵2～5枚，卵黄绿色，两性共同孵卵，雌性为主。夏候鸟，分布于呼伦贝尔市、赤峰市、呼和浩特市、包头市、鄂尔多斯市、巴彦淖尔市。常见。

池　鹭 / 亚成鸟 / 呼和浩特市 / 2007-9-15

绿　鹭

Butorides striatus (Green-backed Heron)

鹳形目鹭科。全长约45cm。**头顶和羽冠黑色，闪金属光泽。**胫和上体绿色，翼石板绿色，颏、喉白色，胸和两胁银灰色，腹部灰白色。雌雄羽色相似。虹膜柠檬黄色，嘴橄榄黑色，**下嘴基部和底部边缘黄绿色，跗跖与趾黄绿色，爪黑褐色。**

栖息于河流岸边灌丛及湖泊、沼泽地芦苇丛中，以鱼为主要食物，也吃两栖类、小型爬行类、昆虫、小虾等物。4～6月繁殖，每窝产卵3～5枚，椭圆形，绿青色，雌雄共同孵卵。夏候鸟，分布于包头市、巴彦淖尔市。少见。

绿　鹭 / 繁殖羽 / 巴彦淖尔市 / 2009-5-19

夜　鹭 / **繁殖羽** / 巴彦淖尔市 / 2007-6-5

夜　鹭

Nycticorax nycticorax (Black-crowned Night Heron)

鹳形目鹭科。体长55cm。**体型粗胖，颈短，头顶至背黑绿色并有金属光泽**，颊、颈侧、胸和两胁淡灰色，其余下体白色。**枕后有2～3枚白色长饰羽**，下垂至背上。雌鸟枕部无带状饰羽。虹膜血红色，眼先黄绿色，嘴黑色，脚黄绿色，爪黑色。

栖息于平原、丘陵地区的河、湖、沼泽、水塘。常结小群，晨昏和夜间活动，白天隐藏在密林中。以鱼、虾、蛙、昆虫等为食。4～7月繁殖，成群在高大乔木上筑巢，每窝产卵3～5枚，卵圆形，淡蓝色，雌雄共同孵卵。夏候鸟，分布于包头市、巴彦淖尔市、呼伦贝尔市。常见。

夜　鹭 / **亚成鸟** / 巴彦淖尔市 / 2008-9-6

黄斑苇鳽

Ixobrychus sinensis (Chinese Little Bittern)

鹳形目鹭科。全长约35cm。**雄鸟头顶和枕部冠羽黑色，头侧淡棕粘紫色**，颏喉部白色，**有深棕色中央纵纹**，上体黄褐色，下体皮黄色，飞羽和尾羽黑色，飞翔时非常清楚。雌鸟头顶栗褐色，背部栗红色，颈及胸部的深棕色纵斑更为明显。虹膜黄色，眼先裸露部黄绿色，嘴淡黄色，嘴峰暗褐色，跗跖和趾黄绿色，爪黄色。

栖息于沼泽、池塘、湖泊周边的草丛中。常单独活动，取食水生动物和昆虫。5～7月繁殖，在水草丛中筑巢，每窝产卵4～6枚，卵圆形，白色无斑。夏候鸟，分布于呼和浩特市、巴彦淖尔市。较少见。

黄斑苇鳽 / 包头市 / 2006-8-6

紫背苇鳽

Ixobrychus eurhythmus (Schrenck's Little Bittern)

鹳形目鹭科。全长约39cm。**雄鸟头顶黑色，上体栗色**，下体棕白色具皮黄色纵纹，**喉至胸具深色纵纹形成中线。**尾羽黑色，飞羽黑灰色，翼上覆羽棕黄色。雌鸟头顶黑色，体羽褐色较重，上体具黑、白及褐色杂斑。虹膜黄色，上嘴黑色，嘴缘皮黄色，下嘴乳白色，口缘黑色，跗跖橄榄色。

栖息于湖塘岸边的草丛、滩涂、沼泽湿地，以鱼虾和水生昆虫为食。5～7月繁殖，在草丛、苇丛中筑巢，每窝产卵3～5枚，白色无斑。夏候鸟，分布于呼伦贝尔市、兴安盟、通辽市、赤峰市、呼和浩特市、包头市、巴彦淖尔市。少见。

紫背苇鳽 / 雌鸟 / 繁殖羽 / 姚文志

紫背苇鳽 / 雄鸟 / 包头市 / 2007-5-28

栗苇鳽 / 林植

栗苇鳽 / 雌鸟 / 江航东

大麻鳽 / 雄鸟 / 包头市 / 2007-4-27

大麻鳽 / 雌鸟 / 包头市 / 2007-4-27

栗苇鳽

Ixobrychus cinnamomeus (Cinnamon Bittern)

鹳形目鹭科。全长约39cm。**雄鸟上体及飞羽栗红色。胸、腹部棕黄色，有稀疏黑褐色纵斑。**喉白色，略黄，中央有一条黄黑相杂的纵纹。雌鸟背羽较暗，密布白色斑点，头顶颜色更深，下体黄褐色，具暗褐色纵纹。虹膜黄色或橙黄色，嘴黄色，跗跖具盾状鳞，爪土黄色。

栖息于芦苇沼泽、水塘溪流和稻田中，夜行性。主要以小鱼、蛙、昆虫为食，也食少量植物性食物。4～7月繁殖，营巢于芦苇丛或灌丛中，每窝产卵3～6枚，卵圆形，白色。夏候鸟，分布于巴彦淖尔市、鄂尔多斯市。少见。

大麻鳽

Botaurus stellaris (Eurasian Bittern)

鹳形目鹭科。全长约70cm。**身体较粗胖**，颈和脚较粗短，体羽棕黄色，额、头顶和枕部黑色，眉短淡黄白色，具黑褐色粗着纵纹。雌雄相似，雌鸟羽色稍淡。眼极小，虹膜黄色，嘴黄褐色，嘴峰暗褐色，跗跖和趾黄绿色，爪黄褐色。

栖息于山地丘陵和山脚平原地带的河、湖、池塘苇丛、蒲草丛中。以鱼、虾、蛙、昆虫等为食。夜行性。5～7月繁殖，单独营巢在苇丛、草丛中，繁殖期常发出“哞、哞”的声音，故俗称为“水牛”，每窝产卵4～6枚，卵呈棕绿色，雌性孵卵。夏候鸟，分布于呼伦贝尔市、兴安盟、通辽市、赤峰市、锡林郭勒盟、乌兰察布市、包头市、鄂尔多斯市、巴彦淖尔市、阿拉善盟。较常见。

鹳形目 Ciconiiformes

鹳科 Ciconiidae

黑　鹳 / 巴彦淖尔市 / 2009-3-18

黑　鹳

Ciconia nigra (Black Stork)

鹳形目鹳科。全长约105cm。夏羽雌雄相似，嘴长且粗壮，**头、颈、翅、背和尾黑色，有紫绿色光泽**，下胸浓褐色，后胸、腹、两肋白色。虹膜暗褐，嘴、脚、趾红色。

栖息于河流、水塘、湖泊等水域岸边和附近沼泽湿地。以鱼、蛙和甲壳类动物为食。4～7月繁殖，在树上或岩壁石缝中筑巢，每窝产卵3～5枚，乳白色带少量浅斑。夏候鸟，分布于内蒙古全境，在乌梁素海北部山区有繁殖，属国家一级重点保护动物，濒危，数量少，较常见。

黑　鹳 / 亚成鸟 / 巴彦淖尔市 / 2008-6-30

黑　鹳 / 巴彦淖尔市 / 2009-3-18

白 鹳 / 宋迎涛

白 鹳

Ciconia ciconia (White Stork)

鹳形目鹳科。全长约110cm。体羽白色，翅黑色，有铜绿色光泽。眼周裸露皮肤红色，虹膜褐色，**嘴、脚红色**。

栖息于开阔草原上的湖泊、河流及其附近沼泽地。成年白鹳不鸣叫，遇干扰时，上下嘴急速的叩打，发出"哒哒"声，主要以鱼、蛙、蝌蚪、软体动物、昆虫等为食，也吃鸟卵及小型哺乳动物。3～5月繁殖，营巢于高大乔木、屋顶，每窝产卵3～5枚，白色，雌雄共同孵卵。夏候鸟、旅鸟，分布于呼伦贝尔市，属国家一级重点保护动物，极少见。

东方白鹳 / 兴安盟 / 2008-12-20

东方白鹳

Ciconia boyciana (Oriental White Stork)

鹳形目鹳科。全长约111cm。雌雄同色。体羽白色，前颈有松散饰羽，翅黑色，有铜绿色光泽。眼周裸露皮肤朱红色，虹膜粉红色，外周黑色，**嘴黑色，脚红色**。

栖息于有稀树生长的的湖泊、河流及其附近沼泽地和草地。主要以鱼为食，也吃软体动物、环节动物、蛙、蛇、蜥蜴及小型啮齿动物。3～7月繁殖，营巢于高大乔木、屋顶、高压线水泥塔顶，每窝产卵2～6枚，卵圆形，白色，雌雄共同孵卵。夏候鸟，分布于呼伦贝尔市、兴安盟、赤峰市、鄂尔多斯市，较常见。属国家一级重点保护动物，被《中国物种红色名录》列为濒危物种。

鹳形目 Ciconiiformes
鹮科 Threskiornithidae

黑头白鹮

Threskiornis melanocephalus (Black-headed Ibis)

鹳形目鹮科。全长约68cm。夏羽以白色为主，头顶和上颈裸出，呈黑色，**背和前颈下部有延长的灰色饰羽，翼下有裸露的深红色皮肤斑**。冬羽似夏羽，但背和前颈无灰色饰羽，翼下皮肤斑为粉红色。雌雄相似。虹膜红色或红褐色，脚、趾黑色。

栖息于湖泊、河流、沼泽地等开阔湿地，主要以鱼、蛙、昆虫等为食，4～5月繁殖，营巢于水边大树或灌丛中，每窝产卵2～4枚，长椭圆形，白色或淡蓝色，雌雄共同孵卵。旅鸟，分布于呼伦贝尔市、兴安盟、赤峰市，属国家二级重点保护动物，极少见。

黑头白鹮 / 林植

白琵鹭 / 包头市 / 2007-3-29

白琵鹭

Platalea leucorodia (White Spoonbill)

鹳形目鹮科。全长约86cm。夏羽全身羽毛白色，头部枕冠黄色，前颈基部具宽阔橙黄色横带，颊、喉部黄色，向后移行为红色。冬羽与夏羽相似，颈基部及颊呈白色。**嘴黑色，先端黄色，长直而扁平，中段狭，尖端扩展为匙状，形似琵琶**，上嘴背面具波状纹。虹膜暗黄色，眼先、额前缘黑色，眼下缘和眼前下角黄白色。胫部裸出部、脚、趾、爪黑色。

栖息于沼泽地、河滩、苇塘等湿地，喜群居。以小型动物、水生植物为食。捕食时在水中左右摆动头部搜索。繁殖期在岸边高树或芦苇丛中选巢。每窝产卵3～4枚，卵白色具褐色斑点，雌雄轮流孵卵。夏候鸟，旅鸟，分布于呼伦贝尔市、兴安盟、赤峰市、锡林郭勒盟、呼和浩特市、包头市、鄂尔多斯市、巴彦淖尔市、阿拉善盟，是乌梁素海主要繁殖鸟之一，属国家二级重点保护动物，常见。

雁形目 Anseriformes
鸭科 Anatidae

疣鼻天鹅 / 包头市 / 2007-3-6

疣鼻天鹅

Cygnus olor (Mute Swan)

雁形目鸭科。全长约150cm。通体雪白，头顶、上颈稍沾棕黄色，**嘴橘黄色**，眼先裸露，为黑色，与黑色的嘴基相连，脚黑色，**前额有黑色疣突**，雌鸟疣突不甚明显。

栖息于多水草的湖泊、沼泽、江河等宽阔水面，取食水生食物的茎叶和果实。游水时颈部多呈“S”形，并**两翼常向外、上蓬起**。于芦苇丛中营巢，4～5月繁殖，每窝产卵4～9枚，污白色。夏候鸟，分布于呼伦贝尔市、锡林郭勒盟、包头市、鄂尔多斯市、巴彦淖尔市、阿拉善盟，是乌梁素海重要繁殖鸟之一，数量明显在逐年减少，常见。在长江中下游越冬，亦有少量在黄河入海口过冬。属国家二级重点保护动物，被《中国物种红色名录》列为濒危物种。

疣鼻天鹅 / 巴彦淖尔市

p32左上：疣鼻天鹅（左右两只为亚成鸟）/ 巴彦淖尔市 / 2007-10-9

p32左下：疣鼻天鹅 / 巴彦淖尔市 / 2009-6-16

p33上：疣鼻天鹅 / 包头市 / 2007-3-6

p32~p33：疣鼻天鹅 / 2009-3-27

大天鹅 / 鄂尔多斯市 / 2008-10-25

大天鹅 / 鄂尔多斯市 / 2008-10-25

大天鹅

Cygnus Cygnus (Whooper Swan)

雁形目鸭科。全长140cm。全身羽毛洁白，颈修长，雌雄同色，眼暗褐色，嘴前部黑色，**上嘴基部黄色并沿两侧向前至鼻孔之前**，趾间具蹼，跗跖、蹼、爪黑色。

栖息于开阔的河、湖、水库，成群活动，主要以水生植物的茎、叶、种子和根为食，偶尔取食软体动物、水生昆虫等。善游泳，不潜水，将头颈伸入水下或倒立于水中捞取食物，身体笨重，起飞时很用力。在大的湖泊岸边筑巢，繁殖期5～6月，每窝产卵4～7枚，长卵圆形，乳白色。夏候鸟，旅鸟，分布于呼伦贝尔市、兴安盟、赤峰市、锡林郭勒盟、通辽市、呼和浩特市、包头市、鄂尔多斯市、巴彦淖尔市，常见。属国家二级重点保护动物，被《中国物种红色名录》列为近危物种。

小天鹅

Cygnus columbianus (Tundra Swan)

雁形目鸭科。全长110cm。体羽洁白，比大天鹅小，上下嘴黑色，**嘴基两侧黄斑沿嘴缘前伸于鼻孔之后**，

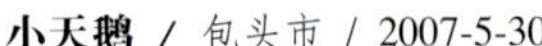

小天鹅 / 包头市 / 2007-5-30

鸿 雁 / 赤峰市 / 2009-5-2

头顶、颊沾棕黄色，虹膜棕色，跗跖、蹼、爪黑色。

栖息于开阔的多蒲苇湖泊、水库、水塘中，多集群活动，以水生植物的根、茎和种子为食，也食少量水生昆虫和螺类等。6～7月繁殖，在水域附近的灌丛中或草地上营巢，每窝产卵3～4枚，卵白色。旅鸟，分布于呼伦贝尔市、兴安盟、赤峰市、呼和浩特市、包头市、巴彦淖尔市、阿拉善盟，常见。属国家二级重点保护动物，被《中国物种红色名录》列为近危物种。

鸿 雁

Anser cygnoides (Swan Goose)

雁形目鸭科。全长约90cm。全身灰褐色，上体羽有明显皮黄色羽缘，**头顶至后颈棕褐色**，额基部与嘴间有一条白色细纹，**前颈白色**，背及翼上覆羽灰色，具白色细横纹，下腹和尾下覆羽白色，两胁有褐色横斑，嘴黑色，虹膜栗色，脚橘黄色，尾羽黑色有白色端斑。雌雄羽色相似，雄鸟形体大于雌鸟，雄鸟上嘴基部有一明显的疣状突起。

栖息于河、湖、沼泽地带及附近草地中，取食田野、草地的各种植物、藻类和软体动物。性机警、喜群居，飞行时排成“人”字形或“一”字形。繁殖期5～6月，在沼泽中筑巢，每窝产卵2～4枚，雌鸟孵卵。夏候鸟，旅鸟，分布于呼伦贝尔市、兴安盟、通辽市、赤峰市、锡林郭勒盟、呼和浩特市、包头市、鄂尔多斯市、巴彦淖尔市，濒危，常见。被《中国物种红色名录》列为易危物种。

鸿 雁 / 锡林郭勒盟 / 2008-4-29

豆　雁 / 鄂尔多斯市 / 2008-4-4

豆　雁 / 鄂尔多斯市 / 2007-3-15

豆　雁

Anser fabalis (Bean Goose)

雁形目鸭科。全长约85cm。头颈部棕褐色，上体肩背部褐灰色，有近白色羽缘，腰黑褐色，下体淡棕褐色，腹部污白色，尾上覆羽白色，尾羽暗褐色并具白色端斑。体型似家鹅，雌鸟体型稍小于雄鸟。虹膜暗褐色，嘴甲黑色，嘴黑褐色，**嘴端具黄桔色斑带并延伸至嘴角**，趾及跗跖橙黄色，爪黑色。

栖息于在江河、湖泊、沼泽及水库等开阔水面及其岸边，主食植物性食物，也食少量软体动物。群栖性强，飞行时排成“人”字形或“一”字形，边飞边鸣。在多湖泊的苔原沼泽地上营巢，繁殖期5～6月，每窝产卵3～8枚，象牙白色。旅鸟，分布于呼伦贝尔市、兴安盟、通辽市、赤峰市、锡林郭勒盟、呼和浩特市、包头市、鄂尔多斯市、巴彦淖尔市。常见。

白额雁

Anser albifrons (White-fronted Goose)

雁形目鸭科。全长约70cm。雌雄相似。**额和上嘴基部有白色环斑，但白色不超过眼上部**。头至后颈暗褐色。颈侧、后颈有细密白色纵纹。背部灰褐色，具浅色羽缘。前颈、胸、上腹部淡灰褐色，胁部有黑色横斑。腹下部、尾下覆羽白色，尾羽黑色，有白色端斑。虹膜褐色，嘴淡粉红色，嘴甲白色。

栖息于湖泊、沼泽地带，以植物种子、根茎等为食。5～7月繁殖，在沼泽地上营巢，每窝产卵5～6枚，白色或淡黄色。旅鸟，分布于呼伦贝尔市、兴安盟、赤峰市，属国家二级重点保护动物，较常见。

灰 雁

Anser anser (Greylag Goose)

雁形目鸭科。全长约85cm。雌雄相似，雌性略小，羽色较其它雁类淡。额、头顶、枕部及后颈淡棕褐色，额前缘及眼先锈黄色，头侧、颏、喉和前颈淡棕灰色。颈侧及后颈黑褐色，缀白色细密纹。背部灰褐色，有白色羽缘，下体污白色，并杂以暗褐色小块斑。虹膜暗褐色，**嘴肉色**，跗蹠和趾橙黄色，略带灰绿，爪黄褐色。

栖息于湖泊、河湾、沼泽地等淡水水域及其附近草地。以植物茎叶、种子为食，也食螺、虾、鞘翅目昆虫。繁殖期4～5月，营巢于苇地或水边草丛，每窝产卵4～8枚，卵白色，缀以橙黄色斑点，雌鸟孵卵。夏候鸟，旅鸟，分布于呼伦贝尔市、兴安盟、赤峰市、通辽市、锡林郭勒盟、呼和浩特市、包头市、鄂尔多斯市、巴彦淖尔市、阿拉善盟，常见。

白额雁 / 2007-10-20

灰 雁 / 赤峰市 / 2007-10-20

灰 雁 / 赤峰市 / 2008-4-14

斑头雁 / 呼伦贝尔市 / 2008-4-26

斑头雁

Anser indicus (Bar-headed Goose)

雁形目鸭科。全长约80cm。通体灰褐色，**头枕白色，有两道黑色带斑**，后颈暗褐色，喉、颈侧、腰和尾上覆羽白色，尾羽灰色，具白色端斑，两肋具深褐色宽带斑。雌雄羽色相似。虹膜暗棕色或黑色，嘴黄色，先端黑色，腿脚黄色。

栖息于高原湖泊，喜咸水，越冬在低山湖泊、河流、沼泽地。以青草、种子、软体动物和昆虫为食。繁殖期4～5月，筑巢于湖心岛或湖边，每窝产卵4～6枚，卵白色无斑，雌鸟孵卵。夏候鸟，旅鸟，分布于呼伦贝尔市、兴安盟、赤峰市、锡林郭勒盟、巴彦淖尔市、鄂尔多斯市、阿拉善盟。较常见。

斑头雁 / 呼伦贝尔市

黑　雁

Branta bernicla (Brent Goose)

雁形目鸭科。全长约61cm。**头、颈、胸黑色**，颈侧具白斑，后腹至尾端白色，两肋白色，具灰褐色横斑，尾短，黑褐色，尾上覆羽白色。嘴、脚铅黑色。

喜集群栖息于海边、河口、湖泊、沼泽地带，以植物性食物为主，多吃草本植物的嫩芽、藻类，偶食水生昆虫、鱼卵等。繁殖期6～7月，营巢于沼泽湿地干燥处或土堆、岸坡上的凹坑内，每窝产卵3～6枚，卵褐色、淡黄色、淡绿白色，雌鸟孵卵。旅鸟，分布于兴安盟。极少见。

黑　雁 / 张凤江

赤麻鸭

Tadorna ferruginea (Ruddy Shelduck)

雁形目鸭科。全长约62cm。夏羽头顶、脸侧、颏喉部棕白色，上颈及头的余部淡棕黄色，下颈棕黄色，**雄鸟在繁殖季节颈基部有一狭窄的黑色颈环。肩、背部红棕色**，有黑褐色细纹，**下体赤黄褐色**。翼上覆羽白色，翼镜铜绿色，尾上覆羽、尾羽黑色，腹部、尾下覆羽棕褐色。雌雄羽色基本相同。虹膜暗褐色，**嘴黑色，跗跖、蹼、爪黑色**。

栖息于开阔草原、湖泊、农田等淡水环境中，杂食性，以各种谷物、水生植物、昆虫、鱼虾等为食。繁殖期4～5月，在草原和荒漠水域附近洞穴中营巢，每窝产卵6～10枚，卵呈椭圆形，乳白色，雌鸟孵卵。夏候鸟，除乌海市无记录外，分布于内蒙古大部地区。常见。

赤麻鸭 / **雌鸟** / 巴彦淖尔市 / 2008-5-25

赤麻鸭 / **雄鸟** / 鄂尔多斯市 / 2008-5-18

翘鼻麻鸭 / 鄂尔多斯市 / 2006-6-30

翘鼻麻鸭

Tadorna tadorna (Common Shelduck)

雁形目鸭科。全长约59cm。黑白色鸭。夏羽头和上颈部黑色，有绿色金属光泽，颈下部及前胸白色。上背至胸有栗色环带，并在胸部加宽。背部、体侧、尾均白色，尾羽具黑色端斑。**嘴上翘**，赤红色，嘴甲黑褐色，繁殖期雄鸟嘴基处有**明显的红色皮质肉瘤突起**。蜡膜、虹膜棕褐色，**脚蹼肉红色**。雌鸟羽色暗淡，头部不具绿色金属光泽，无红色皮质肉瘤。

喜成群栖息于湖泊、河流、水塘、河口沼泽和草原等地带，以昆虫、软体动物、植物的叶和种子、藻类为食。常在海岸、盐湖边的沙丘或石壁间营巢，偶尔也利用天然洞穴或兔子的废穴，繁殖期6～7月，每窝产卵7～12枚，卵椭圆形，奶油色，雌鸟孵卵。夏候鸟，分布于内蒙古全境。常见。

棉　凫

Nettapus coromandelianus (Cotton Pygmy Goose)

雁形目鸭科。全长约33cm。雄性额和头顶黑褐色，**颈基部有一明显的黑色闪绿色光泽的环带**，头颈余部和胸腹部白色，肩、两翅、腰黑褐色。雌鸟额和头顶暗褐色，**具黑色贯眼纹**，前额、两颊污白色，具不显眼黑色细纹，喉白，后颈浅褐色，下颈两侧及胸部污白色，缀黑褐色细纹。雄性虹膜浅朱红色，嘴峰黑褐色，跗跖黑色。雌性虹膜红棕色，嘴峰褐色，跗跖青黄色。

翘鼻麻鸭 / **雄鸟** / 乌海市 / 2007-4-18

翘鼻麻鸭 / **左雌鸟** / 乌海市 / 2007-4-18

栖息于河流、湖泊、池塘，善游泳、潜水。以水生植物和陆生植物的茎叶、种子为食，也吃水生昆虫，小鱼等。在树洞中营巢，每窝产卵6～16枚，卵白色，雌鸟孵卵。旅鸟，分布于巴彦淖尔市，已连续数年未见报道，极少见。被《中国物种红色名录》列为濒危物种。

棉　凫 / 上雄下雌 / 杨可

鸳　鸯

Aix galericulata (Mandarin Duck)

雁形目鸭科。全长约42cm。雄鸟羽色艳丽，**冠羽明显**，眉纹白色，**翅上有一对直立的橙黄色羽帆**。上胸紫褐色，下胸两侧各有两条白色纵纹。雌鸟灰褐色，无冠羽和翼帆。具白色眼圈并向眼后延伸为白色细纹。虹膜暗褐色，外周淡黄色，嘴橙红色，嘴甲尖端白色，跗跖和脚黄褐色。

栖息于山地、河谷、湖泊、溪流，以谷物、玉米、橡子、昆虫等为食。繁殖期4～6月，水边树洞中筑巢，每窝产卵8～10枚，卵椭圆形，白色，光滑无斑，雌鸟孵卵。夏候鸟，旅鸟，繁殖于呼伦贝尔市、赤峰市，迁徙季节见于包头市，较常见。属国家二级重点保护动物，被《中国物种红色名录》列为近危物种。

鸳　鸯 / 雌鸟 / 包头市 / 2007-11-3

鸳　鸯 / 雄鸟 / 包头市 / 2007-5-2

赤颈鸭 / 雄鸟 / 包头市 / 2010-3-23

赤颈鸭 / 雌鸟 / 包头市 / 2009-3-18

赤颈鸭

Anas penelope (Eurasian Wigeon)

雁形目鸭科。全长约50cm。雄鸟上胸灰棕色，尾下覆羽绒黑色，下体余部纯白色。背羽和两肋灰白色，布满暗褐色波状细纹。体侧有一明显白斑，翼镜翠绿色，覆羽白色，在体侧形成白色纵带。**头颈棕红色，额至头顶金黄色**，胸淡葡萄红色。雌鸟背部黑褐色，翼镜暗灰褐色，尾部黑褐色，尾下覆羽白色并具黑褐色斑点，头、颈、胸、两肋红褐色。飞行时，雄雌腹部均有白色椭圆形腹羽。雄鸟冬羽似雌鸟，且羽色更浓些。虹膜棕褐色，嘴蓝灰色，尖端近黑，跗跖和趾棕褐色，蹼和爪黑褐色。

栖息于沼泽、池塘、河湖的浅水域觅食，以植物的茎、根等为食。繁殖期5～7月，在水域沿岸草丛中营巢，每窝产卵7～11枚，卵淡灰褐色或浅褐黄色，雌鸟孵卵。夏候鸟，旅鸟，分布于呼伦贝尔市、兴安盟、赤峰市、通辽市、锡林郭勒盟、呼和浩特市、包头市、鄂尔多斯市、巴彦淖尔市、阿拉善盟。常见。

罗纹鸭

Anas falcata (Falcated Duck)

雁形目鸭科。全长约48cm。雄鸟头顶栗色，**头颈两侧及颈冠铜绿色**，颈前白色，具墨绿色颈环，上体灰白色，

罗纹鸭 / 雄鸟 / 巴彦淖尔市 / 2008-3-25

满布暗褐色波状细纹，下体白色，具暗褐色斑纹，翼镜黑绿色。雌鸟较雄鸟小，上体黑褐色，背**和两肩有"U"形淡棕色细斑**，下体棕白色，胸部密杂暗褐色斑纹。虹膜褐色，嘴黑褐，跗跖橄榄绿色，爪青灰色。

栖息于河流、湖泊及附近的沼泽地。以水生植物及其草籽为食，偶食水生昆虫、软体动物。繁殖期5～7月，营巢于河湖边、沼泽地草丛或灌木丛中，每窝产卵6～10枚，卵淡黄色或咖啡色，雌鸟孵卵。夏候鸟，旅鸟，分布于呼伦贝尔市、兴安盟、赤峰市、锡林郭勒盟、包头市、巴彦淖尔市、鄂尔多斯市、阿拉善盟，较少见。被《中国物种红色名录》列为近危物种。

罗纹鸭 / 左雌 / 巴彦淖尔市 / 2009-3-27

赤膀鸭

Anas strepera (Gadwall)

雁形目鸭科。全长约52cm。**雄鸟额、头顶黑褐色，头侧、颏喉及前颈淡棕白色，密布黑褐色点斑，贯眼纹暗褐色**，上背、两胁暗褐色，密布白色波状细纹，胸褐色有半月形白色细斑，腹部污白色梢沾棕色，并具褐色细纹，翼镜黑白色，少光泽。雌鸟上体暗褐色，具棕白色斑纹，翼镜不明显，下体棕白。虹膜暗棕色，嘴黑色，腿橘黄色，爪灰黑色。

栖息于江河、湖泊、水塘，以植物性食物为主，兼食谷物、浆果和杂草种子。繁殖期5～7月，营巢于水边草丛或陆地坑洼中，每窝产卵7～11枚，卵白中带黄，雌鸟孵卵。夏候鸟，旅鸟，分布于呼伦贝尔市、兴安盟、通辽市、赤峰市、锡林郭勒盟、乌兰察布市、包头市、鄂尔多斯市、巴彦淖尔市。数量多，常见。

赤膀鸭 / 左雄右雌 / 包头市 / 2006-5-17

花脸鸭 / 雌鸟 / 赤峰市 / 2009-3-30

花脸鸭 / 雄鸟 / 繁殖羽 / 赤峰市 / 2009-3-30

绿翅鸭 / 左雌右雄 / 乌海市 / 2007-11-3

绿翅鸭 / 雄鸟 / 乌海市 / 2007-7-3

花脸鸭

Anas formosa (Baikal Teal)

雁形目鸭科。全长约42cm。雄鸟头顶至**后枕黑褐色，头侧亮绿色，与黄、黑等色构成花斑状**。胸、腹部白色，胁背部褐色，杂以黑褐色细斑，下胸、尾侧各具白色宽带。肩羽甚长，尾下覆羽黑褐色，飞翔时金属铜绿色翼镜明显。雌鸟背部暗褐色，**嘴基内侧有白色圆斑，脸侧有月牙形斑块**，尾下覆羽白色。虹膜棕褐色，嘴黑色，跗跖灰色，爪黑色。

白天多栖息于江河、湖泊、鱼塘等水域休息，夜晚则到田野或水边浅水处觅食，以植物种子、水藻、田螺、昆虫等为食。繁殖期6～7月，在河岸、湖边干芦苇或灌丛中营巢，每窝产卵6～10枚，卵淡绿色，雌鸟孵卵。旅鸟，分布于呼伦贝尔市、兴安盟、赤峰市。较常见。被《中国物种红色名录》列为易危物种。

绿翅鸭

Anas crecca (Green-winged Teal)

雁形目鸭科。全长约37cm。雄鸟**头颈深栗色，眼周至头顶两侧具一绿黑色带斑**，颏、额黑褐色，眼上下可见狭窄白色纵纹。胸、腹、肩、背、胁均见虫蠹状细纹，尾羽黑褐色，尾上覆羽褐色，尾下覆羽两侧有三角形黄斑。双翅黑褐色，**翼镜翠绿色**，体侧有一明显白线，其余羽色多灰色。冬羽似雌鸟夏羽。雌鸟褐色斑驳，头、颈棕灰色有过眼线，背部黑褐色有“V”字形斑和棕白色羽缘，翼镜较小。虹膜淡褐色，嘴黑色，脚棕褐色，爪黑色。

栖息于江河、湖泊和海湾水塘等水域，以植物性食物为主，亦食螺类等。繁殖期5～7月，在灌草丛中筑巢，每窝产卵8～11枚，卵淡黄白色，雌鸟孵卵。夏候鸟，旅鸟，分布于内蒙古全境。数量多，常见。

绿头鸭

Anas platyrhynchos (Mallard)

雁形目鸭科。全长约57cm。雄鸟上体大致黑褐色，下体灰白色，**头颈辉绿色，颈基部有一圈白色领环与栗色的胸相隔，翼镜紫蓝色**，前后缘有黑色窄条纹及宽阔白边。**中央两对尾羽绒黑色，末端向上卷曲。**雌鸟上体黑褐色，下体浅棕色，具褐色斑点，腹灰白色，有深色的贯眼纹。虹膜棕黑色。雄鸟嘴橄榄黄色，嘴甲黑色，雌鸟嘴黑褐色，嘴端棕黄色。爪均黑色。

栖息于水浅且水生植物丰盛的湖泊、池沼、江河等水域，杂食性，以野生植物种子、茎叶、谷物、藻类、昆虫、软体动物为食。繁殖期4～6月，营巢条件多样，每窝产卵10枚左右，卵白色，雌鸟孵卵。夏候鸟，旅鸟，分布于内蒙古全境。数量多，常见。

绿头鸭 / 右雄左雌 / 通辽市 / 2009-5-19

斑嘴鸭 / 左雌右雄 / 乌兰察布市 / 2008-11-6

斑嘴鸭 / 包头市 / 2007-5-29

针尾鸭 / 雄鸟 / 兴安盟 / 2008-3-7

斑嘴鸭

Anas poecilorhyncha(Spot-billed Duck)

雁形目鸭科。全长约60cm。雄鸟上体背部棕褐色，头、额、枕、贯眼纹浓褐色，眉纹白色，翼镜蓝紫色，具金属光泽，颏、喉、前颈黄白色，后颈浅褐色，下体褐色，腰及尾上覆羽黑褐色。雌鸟羽色较暗。虹膜黑褐色，外圈橙黄色，嘴蓝黑色，端部黄色，跗跖及趾橙黄色，爪黑色。

栖息于江河、沼泽、湖泊和沿海地带，以水生植物根、茎、种子、水藻、水生昆虫等为食。繁殖期5～7月，在岸边草丛和岩石间营巢，每窝产卵9～14枚，卵淡青黄色。夏候鸟，旅鸟，分布于呼伦贝尔市、兴安盟、赤峰市、通辽市、锡林郭勒盟、乌兰察布市、呼和浩特市、包头市、鄂尔多斯市、巴彦淖尔市、阿拉善盟。数量多，常见。

针尾鸭

Anas acuta (Northern Pintail)

雁形目鸭科。全长约65cm。雄鸟头暗褐色，额、顶、枕部沾棕色，头侧具褐色鱼鳞斑，颈侧与下体连成白色，背部杂以灰白色与褐色相间的横纹斑，肩羽黑色。翼镜铜绿色。尾羽黑褐色，**中央一对尾羽特别长**。虹膜深褐色，上嘴暗铅色，嘴甲与下嘴黑褐色，跗跖灰褐色，爪黑色。雌鸟体形较小，上体黑褐色有黄白色斑，无翼镜，中央尾羽不延长。

栖息于河湖、沼泽、水塘等开阔水面，杂食性，以水生植物、种子、昆虫和软体动物为食。在湖边、河岸灌木或草丛中的洼地筑巢，繁殖期5～6月，每窝产卵7～11枚，卵黄绿色，雌鸟孵卵。旅鸟，分布于呼伦贝尔市、兴安盟、通辽市、赤峰市、锡林郭勒盟、包头市、鄂尔多斯市、巴彦淖尔市、阿拉善盟。常见。

白眉鸭 / 左雄右雌 / 包头市 / 2007 5-11

白眉鸭

Anas querquedula (Garganey)

雁形目鸭科。全长约40cm。雄鸟头、颈淡栗色，**具宽阔白色眉纹**；肩羽形长，黑白色，翼镜亮绿色带白色边缘；胸部棕色具深色斑，腹部白色。雌鸟眉纹棕白，翼镜不明显，上体大致黑褐色，颊具棕白斑，由此向眼后有一条不显著的棕白纵纹。虹膜黑褐色，嘴棕黑色，先端黑色，跗跖深灰色。

栖息于湖泊、沼泽、水塘、海湾，取食水草、松藻的种子及谷物。繁殖期5～7月，营巢于沼泽地及近水灌丛下，每窝产卵7～12枚，卵淡黄色，雌鸟孵卵。夏候鸟，旅鸟，分布于呼伦贝尔市、兴安盟、赤峰市、通辽市、锡林郭勒盟、呼和浩特市、包头市、鄂尔多斯市、巴彦淖尔市、阿拉善盟。数量多，常见。

针尾鸭 / 左雌鸟 / 包头市 / 2007-3-6

赤嘴潜鸭 / 巴彦淖尔市 / 2008-3-7

琵嘴鸭

Anas clypeata (Northern Shoveler)

雁形目鸭科。全长约48cm，嘴黑褐色，先端扩大成匙形，易于其它鸭类相鉴别。雄鸟头、颈暗褐色，颊部、耳羽、颈侧有蓝绿色光泽。胸至上背两侧及外侧肩羽白色，腹栗色，背呈黑褐色，翼镜金属绿色，腹胁橙色，尾羽白色，具褐色斑纹，尾下覆羽黑色。雌鸟褐色斑驳，上嘴黄褐色，翼镜小。雄性虹膜金黄色，雌性淡褐色，跗跖和趾橙红色，爪蓝黑色。

琵嘴鸭 / **雌鸟** / 呼和浩特市 / 2008-5-25

琵嘴鸭 / **雄鸟** / 呼和浩特市 / 2007-5-17

主要栖息于开阔地带的湖泊、河流等水域，常在水塘边、泥土中及河流沙滩上用匙形嘴掘泥沙觅食，主要以水生动物和种子等为食。在湖边灌丛或草丛中营巢，繁殖期5～7月，每窝产卵7～11枚，卵呈淡黄色，雌鸭孵卵。夏候鸟，旅鸟，分布于呼伦贝尔市、兴安盟、赤峰市、锡林郭勒盟、呼和浩特市、包头市、鄂尔多斯市、巴彦淖尔市、阿拉善盟，常见。

赤嘴潜鸭 / 左雄右雌 / 呼和浩特市 / 2007-5-12

赤嘴潜鸭

Netta rufina (Red-crested Pochard)

雁形目鸭科。全长约53cm。雄鸟**头栗红色，羽冠棕黄色**，背部褐色，肩羽棕褐色，具白斑，下体除两胁白色外均为黑褐色，翼镜纯白色。雌鸟褐色，羽冠深褐色，颊、喉和颈侧白色，胸腹部黑褐色。雄鸟虹膜红色或棕色，**嘴赤红色**，雌鸟虹膜棕褐色，嘴黑褐色先端粉红。跗跖黄褐色。

栖息于水生植物丰富的淡水湖泊、淖尔中，主食水生植物嫩芽、藻类、草籽及螺类等。繁殖期5～7月，在苇地中营巢，每窝产卵10～15枚，卵圆形，淡蓝色或土黄色，雌鸟孵卵。夏候鸟，分布于呼伦贝尔市、赤峰市、锡林郭勒盟、呼和浩特市、包头市、鄂尔多斯市、巴彦淖尔市、阿拉善盟数量多，是乌梁素海主要繁殖鸟之一。常见。

赤嘴潜鸭 / 幼鸟 / 巴彦淖尔市 / 2009-6-16

红头潜鸭 / **雌鸟、幼鸟** / 巴彦淖尔市 / 2009-6-9

红头潜鸭

Aythya ferina (Common Pochard)

雁形目鸭科。全长约47cm。雄鸟头和上颈栗红色，上背和胸黑色，下背、两肩、两胁灰色，缀以黑色虫纹状细纹，翼镜灰色，腰黑色。雌鸟头和颈棕褐色，背部灰色，上胸暗棕色，下胸及腹部灰褐色，余部与雄鸟相同。虹膜黄色，雄鸟嘴基铅黑色，中间灰白，嘴端黑色，雌性嘴基颜色较雄性淡，中间灰白色端斑窄。跗跖和趾铅色。

红头潜鸭 / 2009-6-9

红头潜鸭 / **雄鸟** / 包头市 / 2007-6-5

青头潜鸭 / 雄鸟 / 谷国强

白眼潜鸭 / 雄鸟 / 巴彦淖尔市 / 2009-5-22

栖息于芦苇丛中和遮盖条件较好的开阔水面，善于潜水，常潜水觅食，陆上行动困难，但飞行快速。喜食马来眼子菜、软体动物、鱼、蛙等。营巢于隐蔽的地面或水中，繁殖期4～5月，每窝产卵6～12枚，雌鸟孵卵，卵呈灰黄色。夏候鸟，旅鸟，分布于呼伦贝尔市、兴安盟、赤峰市、锡林郭勒盟、乌兰察布市、包头市、鄂尔多斯市、巴彦淖尔市、阿拉善盟。常见。

青头潜鸭

Aythya baeri (Baer' s Pochard)

雁形目鸭科。全长约45cm。**雄鸟头和颈黑色，并具绿色金属光泽**，上体黑褐色，胸部深栗色，腹部、翼镜和尾下覆羽白色。雌鸟头、颈黑褐色，胸部棕色。**雄鸟虹膜白色**，雌鸟虹膜淡黄色，嘴深灰色，嘴甲黑色，跗跖铅灰色。

栖息于池塘、湖泊和缓流水域，食物主要为各种水草、种子、水生昆虫和软体动物等，善游泳、飞翔，可潜水取食，集群活动。繁殖期5～7月，营巢于草丛或苇地，每窝产卵6～10枚，卵呈类圆形，雌鸟孵卵。夏候鸟，旅鸟，分布于呼伦贝尔市、兴安盟、赤峰市、包头市、鄂尔多斯市、巴彦淖尔市、阿拉善盟。濒危，少见。被《中国物种红色名录》列为易危物种。

白眼潜鸭

Aythya nyroca (Ferruginous Duck)

雁形目鸭科。全长约40cm。雄鸟的头、颈、前胸浓栗色，颏尖有三角形白斑，颈基部有不明显的黑褐色领环，上体大都黑褐色，眼、翼镜、上腹和尾下覆羽白色，两胁褐色。雌鸟的头、颈棕褐色，余部与雄鸭相似。**雄鸟虹膜白色**，雌鸟灰褐色。嘴、跗跖、趾均灰黑色。

栖息于富有水生生物的淡水或半咸水的湖沼、低湿地等，善于潜水。多在晨昏觅食，以水生植物嫩芽、茎、昆虫、蛙、小鱼和蠕虫为食。巢隐蔽于地面或苇丛中，繁殖期4～6月，每窝产卵8～10枚，雌鸟孵卵。夏候鸟，旅鸟，分布于呼伦贝尔市、赤峰市、呼和浩特市、包头市、鄂尔多斯市、巴彦淖尔市、阿拉善盟。是乌梁素海主要繁殖鸟之一，常见。被《中国物种红色名录》列为近危物种。

白眼潜鸭 / 雌鸟 / 巴彦淖尔市 / 2009-5-22

凤头潜鸭 / 雄鸟 / 包头市 / 2009-4-4

凤头潜鸭 / 雌鸟 / 包头市 / 2009-4-4

凤头潜鸭

Aythya fuligula (Tufted Duck)

雁形目鸭科。全长约45cm。雄鸟除腹部、两肋、翼镜为白色外，余部黑色，头颈具紫色金属光泽，**后头长有长而下垂的冠羽**。雌鸟全身黑褐色，下胸、腹部和两肋灰白，杂有淡褐色斑，头上羽冠较短。虹膜鲜黄，嘴灰色，嘴甲及嘴端黑色，跗跖、趾铅灰色，蹼黑色。

栖息于湖泊、池塘、江河等开阔水域，常集群活动，善潜水，常潜入数米深水下捕食鱼、虾、蟹等，也兼食少量水生植物。营巢于地面草丛或开阔地带，繁殖期5～6月，每窝产卵7～12枚。夏候鸟，旅鸟，分布于呼伦贝尔市、兴安盟、赤峰市、锡林郭勒盟、包头市、鄂尔多斯市、巴彦淖尔市、阿拉善盟，常见。

斑背潜鸭

Aythya marila (Greater Scaup)

雁形目鸭科。全长约47cm。雄鸟头、颈、胸黑色，有紫色和绿色金属光泽，**背、肩白色具黑色细波浪状横纹，无冠羽**，翼镜、两肋和腹部白色。腰及尾上下覆羽黑色。雌鸟嘴基有一宽白色环，头、胸、背、肩暗褐色，翼镜白色，腹部灰

斑背潜鸭 / 雄鸟 / 谷国强

白色，两胁浅褐色，胸、肩背及两胁具鱼鳞状斑纹。虹膜黄色，嘴蓝灰色，跗跖及脚铅灰色，爪黑色。

栖息于河湖、海湾、池塘地带。善游泳、潜水捕食，以甲壳类、小鱼、软体动物及水草、植物种子为食。行走笨拙、缓慢，但飞行速度较快，成对或集群活动。筑巢于水域或近湿地的草丛、灌丛中，繁殖期5～6月，每窝产卵6～7枚，卵灰橄榄绿色，雌鸟孵卵。旅鸟，分布于呼伦贝尔市、鄂尔多斯市。较少见。

斑背潜鸭 / 上雌下亚成鸟 / 呼伦贝尔市 / 2008-8-23

斑脸海番鸭

Melanitta fusca (Velvet Scoter)

雁形目鸭科。全长约52cm。雄鸟黑褐色，闪紫色金属光泽，翼镜白色，**鼻具黑色皮瘤，眼下至眼后有白色月牙形斑**。雌鸟无黑皮瘤，体羽棕褐色，嘴基、眼后各具大型白斑。虹膜褐色，上嘴在鼻孔处稍隆，雄鸟上嘴基橙红，端部黄色，脚红色，雌鸟嘴灰褐色，脚暗肉红色。

栖息于海滩、内陆河流、湖泊、水库等水域，以甲壳类、贝类等水生动物为食。繁殖于全北界中部，中国境内为旅鸟。分布于呼伦贝尔市、赤峰市、呼和浩特市。

斑脸海番鸭 / 左雄右雌 / 韩政

鹊 鸭 / 下雌 / 包头市 / 2008-11-6

鹊 鸭 / 雄鸟 / 包头市 / 2008-11-6

鹊 鸭

Bucephala clangula (Common Goldeneye)

雁形目鸭科。全长约46cm。雄鸟头和上颈部黑色，具紫蓝色金属光泽，额顶上隆，**近嘴基颊部有大型白色圆形斑**，背部黑色，外侧肩羽和下体白色，翅上有大型白色纵带，虹膜金黄色，嘴黑色，跗跖和趾橙黄色，蹼和爪黑褐色。雌鸟体型略小，头、颈褐色，颊部无白斑，颈基有白色颈环，翅上有三道白斑，上体紫褐色，下体白色，虹膜金黄，嘴暗褐色，端部橙黄，嘴甲黑色，跗跖棕褐色，蹼暗黑色。

斑头秋沙鸭 / 雄鸟 / 包头市 / 2007-5-25

栖息于湖泊和沿海水域，善潜水。杂食性，以小鱼、软体动物和甲壳类动物或草籽为食。营巢于岸边树洞或苇丛中。繁殖期5～7月，每窝产卵6～12枚，卵呈淡蓝绿色，雌鸟孵卵。夏候鸟，旅鸟，分布于呼伦贝尔市、兴安盟、赤峰市、锡林郭勒盟、呼和浩特市、包头市、鄂尔多斯市、巴彦淖尔市、阿拉善盟。常见。

斑头秋沙鸭 / 雌鸟 / 包头市 / 2006-10-25

斑头秋沙鸭

Mergellus albellus (Smew)

雁形目鸭科。全长约42cm。雄鸟夏羽以白色为主，枕部羽毛伸长形成羽冠，中央白色，两边黑色。眼周可见黑色斑，背黑色，胸部具黑色横斑，腰及尾上覆羽灰褐色。冬羽似雌性成鸟，头顶及羽冠黄褐色。雌鸟上体黑褐色，额至后颈栗褐色，前颈、颏、喉白色，胸腹部至尾下覆羽白色，腹部沾灰色。虹膜红色或褐色，嘴和跗跖沾灰色或绿灰色。

栖息于河、湖、池塘等，善潜水，飞行迅速，以鱼类、软体动物、种子为主食。繁殖期5～7月，筑巢于绝壁上或洞穴中，每窝产卵6～18枚，乳黄色，雌鸟孵卵。 夏候鸟，旅鸟，分布于呼伦贝尔市、兴安盟、赤峰市、呼和浩特市、包头市、鄂尔多斯市、巴彦淖尔市、阿拉善盟，常见。

红胸秋沙鸭

Mergus serrator (Red-breasted Merganser)

雁形目鸭科。全长约57cm。雄鸟羽冠、头及上颈暗绿色，具金属光泽，上体黑色，下胸至腹部白色。下颈至上胸锈红色，翼镜白色，两肋有细密黑色波状纹。雌鸟上体灰褐色，下体白色，头棕黄色。虹膜雄性红色，雌性红褐色，嘴细尖，红色，嘴峰和嘴甲黑色，脚红色。

栖息于清洁的河流、湖泊附近。以小型鱼类、昆虫等动物和一些植物为食。繁殖期5～6月，营巢于灌丛、草丛、树洞、岩缝中，每窝产卵7～12枚，雌鸟孵卵。夏候鸟，旅鸟，分布于呼伦贝尔市、锡林郭勒盟、赤峰市、巴彦淖尔市。少见。

红胸秋沙鸭 / 雄鸟 / 谷国强

红胸秋沙鸭 / 雌鸟 / 谷国强

普通秋沙鸭 / **雌鸟** / 包头市 / 2006-10-25

普通秋沙鸭

Mergus merganser (Common Merganser)

雁形目鸭科。全长约61cm。雄鸟**嘴细而尖**，头、上颈、**羽冠黑色**，具暗绿色金属光泽，**胸、腹、翅上覆羽及翼镜白色**，背黑褐色。雌鸟头、上颈、羽冠棕褐色，下颏、前胸白色，背黑灰色，上下颈间棕褐色并与白色的界线分明，枕部有短的棕褐色冠羽。虹膜暗褐色，嘴暗红色，嘴峰黑色，跗跖肉红色。

栖息、繁殖于淡水湖和森林地区的河流水塘周围，主要以鱼类为食。营巢于树洞或其它洞穴中，繁殖期4～5月，每窝产卵8～10枚。夏候鸟，旅鸟，分布于呼伦贝尔市、兴安盟、通辽市、赤峰市、包头市、鄂尔多斯市、巴彦淖尔市。常见。

中华秋沙鸭

Mergus squamatus (Chinese Merganser)

雁形目鸭科。全长约60cm。雄鸟头至上颈部暗绿色，有绿色金属光泽，头上有长冠羽，背部黑色，腰、翼镜、尾上覆羽、胸腹部白色，**体侧有黑色鱼鳞斑**。雌鸟色暗多灰色，头棕褐色。虹膜褐色，嘴红色，跗跖红色。

栖息于阔叶林或针阔叶混交林的水域，善游泳、潜水。以鱼类和昆虫为食。繁殖期4～6月，营巢于树洞中，每窝产卵10枚左右，卵长椭圆形，白色无斑，雌鸟孵卵。夏候鸟，分布于呼伦贝尔市。少见。属国家一级重点保护动物，被《中国物种红色名录》列为易危物种。

普通秋沙鸭 / 包头市 / 2007-5-25

普通秋沙鸭 / 雄鸟 / 包头市 / 2007-5-25

中华秋沙鸭 / 雌鸟 / 2008-12-18

中华秋沙鸭 / 雄鸟 / 2008-12-18

隼形目 Falconiformes

鹗科 Pandionidae

鹗 / 包头市 / 2007-4-21

鹗

Pandion haliaetus (Osprey)

隼形目鹗科。全长约55cm。头及下体白色，特征为具**黑色贯眼纹**。上体多暗褐色，**深色的短冠羽可竖立**；亚种区别在头上白色及下体纵纹多少。虹膜黄色，嘴黑色，蜡膜灰色，跗跖及脚灰色。

栖息于水域附近，从水上悬枝深扎入水捕食猎物，或在水上缓慢盘旋或振羽停在空中然后扎入水中。以鱼类、蛙类、蜥蜴等为食。3～4月繁殖，营巢于高树、悬岩、岩缝中，每窝产卵1～4枚。留鸟、夏候鸟、旅鸟，分布于呼伦贝尔市、赤峰市、呼和浩特市、包头市、巴彦淖尔市、鄂尔多斯市、阿拉善盟。属国家二级重点保护动物，数量少。

鹗 / 包头市 / 2007-4-20

隼形目 Falconiformes
鹰科 Accipitridae

凤头蜂鹰 / 沈越

凤头蜂鹰

Pernis ptilorhynchus (Oriental Honey Buzzard)

隼形目鹰科。全长约58cm。雌雄稍有不同，雌鸟色较淡。**头具羽冠，冠羽具点斑，眼先被短而圆的鳞状斑**，无须羽，上体褐色，下体布满点状横斑，尾羽具三道横带，端部横带较宽，横纹，喉白色，具黑边，中央具一黑纵纹。体羽变异大，翼角前缘深色，但不如鵟的黑斑明显。有深褐色和褐色两型。虹膜金黄色或橙红色，幼鸟为褐色，嘴黑色，脚和趾黄色，爪黑色。

栖息于山区、丘陵的稀疏针叶林和针阔混交林中及草原和农田边缘。以蜜蜂、蝴蝶及其幼虫、蝗虫、蛙、蛇等为食。4～6月繁殖，营巢于高大树上，每窝产卵1～3枚，卵淡灰黄带红褐色，密布咖啡色斑点，雌鸟孵卵。夏候鸟，旅鸟，分布于呼伦贝尔市、赤峰市、阿拉善盟。属国家二级重点保护动物，少见。

黑　鸢

Milvus migrans (Black Kite)

隼形目鹰科。全长约65cm。体羽暗褐色，缀棕黄色斑，初级飞羽腹面基部具白色花斑，飞行时在翼下形成大形白斑。**尾呈浅叉状。耳羽黑褐色**，故又名黑耳鸢。颏、喉、两胁棕色，呈纵纹状。亚成鸟体具白色或淡棕色纵斑纹。虹膜暗褐，嘴深石板黑色，下嘴基部浅绿色，脚浅绿，爪黑色。

栖息于村庄、城郊附近，以小型动物、昆虫、鱼类及腐肉为食。4～5月繁殖，营巢于大树、峭壁、建筑物上，每窝产卵1～4枚，雌鸟孵卵。夏候鸟，旅鸟，分布于呼伦贝尔市、兴安盟、赤峰市、锡林郭勒盟、乌兰察布市、呼和浩特市、包头市、巴彦淖尔市、鄂尔多斯市、阿拉善盟。属国家二级重点保护动物，常见。

黑　鸢 / 包头市 / 2007-9-2

黑　鸢 / 包头市 / 2009-9-22

玉带海雕 / 罗平钊

白腹海雕

Haliaeetus leucogaster (White-bellied Sea Eagle)

隼形目鹰科。**头部、颈部、翼下覆羽及下体白色，背部黑色**，尾圆形，尾基灰色，**尾端白色。**虹膜褐色，蜡膜、上嘴红灰色，下嘴蓝灰色，尖端黑色，跗跖和趾浅肉色，爪黑色。

栖息于海拔1000～1700米的河湖、湿地、林地。以鸟类、哺乳动物、鱼类、腐肉、垃圾为食。营巢于森林、岩石的开阔地带，每窝产卵1～3枚，白色，卵圆形，雌雄共同孵卵。迷鸟，分布于赤峰市、鄂尔多斯市、巴彦淖尔市。属国家二级重点保护动物。

白腹海雕 / 冯啓文

玉带海雕

Haliaeetus leucoryphus (Pallas's Fish Eagle)

隼形目鹰科。全长约80cm。上体暗褐色，头顶和头后浅褐色，具棕色细纹斑。下体棕褐色。**尾羽褐色，具一白色宽横带，尾尖黑色。**虹膜赭褐色，嘴角黑色，嘴基部棕褐色，蜡膜灰蓝色，脚趾黄色，爪黑色。

栖息于湖泊、河流、湿地和水塘等开阔地区，以鼠类、鱼类为食。繁殖期11月至翌年1月，营巢于高大树上或苇丛中，每窝产卵2～4枚，卵白色光滑，雌鸟孵卵。内蒙中、东部为夏候鸟，西部为旅鸟，分布于呼伦贝尔市、兴安盟、赤峰市、锡林郭勒盟、巴彦淖尔市、鄂尔多斯市、阿拉善盟。少见。属国家一级重点保护动物，被《中国物种红色名录》列为易危物种。

白尾海雕

Haliaeetus albicilla （White-tailed Sea Eagle）

隼形目鹰科。全长约85cm。雌雄同色。全身褐色，胸羽略浅，背部有深色点斑。两翼黑褐色，翼下覆羽深栗色。**尾短楔形，尾羽白色**或基部褐色，压成体尾羽褐具白色点斑。虹膜黄色，嘴、脚、蜡膜黄色，爪黑色。

栖息于河、湖及沿海周围，取食鱼类、野鸭、野兔、鼠类及动物尸体。筑巢于海岸岩壁或乔木上。每窝产卵2枚，钝卵圆形，白色，无斑点，雌鸟孵卵。东部为夏候鸟，中部为冬候鸟，分布于呼伦贝尔市、赤峰市、包头、巴彦淖尔市、阿拉善盟。较常见。属国家一级重点保护动物，被《中国物种红色名录》列为近危物种。

白尾海雕 / 张明

白尾海雕

虎头海雕 / 陈世明

虎头海雕

Haliaeetus pelagicus (Steller's Sea Eagle)

隼形目鹰科。全长约100cm。体型巨大，雌雄相似，翼上及翼下中、小覆羽纯白色，腿羽亦为白色。前额白色，头顶至后颈、头侧暗褐色，背部褐色，腰、**尾羽和尾下覆羽白色**，尾楔形。**虹膜、嘴、蜡膜、跗跖黄色**，趾黄色，爪黑色。幼鸟虹膜褐色，嘴峰蓝灰色，嘴、蜡膜深黄色。

栖息于近海岸的河口、湖泊附近，以鱼类为食。4～6月繁殖，营巢于树上或悬崖上，每窝产卵1～3枚，卵白色稍沾淡绿色。旅鸟，分布于呼伦贝尔市、兴安盟。属国家二级重点保护动物，被《中国物种红色名录》列为易危物种。

胡兀鹫 / 阿拉善盟 / 2008-10-6

胡兀鹫

Gypaetus barbatus (Bearded Vulture)

隼形目鹰科。全长约110cm。雌雄羽色相似，**额、头顶乳白色**，**黑色过眼线**向前延伸成一簇**黑色羽须**，上体黑褐色，**下体淡橙色**，**胸部鲜亮**，尾楔形。虹膜橘红色，嘴铅灰色，尖端黑色，跗跖和趾铅灰色，爪灰色。

栖息于高原和高山裸露地带，以动物尸体为食，也捕猎雉类、野兔等小型动物。2～3月繁殖，营巢于悬崖峭壁，每窝产卵2枚，卵黄褐色，具暗色斑点，雌雄轮流孵

胡兀鹫 / 西锐

高山兀鹫

卵。留鸟，分布于锡林郭勒盟、呼和浩特市、巴彦淖尔市、鄂尔多斯市、阿拉善盟。属国家一级重点保护动物。

高山兀鹫

Gyps himalayensis（Himalayan Griffon）

隼形目鹰科。全长约120cm。体羽黄土色，**头颈部无正羽，略被白色绒羽，领羽皮黄色**，体背面和大覆羽暗褐色。虹膜黄色或褐色，嘴沙黄色，蜡膜褐色。跗跖和趾银灰色。

栖息于高山和高原地区，常结群撕食动物尸体，也食蛙类、蜥蜴、昆虫。5~6月繁殖，营巢于悬崖峭壁，每窝产卵1枚，卵白色或白粉绿色，有稀疏褐色斑点。留鸟，分布于赤峰市、阿拉善盟。属国家二级重点保护动物。

高山兀鹫

秃鹫 / 包头市 / 2007-11-22

秃　鹫

Aegypius monachus （Cinereous Vulture）

隼形目鹰科。全长约100cm。大体深褐色，**头及上颈裸露，头被以黑褐色绒羽。裸颈铅蓝色**，喉及眼下部分黑色。虹膜暗褐色，嘴黑褐色，基部灰色，蜡膜浅蓝色，脚趾灰黄，爪黑色。

栖息于山区、丘陵、草原，常单独活动，能在空中长时间翱翔。多以动物尸体为食，也捕食活猎物。2～5月繁殖，在高大乔木或峭壁上筑巢，每窝产卵1～2枚，卵污白色，具深棕色斑点，雌雄共同孵卵。留鸟，分布于呼伦贝尔市、兴安盟、通辽市、赤峰市、锡林郭勒盟、乌兰察布市、呼和浩特市、包头市、鄂尔多斯市、巴彦淖尔市、阿

秃鹫 / 包头市 / 2010-2-25

秃鹫 / 包头市 / 2007-1-21

拉善盟，较常见。属国家二级重点保护动物，被《中国物种红色名录》列为近危物种。

短趾雕

Circaetus gallicus (Short-toed Snake Eagle)

隼形目鹰科。全长约73cm。**头部宽阔**，具褐色纵纹，上体暗褐色，**下体白色，具褐色横斑**，颏、喉、胸部褐色，缀黑褐色纤细羽干纹。飞行时翼下颜色浅淡。尾具2～3条宽黑带。虹膜黄色，蜡膜淡灰，嘴角褐色，脚和趾灰蓝色，爪黑色。

栖息于开阔平原和树木稀少的山地、丘陵，以鼠类、爬行类动物为食。营巢于树顶部，每窝产卵1枚，白色圆形，雌鸟孵卵。旅鸟，分布于巴彦淖尔市、阿拉善盟。属国家二级重点保护动物，少见。

短趾雕 / 巴彦淖尔市 / 2008-4-18

白头鹞

Circus aeruginosus （Western Marsh Harrier）

隼形目鹰科。全长约50cm。耳后至下嘴有一圈由深色稍曲的短羽组成的翎领。雌雄异色。雄鸟上体暗褐色，缀以污灰白色点斑或羽缘，**头顶、颈部和背部白色，杂以宽阔的黑色纵纹**。翼前缘米黄色。下体棕褐色，有深色纵纹。颏部白色。雌鸟上体颜色更深，头部黑色纵纹较少。虹膜棕黄色，幼鸟褐色，嘴黑色，基部灰蓝，蜡膜黄绿色，脚、趾黄色，爪黑色。

栖息于河、湖、水塘、沼泽等处的芦苇、蒲草或树林中，取食鱼、蛙、鸟、啮齿类动物等。4～5月繁殖，营巢于芦苇丛中，每窝产卵4～5枚，卵污蓝白色，有少量斑点，雌鸟孵卵。旅鸟，夏候鸟，分布于呼伦贝尔市、赤峰市、包头市、巴彦淖尔市。属国家二级重点保护动物，较少见。

短趾雕 / 巴彦淖尔市 / 2008-4-18

白头鹞 / 雄鸟 / 包头市 / 2007-4-3

白头鹞 / 雌鸟 / 包头市 / 2006-9-4

白腹鹞 / **雌鸟** / 包头市 / 2007-5-12

白腹鹞

Circus spilonotus （Eastern Marsh Harrier）

隼形目鹰科。全长约50cm。雌雄异色。有黑色和褐色两型。**黑色型雄鸟翼为灰色，翼端褐色，颈、肩有白色点斑，颏喉部和上胸黑色**，也杂有白色点斑，下胸及腹白色。褐色型雄鸟黑色部分为褐色替代。雌鸟背褐色，胸腹棕褐色，头顶、肩、上背及喉乳白色，尾上覆羽褐色有白斑。虹膜橙黄色，嘴铅灰色，基部淡黄色，蜡膜暗黄色，脚淡黄绿色。

栖息于沼泽等湖泊潮湿地带，常低空盘旋觅食。以鸭类、鹡鸰、白骨顶等中小型鸟类及其卵为食，也食鼠类、蛙类及小型爬行动物。4～6月繁殖，营巢于芦苇丛或沼泽地上，每窝产卵3～7枚，卵青白色无斑，雌鸟孵卵。夏候鸟，分布于呼伦贝尔市、兴安盟、通辽市、锡林郭勒盟、赤峰

白腹鹞 / **雄鸟** / 呼伦贝尔市 / 2008-8-21

市、乌兰察布市、呼和浩特市、包头市、巴彦淖尔市、鄂尔多斯市、阿拉善盟。属国家二级重点保护动物，常见。

白尾鹞 / 雄鸟 / 包头市 / 2008-12-6

白尾鹞

Circus cyaneus （Hen Harrier）

隼形目鹰科。全长约50cm。雌雄异色。**雄鸟头、颈、背、腰、颏、喉部和上胸部均为灰色，下胸、腹部和尾上、下覆羽白色**，翼后缘及外侧初级飞羽黑色。雌鸟褐色，领环色浅，翼下覆羽无赤褐色横斑，次级飞羽色浅，上胸具纵纹。虹膜雄性成鸟橘黄色，雌性成鸟琥珀色，雏鸟灰蓝色，嘴黑色，基部蓝色，蜡膜、腿、脚黄色。

栖息于江、河、湖泊、沼泽附近的苇蒲或树林中，取食鸟类、蛙类、啮齿类动物等。4～5月繁殖，筑巢于苇丛中，每窝产卵4～5枚，卵圆形，白色无斑，雌鸟孵卵。夏候鸟，留鸟、冬候鸟，分布于呼伦贝尔市、兴安盟、通辽市、赤峰市、锡林郭勒盟、呼和浩特市、包头市、鄂尔多斯市、巴彦淖尔市、阿拉善盟。属国家二级重点保护动物，常见。

白尾鹞 / 雌鸟 / 包头市 / 2008-12-6

鹊 鹞

Circus melanoleucos （Pied Harrier）

隼形目鹰科。全长约45cm。雄鸟体羽由黑、白、灰色组成。**上体黑色，大覆羽及大部分飞羽灰色**，尾灰色，下体颏喉部、上胸部黑色，其余部分白色。雌鸟上体暗褐色，杂有黑斑，飞羽、两翼棕灰色，有黑色横斑，下体污白色，有棕褐色纵斑。虹膜黄色，嘴黑色或暗铅灰蓝色，下嘴基部黄绿色，蜡膜黄绿，脚趾黄色或橙黄色。

栖息于低山丘陵、开阔旷野、沼泽、林缘，以小鸟、蛙类、鼠类、昆虫等为食。筑巢于灌丛、苇丛，每窝产卵4～5枚，卵椭圆形，乳白色或淡绿色，雌鸟孵卵。夏候鸟，旅鸟，分布于呼伦贝尔市、兴安盟、通辽市、赤峰市、锡林郭勒盟、巴彦淖尔市、阿拉善盟。属国家二级重点保护动物，较少见。

鹊 鹞 / 雄鸟

鹊 鹞 / 雌鸟 / 巴彦淖尔市 / 2008-4-18

日本松雀鹰 / 雄鸟 / 包头市 / 2008-5-6

雀　鹰 / 雌性幼鸟 / 包头市 / 2007-4-21

雀　鹰 / 雄鸟 / 包头市 / 2007-1-7

日本松雀鹰

Accipiter gularis （Japanese Sparrow Hawk）

隼形目鹰科。全长约33cm。上体深灰色，**尾具4～5条黑色横斑**。喉白，**具黑色中央纵纹**。下体灰白，密布棕红色横斑。无眉纹。

栖息于山地针叶林、阔叶林和混交中。以小鸟、昆虫等小型动物为食。繁殖期4～6月，多在乔木上筑巢，每窝产卵3～5枚。旅鸟，分布于呼伦贝尔市、兴安盟、通辽市、赤峰市、锡林郭勒盟、乌兰察布市、包头市、鄂尔多斯市、巴彦淖尔市、乌海市、阿拉善盟。属国家二级重点保护动物，较常见。

雀　鹰

Accipiter nisus （Eurasian Sparrow Hawk）

隼形目鹰科。体长约34cm。雌雄异色。雄鸟上体灰蓝色，**腹白色有栗褐色横斑。眉线白色，颊栗红色**，喉白色。尾羽灰褐色，有四条褐色横带。雌鸟体型较雄鸟大，上体褐色，下体白色，胸腹部具灰褐色横斑。虹膜淡黄褐色，嘴暗铅灰色，尖端黑色，嘴基、蜡膜黄绿色，脚趾淡黄褐色，爪黑色。

栖息于林缘、草地，以鸟类、鼠类为食。繁殖期4～5月，在树较高处侧枝上筑巢，每窝产卵4～5枚，卵圆形，青灰色，具褐色斑，雌性孵卵。夏候鸟，旅鸟，分布于呼伦贝尔市、兴安盟、通辽市、赤峰市、锡林郭勒盟、乌兰察布市、呼和浩特市、包头市、鄂尔多斯市、巴彦淖尔市、乌海市、阿拉善盟。属国家二级重点保护动物，常见。

苍 鹰

Accipiter gentilis（Northern Goshawk）

隼形目鹰科。全长约56cm。雌雄稍不同，雌性稍下小，下体较雄鸟褐色更浓。**上体青灰色**，头顶、后颈颜色较深，**具白色眉纹**，下体白色具深褐色横纹。**尾羽灰褐色，具宽阔黑色横带**。幼鸟上体褐色，下体棕褐色，具近黑色粗纵纹。雌雄羽色相似，但体型较人。虹膜金黄色，嘴角质灰色，蜡膜浅绿色，跗跖、脚黄色，爪黑褐色。

栖息于丘陵地区的针叶林、阔叶林、混交林中，主要以鼠、鸟、野兔为食。4～5月繁殖，在高大乔木上筑巢，每窝产卵2～4枚，卵圆形，灰白色，无斑点，表面不光滑，雌性孵卵。夏候鸟，旅鸟，冬候鸟，分布于呼伦贝尔市、兴安盟、通辽市、赤峰市、锡林郭勒盟、乌兰察布市、呼和浩特市、包头市、鄂尔多斯市、巴彦淖尔市、阿拉善盟，数量不多。属国家二级重点保护动物，常见。

苍 鹰 / 成鸟 / 巴彦淖尔市 / 2008-3-9

苍 鹰 / 幼鸟 / 包头市 / 2007-1-11

灰脸鵟鹰 / 张明

灰脸鵟鹰

Butastur indicus (Grey-faced Buzzard)

隼形目鹰科。全长约49cm。雌雄稍有区别。**雄鸟后颈至前胸褐色，额、眉纹白色，头顶至后枕褐色，眼周及耳羽灰褐色。**上体黄褐色，尾羽褐色，贯以数条黑色带斑。喉白色，中央具暗褐色宽阔纵喉纹。胸及上腹褐色，下腹部白色。雌鸟似雄鸟，色泽较浅，体型略大。虹膜黄色，嘴黑，嘴基黄色，蜡膜橙黄，跗跖被网状鳞，不被羽。

栖息于高海拔开阔地，以小型动物为食，5～7月繁殖，营巢于树上或林中沼泽草甸，每窝产卵2～4枚，卵白色，具锈色或红褐色斑。夏候鸟，分布于呼伦贝尔市、兴安盟。属国家二级重点保护动物，少见。

普通鵟 / 包头市 / 2007-4-3

普通鵟

Buteo buteo （Common Buzzard）

隼形目鹰科。全长约55cm。雌雄稍有区别，但随年龄体色变异较大，较难区别。全身体色大致暗褐或灰褐。喉暗褐色，胸及腹部淡褐色，腹部有黑褐色纵斑，**尾羽褐色呈扇形，有数条黑褐色横纹**。初级飞羽基部有特征性白色块斑，末端黑色，翼角黑色。虹膜淡褐色，嘴黑褐色，基部沾蓝，蜡膜、跗跖、趾黄色，爪黑色。

栖息于开阔地附近稀疏的森林中，秋冬季出现在农田、草地、丘陵地上空，以野兔、蜥蜴、蛙类和昆虫为食。在林缘间树顶或悬崖峭壁上营巢，4～6月繁殖，每窝产卵1～3枚，卵青白色，具栗褐色细斑，雌雄轮流孵卵。夏候鸟，旅鸟，分布于呼伦贝尔市、兴安盟、赤峰市、锡林郭勒盟、呼和浩特市、包头市、鄂尔多斯市、巴彦淖尔市、阿拉善盟。属国家二级重点保护动物，常见。

棕尾鵟

Buteo rufinus (Long-legged Hawk)

隼形目鹰科。全长约64cm。体色变异大，从米黄色至棕色至深褐色。常见的典型体色为上体深褐色和棕色相杂，下体棕黄，具褐色纵纹，喉部具巧克力色中央斑，翼下覆羽棕色，与白色飞羽界限分明。翼角有大型黑斑。**尾羽淡褐色**，具“V”形深色条纹。虹膜苍白色或褐色，嘴黑色，跗跖及脚黄色，爪黑色。

栖息于无树木大草原、半荒漠地区、多岩石地区及开阔林地、丘陵。3～5月繁殖，营巢于岩壁及树上，每窝产卵2～4枚，卵黄白色，有赤褐色或灰白色斑。冬候鸟，分布于包头市、巴彦淖尔市。属国家二级重点保护动物，较常见。

棕尾鵟 / 包头市 / 2009-9-1

棕尾鵟 / 包头市 / 2007-10-9

大 鵟 / 包头市 / 2006-11-14

大 鵟

Beteo hemilasius （Upland Buzzard）

隼形目鹰科。全长约70cm。羽色变化大，有数种色型。**额、头顶、枕部淡黄白色**，有棕褐色斑纹。体背面暗色，腹面暗或淡色，有暗色横纹或纵纹，尾羽有数条暗色及淡色横纹，多褐色。**飞行时翼下初级飞羽基部具大型白斑**，翼角有大黑斑。虹膜黄褐色，嘴角黑褐色，蜡膜黄绿色，脚暗黄色，爪黑色。

栖息于山丘、林边或草原，喜停息在高树上或高凸物上，以鼠类、野兔、小鸟等为食。4～5月繁殖，多在崖壁或乔木上筑巢，有时也把巢筑在电线杆上，每窝产卵2～4枚，卵淡赭黄色，有红褐色斑，雌性孵卵。留鸟，分布于

大 鵟 / 巴彦淖尔市 / 2008-3-7

大 鵟 / 包头市 / 2006-11-14

呼伦贝尔市、兴安盟、通辽市、赤峰市、锡林郭勒盟、乌兰察布市、呼和浩特市、包头市、鄂尔多斯市、巴彦淖尔市、阿拉善盟。属国家二级重点保护动物，常见。

大 鵟 / 包头市 / 2006-11-14

毛脚鵟

Buteo lagopus （Rough-legged Hawk）

隼形目鹰科。全长约54cm。雌雄羽色相似。体羽多褐色，头、上颈色浅近乳白色，缀黑褐色羽干纹，背浅灰色。腹及两肋具深褐色。**两翼色深，尾羽色浅**，对比明显。雌鸟及幼鸟浅色头和深色胸成对比，雄鸟头部深胸色浅。虹膜暗褐色，嘴黑褐色，基部灰蓝，尖端黑色，蜡膜、脚趾黄色，**跗骨被羽**，色浅常缀深色点斑，爪角褐色。

栖息于林冠稀疏的乔木上，以鼠类等为食。筑巢于崖壁、岩洞、冻土地、山林中，每窝产卵3～5枚，卵白色，有褐色斑，雌鸟孵卵。冬候鸟，分布于呼伦贝尔市、兴安盟、乌兰察布市、包头市、鄂尔多斯市、巴彦淖尔市、阿拉善盟。属国家二级重点保护动物，较常见。

毛脚鵟 / 包头市 / 2008-10-10

乌 雕

Aqulia clanga （Greater Spotted Eagle）

隼形目鹰科。全长约70cm。**全身乌褐色**，缀紫色光泽，下体羽棕褐色，下胸、腹部驼灰色，跗跖羽褐、污白相杂。幼鸟翼上和背部有白色点斑，**尾上覆羽具白色的“U”形斑**，飞行时从上方明显可见。虹膜褐色，嘴黑褐色，腊膜，脚黄色，跗跖和趾灰紫色，爪黑色。

栖息于平原、草原、取食鼠、蛙、蛇、鸟、鱼及动物尸体等。4～5月繁殖，在岩石或乔木上筑巢，每窝产卵1～3枚，雌鸟孵卵。留鸟，冬候鸟，旅鸟，分布于呼伦贝尔市、兴安盟、赤峰市、锡林郭勒盟、呼和浩特市、鄂尔多斯市、巴彦淖尔市，少见。属国家二级重点保护动物，被《中国物种红色名录》列为易危物种。

毛脚鵟 / 包头市 / 2007-1-9

乌 雕 / 包头市 / 2007-3-16

草原雕 / 包头市 / 2009-6-6

草原雕 / 巴彦淖尔市 / 2009-3-18

草原雕

Aquila nipalensis （Steppe Eagle）

隼形目鹰科。全长约70cm。体色变化较大，有灰褐色、土褐色、深褐色甚至黑色等色型。**两翼具深色后缘，有时翼下大覆羽露出浅色翼斑。大覆羽和次级飞羽端淡色，在翼上形成两道皮黄色横纹**，以此便于和乌雕区别。尾上覆羽为皮黄色，尾羽黑褐色，杂以灰褐色横斑。虹膜黄褐色，嘴黑褐色，蜡膜暗黄色，趾黄色，爪黑色。

栖息于低海拔山区和开阔草原。捕食野兔、蜥蜴、鼠类。在峭壁、大树或灌丛中筑巢。4～5月繁殖，每窝产卵2～3枚，卵白色，偶见有褐色斑，雌雄共同孵卵。夏候鸟，分布于呼伦贝尔市、兴安盟、赤峰市、锡林郭勒盟、包头市、鄂尔多斯市、巴彦淖尔市。属国家二级重点保护动物，数量逐年明显减少，较常见。

白肩雕

Aquila heliaca (Imperial Eagle)

隼形目鹰科。全长约75cm。雌雄相似。体羽黑褐色，头顶和后颈部皮黄色，**肩部有明显白色斑块**。眼先、耳羽、喉部均为黑褐色。尾羽灰褐色，有不规则黑色细横纹及宽阔黑色端斑。体腹面黑褐色。飞行时身体和翼下覆羽全黑。蜡

草原雕 / 包头市 / 2009-6-6

白肩雕 / 张斌

白肩雕 / 西锐

膜和趾黄色。爪黑色，虹膜红褐色，幼鸟为暗褐色。

栖息于山地森林地带、低山丘陵、森林平原、小块丛林、林缘地带及荒漠、草原、沼泽，以啮齿类、野兔等哺乳动物和雉鸡、石鸡等为食，也食爬行动物和动物尸体。4～5月繁殖，营巢于高大树上，每窝产卵2～3枚，卵白色，雌雄轮流孵卵。夏候鸟，旅鸟，分布于呼伦贝尔市、兴安盟、乌兰察布市。属国家一级重点保护动物，被《中国物种红色名录》列为易危物种。

金　雕

Aquila chrysaetos　(Golden Eagle)

隼形目鹰科。全长约85cm。雌雄相似。体羽浓褐色，**头顶至后颈羽色金黄色**。下体黑褐色，**尾羽黑褐色，具有黑色横斑和端斑，尾羽的根部以及双翼的下面具有白斑**，飞翔时非常明显。虹膜栗褐色，嘴巨大，端部黑色，基部蓝灰色，蜡膜黄色，跗跖黄色，爪黑色。

栖息于草原、荒漠和针叶林中，捕食雁鸭类、雉鸡类、狍子、鹿、狐狸、野兔，有时也食鼠类等。2～3月繁殖，在岩壁或大树上筑巢，每窝产卵1～2枚。留鸟，夏候鸟，分布于呼伦贝尔市、兴安盟、通辽市、赤峰市、锡林郭勒盟、乌兰察布市、包头市、鄂尔多斯市、巴彦淖尔市、阿拉善盟。属国家一级重点保护动物，数量逐年明显减少，较常见。

金　雕 / 包头市 / 2007-11-25

金　雕 / 包头市 / 2007-11-25

鹰　雕 / 张明

鹰　雕

Spizaetus nipalensis (Hodgson' s Hawk Eagle)

隼形目鹰科。全长约64cm。雌雄相似。**头顶、羽冠黑色**，背暗灰色，尾羽褐色，具4条褐色横斑，头颈侧有黑色和黄色纵纹，颏、喉和胸部皮黄色，具明显中央纵纹。次级飞羽长，翅幅宽，翅下白黑横相间。虹膜黄绿色，嘴黑色，先端黑灰色，趾淡黄，爪黑色。

栖息于高山密林、平原乔木上，以野兔、各种鸡形目鸟类和鼠类为食。2～5月繁殖，营巢于松树等树冠间，每窝产卵1～2枚，卵白色具红色斑点，雌鸟孵卵。留鸟，分布于呼伦贝尔市、兴安盟、赤峰市。属国家二级重点保护动物。

隼形目 Falconiformes

隼科 Falconidae

黄爪隼

Falco naumanni （Lesser Kestrel）

隼形目隼科。全长约30cm。雌雄异色。雄鸟头灰色，上体赤褐而无斑纹，腰及尾蓝灰色，翼次级飞羽和大覆羽灰蓝色。下体淡棕色，颏及臀白色，胸具稀疏黑点，尾灰蓝，近端处有黑色横带，端白。雌鸟红褐色较重，全身无灰蓝色，上体具横斑及点斑，下体具黑色纵纹。雄、雌均似红隼。但体型略小，雄鸟羽色艳，黑色斑点少，且无红隼眼下的深色条纹，飞行时尾呈楔状，翼下几呈白色，爪浅色，而红隼爪黑色。

栖息于荒山、开阔荒漠、草地、林缘、河谷，主食昆虫、蜥蜴，迁徙时结群。营巢于悬崖峭壁、废弃建筑物、岩洞、树洞中，每窝产卵3～6枚，卵白色或浅黄色，有褐色斑，两性孵卵。旅鸟，夏候鸟，分布于呼伦贝尔市、通辽市、赤峰市、锡林郭勒盟、呼和浩特市、乌兰察布市、

黄爪隼 / 左雄右雌 / 包头市 / 2009-5-12

红 隼 / 左雌右雄 / 包头市 / 2006-5-21

包头市、巴彦淖尔市、鄂尔多斯市、乌海市、阿拉善盟，包头市达茂旗境内是其重要的繁殖地，常见。属国家二级重点保护动物，被《中国物种红色名录》列为易危物种。

红 隼

Falco tinnunculus （Common Kestrel）

隼形目隼科。全长约33cm。雌雄异色。雄鸟上体赤褐色，有黑色横斑。**头顶至颈背灰色，眼下黑色垂纹浓长**。下体皮黄色有黑色纵纹。尾羽末端灰白,有一黑色次端斑。雌鸟上体深棕色参杂黑褐色横斑, 尾羽带数条黑褐色横纹及一宽阔黑色次端斑。虹膜暗褐，嘴灰蓝色，先端石板黑色，基部、蜡膜黄色，脚趾深黄色，爪黑色。

栖息于堤坝、农田、疏林、旷野。主要以鼠类、小鸟、昆虫为食。营巢于石缝、树上、废弃建筑物中，繁殖期4～6月,每窝产卵3～5枚，白色，有赤褐色斑点，雌鸟孵卵。留鸟，分布于呼伦贝尔市、兴安盟、通辽市、赤峰市、锡林郭勒盟、乌兰察布市、呼和浩特市、包头市、巴彦淖尔市、鄂尔多斯市、乌海市、阿拉善盟。属国家二级重点保护动物，常见。

红 隼 / 亚成鸟 / 包头市 / 2006-8-24

红脚隼 / **雄鸟** / 包头市 / 2009-5-24

红脚隼 / **雌鸟** / 包头市 / 2009-5-24

红脚隼

Falco amurensis （Eastern Red-footed Falcon）

隼形目隼科。全长约31cm。雌雄异色。大体灰色，背羽色重，**腿、腹及臀部棕红色，飞行时白色的翼下覆羽为其特征**。雌鸟额白，头顶灰褐色，具黑色纵纹；背及尾灰色并具黑色横斑；喉白色，下体污白色具黑色纵纹，下腹及臀部浅棕红色。雄鸟头顶、颈背灰蓝色，尾下覆羽、腿覆羽红棕色。虹膜暗褐色，眼周裸出部黄色，嘴石板灰色，基部黄色，蜡膜橙红色，脚和趾橙红色，爪淡黄色。

栖息于林缘开阔地、河岸、宽阔山沟，以昆虫为食，喜立于电杆电线上，迁徙时结大群多至数百只。5～6月繁殖，营巢于树洞或占用乌鸦、喜鹊的巢，每窝产卵2～6枚，雌雄共同孵卵。夏候鸟，分布于呼伦贝尔市、兴安盟、通辽市、赤峰市、锡林郭勒盟、乌兰察布市、呼和浩特市、包头市、巴彦淖尔市、鄂尔多斯市、乌海市、阿拉善盟。属国家二级重点保护动物，数量多，常见。

灰背隼

Falco columbarius （Merlin）

隼形目隼科。全长约30cm。雌雄异色。雄鸟上体蓝灰色，略带黑色细纹。**后颈有一道棕色领圈，并杂以黑斑**。胸腹部和两肋有棕褐色细纹。尾羽蓝灰色具黑色次端斑、端白。雌鸟背羽、尾羽暗褐色，眉纹及喉白色，胸、腹部多深褐色斑纹，尾具近白色的横斑。虹膜、嘴暗褐色，先端黑色，蜡膜、跗跖均黄色，爪黑色。

栖息于林缘、草甸、芦苇、沼泽和农田，以小型鸟类、鼠类和昆虫为食。4～5月繁殖，每窝产卵3～4枚。夏候鸟，旅鸟，分布于呼伦贝尔市、兴安盟、赤峰市、呼和浩特市、包头市、巴彦淖尔市、鄂尔多斯市、阿拉善盟。属国家二级重点保护动物，较常见。

灰背隼 / **雌鸟** / 巴彦淖尔市 / 2008-3-7

灰背隼 / 包头市 / 2006-11-8

灰背隼 / **雄鸟** / 包头市 / 2006-11-8

燕 隼 / 包头市 / 2009-5-12

燕 隼

Falco subbuteo （Hobby）

隼形目隼科。全长约30cm。雌雄相似。上体暗灰色，胸乳黄带有黑色纵纹，下体色淡。喉白色、**后颈具白色领圈。眼上有一细白纹，眼下方和耳羽下方有二个黑色垂纹**。脚黄色。腿覆羽纹尾下覆羽栗红色。虹膜暗褐色，嘴暗灰色，先端黑色，蜡膜、脚黄色，爪黑色。

燕 隼 / 包头市 / 2007-5-18

栖息于山地次生林、开阔农田和草原。以昆虫、蜥蜴、鼠类等为食。5～7月繁殖，每窝产卵2～4枚，白色密布红褐色粗斑和点斑，雌鸟孵卵。夏候鸟，分布于呼伦贝尔市、兴安盟、通辽市、赤峰市、锡林郭勒盟、呼和浩特市、包头市、巴彦淖尔市、阿拉善盟。属国家二级重点保护动物，常见。

猎 隼

Falco cherrug （Saker Falcon）

隼形目隼科。全长约50cm。雌雄相似。**头顶浅褐色，颈背偏白，眼下有不明显的黑色斑纹，眉纹白**。下体及腿羽白色，具黑褐色纵纹，翼比游隼形纯且色浅。翼尖深色，**尾羽暗褐色，端部白色**。虹膜褐色，嘴褐色，跗跖暗褐色，爪黑色。

栖息于山区、河湖、沼泽、湿地，以中小型水禽、野兔、鼠类为食。在岩崖上筑巢。每窝产卵2～6枚，雌鸟孵卵。夏候鸟，旅鸟，分布于呼伦贝尔市、兴安盟、锡林郭勒盟、乌兰察布市、呼和浩特市、包头市、鄂尔多斯市、巴彦淖尔市、阿拉善盟。属国家二级重点保护动物，濒危，种群数量逐年明显减少，较常见。

猎 隼 / 呼伦贝尔市 / 2009-1-5

猎 隼 / 包头市 / 2008-7-20

游 隼

Falco peregrinus (Peregrine Falcon)

隼形目隼科。全长约45cm。雌雄相似，但雌性体较大。上体深灰具黑色斑点及纵纹，头顶及脸颊近黑或具黑色条纹，眼下具大型三角形黑斑。下体近白色，胸具黑色纵纹，**腹、腿及尾下具黑色横斑。**虹膜褐色，眼睑黄色，嘴银灰色，蜡膜黄色，脚橙黄色，爪黑色。

常见活动于河湖、沼泽、湿地及周边旷野上空，捕食野鸭、鸥及鸠鸽类等，有时也捕食野兔和啮齿类动物，是世界上飞行最快的鸟之一。3～5月繁殖，峭壁筑巢，每窝产卵2～6枚，卵乳白色，具栗色和黄褐色斑点、斑纹。夏候鸟，旅鸟，分布于呼伦贝尔市、兴安盟、锡林郭勒盟、呼和浩特市、包头市、鄂尔多斯市、巴彦淖尔市、阿拉善盟。属国家二级重点保护动物，少见。

游 隼 / 包头市 / 2008-10-2

黑琴鸡 / 雄鸟 / 赤峰市 / 2008-4-27

鸡形目 Galliformes
松鸡科 Tetraonidae

黑琴鸡

Tetrao tetrix (Black Grouse)

鸡形目松鸡科。全长约60cm。雌雄异色。雄鸟**体羽黑色**，头颈部、腰背部有绿色金属光泽，**尾下覆羽白色，眼上有半月形红色裸皮。**两翼深褐色，具两道白色翼斑，局部有一小翼斑，尾黑色，外侧尾羽向外卷曲呈古琴状。腿部覆羽白色，具褐色横斑。雌鸟体羽黄褐色，具黑褐色横斑，尾呈叉状。虹膜褐色，嘴黑色，爪黑色。

栖息于森林、草甸草原、河谷等地，以植物嫩芽、叶芽、花序、浆果为食。3～6月繁殖，营巢于浓密灌丛下，每窝产卵8～10枚，卵褐色缀棕褐色斑点，雌鸟孵卵。留鸟，分布于呼伦贝尔市、兴安盟、锡林郭勒盟、赤峰市。属国家二级重点保护动物，被《中国物种红色名录》列为近危物种。常见。

黑琴鸡 / 赤峰市 / 2008-4-27

黑琴鸡 / 雌鸟 / 赤峰市 / 2008-4-27

黑琴鸡 / 赤峰市 / 2008-4-27

黑嘴松鸡 / **雄鸟** / 呼伦贝尔市 / 2009-10-24

黑嘴松鸡

Tetrao parvirostris (Black-billed Capercaillie)

鸡形目松鸡科。全长约90cm。雌雄异色。雄鸟**羽色黑褐**，头颈具靛蓝色光泽，胸部有铜绿色光泽。钝圆的尾在发情期呈扇状竖起，肩羽及翅上覆羽羽端白色。下体黑而带白色斑点。眼上有半月形红色裸皮，颏部具鬚，腿羽布满褐色纵纹。雌鸟较小，深褐色，密布皮黄色蠹斑和白色横斑，尾羽端部白色。虹膜棕色，嘴铅黑色，趾黑色。

栖息于大兴安岭北部的原始森林内，主要以落叶松、

黑嘴松鸡 / **雄鸟** / 呼伦贝尔市 / 2009-10-24

黑嘴松鸡 / **雌鸟** / 呼伦贝尔市 / 2009-3-11

桦、柳树的嫩枝、果实、叶片为食。5～7月繁殖，营巢于向阳山坡的松树间，每窝产卵6～7枚，卵浅橙色，有深褐色斑，雌鸟孵卵。留鸟，分布于呼伦贝尔市。种群数量逐年明显减少，属国家一级重点保护动物，常见。

花尾榛鸡

Bonasa bonasia (Hazel Grouse)

鸡形目松鸡科。全长约35cm。雌雄异色。**雄鸟鼻孔有黑色羽**，杂有淡黄色或白色。额基部白色，**头顶有短羽冠**，颊、颈侧白色，喉黑色，体羽棕灰色，具栗褐色横斑。雌雄相似，雌鸟额基部不为白色，颊黄白色，喉棕黄色。虹膜栗红色，嘴黑色，趾黑褐，各趾两侧具栉状突，跗跖部部分被羽，裸露部红褐色。

栖息于山地森林中，以植物性食物为主。3～7月繁殖，筑巢于林中地面，每窝产卵6～11枚，椭圆形，黄褐色，缀有稀疏红褐斑点，雌鸟孵卵。留鸟，分布于呼伦贝尔市、兴安盟。种群数量逐年明显减少，属国家二级重点保护动物，常见。

花尾榛鸡 / 呼伦贝尔市 / 2008-10-8

鸡形目 Galliformes
雉科 Phasianidae

暗腹雪鸡 / 李都

暗腹雪鸡

Tetraogallus himalayensis (Himalayan Snowcock)

鸡形目雉科。全长约61cm。雌雄羽色粗，仅雌性跗跖部无距。额、眼先及脸部土黄色，眼先和脸杂有模糊黑色纵纹。头顶至后颈浅灰褐色，颊、颈侧、喉白色，背部茶色，**上胸土黄色，下胸、腹、两胁浅灰色，具明显黄棕色和褐色矗斑**，尾下覆羽白色。雌雄相似。虹膜鼠褐色，眼睑边缘、眼周裸露部皮黄色，嘴淡褐色，蜡膜橙黄色，跗跖和趾橙红色，爪黑褐色。

栖息于海拔2500米以上的高山裸岩、草甸和稀疏灌丛。以植物的枝叶、芽孢、花、果实为食，也吃一些昆虫。6～8月繁殖，营巢于裸岩缝隙、岩石凹陷、灌丛下隐蔽处，每窝产卵8～16枚，雌鸟孵卵。留鸟，分布于阿拉善盟。属国家二级重点保护动物，被《中国物种红色名录》列为近危物种。

石　鸡

Alectoris chukar (Chukar Partridge)

鸡形目雉科。全长约36cm。上背葡萄红色，下背及覆羽为灰橄榄色。喉及颊灰棕色，**黑色过眼线绕头侧和喉部，围成黑色环带。**胸灰，下体余部棕黄，**两胁有14～15**

石　鸡 / 包头市 / 2009-6-7

斑翅山鹑 / 雄鸟 / 呼伦贝尔市 / 2009-1-5

条黑纹，中央尾羽灰橄榄褐色，外侧尾羽栗棕色。虹膜栗色，**嘴、脚红色**，爪黑褐色。

栖息于岩石较多的丘陵至低山地带，以植物种子、幼小植物的浆果、嫩枝及昆虫为食。繁殖期4～7月，筑巢于草丛及灌丛的石堆中，每窝产卵15枚，卵棕白色，杂以暗红色斑点，雌性孵卵。留鸟，分布于通辽市、赤峰市、锡林郭勒盟、乌兰察布市、呼和浩特市、包头市、鄂尔多斯市、巴彦淖尔市、乌海市、阿拉善盟。数量多，分布广，常见。

斑翅山鹑

Perdix dauuricae （Daurian Partridge）

鸡形目雉科。全长约28cm。雄鸟背羽以灰褐色和棕褐色为主，有栗色横斑和不规则细纹。眼圈白色，下缘黑色。喉部羽毛长尖，呈须状。**前胸具大片赤褐色，腹中部有一倒"U"形黑色斑块。**雌鸟体羽与雄鸟相似，但下胸黑斑不明显。虹膜暗褐，嘴石板黑，脚趾肉灰色。

栖息于草原、丘陵地带，以植物种子、嫩芽为食。在近矮树丛旁的地面上筑巢，4～7月繁殖，每窝产卵14～20枚，卵尖卵圆形，乳灰色，无斑，雌性孵卵。留鸟，分布于呼伦贝尔市、兴安盟、通辽市、赤峰市、锡林郭勒盟、乌兰察布市、呼和浩特市、包头市、鄂尔多斯市、巴彦淖尔市、乌海市、阿拉善盟。数量多，分布广，常见。

斑翅山鹑 / 雌鸟 / 繁殖羽 / 包头市 / 2009-9

鹌 鹑 / 包头市 / 2007-1-22

勺 鸡 / 雌鸟 / 田宁朝

蓝马鸡 / 阿拉善盟

鹌 鹑

Coturnix japonica （Japanese Quail）

鸡形目雉科。全长约18cm。上体深褐色，杂以浅黄色羽干纹，**眉纹皮黄色，胸褐色，具深褐色斑点**，腹灰色。雄鸟喉部中央有明显的黑褐色纵纹，雌鸟似雄鸟，羽色较浅，无喉部中央黑纹。虹膜淡红褐色，嘴角蓝色，跗跖、趾、爪黄色。

栖息于近山平原、丘陵，以叶芽、种子、谷物、昆虫等为食。5～8月繁殖，在草地干燥处挖穴筑巢，每窝产卵8～10枚，卵淡黄褐色，具黑褐色斑，雌鸟孵卵。夏候鸟，留鸟，分布于呼伦贝尔市、兴安盟、通辽市、赤峰市、锡林郭勒盟、乌兰察布市、呼和浩特市、包头市、鄂尔多斯市、巴彦淖尔市。数量多，分布广，常见。

勺 鸡

Pucrasia macrolopha (Koklass Pheasant)

鸡形目雉科。全长约61cm。雌雄异色。**雄鸟头部黑绿色，有明显的棕黑色长羽冠。颈侧耳羽下各具一大型白斑，**颏、喉黑色，背灰褐色，具“V”形黑色纵纹，纹间见白色羽轴，羽片状如柳叶。下体淡栗褐色，中央尾羽灰褐，外侧尾羽有三道黑横斑。雌鸟褐色，羽冠较雄鸟短，颏、喉棕白色。虹膜褐色，嘴雄性黑色，雌性黑褐色，脚趾暗红色。

栖息于海拔1000～1400米的阔叶林、针阔混交林中，以植物嫩芽、嫩叶、花、果实、种子为食，也食少量昆虫、蜘蛛等。4～7月繁殖，营巢于林内树干基部旁边或灌丛、草丛中，每窝产卵6～8枚，卵浅黄色、皮黄色，缀以深褐色或褐紫色斑点，雌鸟孵卵。留鸟，分布于赤峰市。属国家二级重点保护动物，被《中国物种红色名录》列为近危物种。

蓝马鸡

Crossoptilon auritum (Blue Eared Pheasant)

鸡形目雉科。全长约95cm。雌雄羽色相似。前额白色，头顶和枕黑色，**头侧裸出部红色**，喉、颏、**两簇耳羽白色。上体蓝色**，闪金属光泽，飞羽暗褐色，尾羽披散状如马尾，中央两对尾羽蓝灰色，外侧尾羽白色。虹膜金黄色，嘴淡红色，跗跖和趾珊瑚红色，爪暗红灰色。

栖息于海拔2000～4000米的林地、灌丛、草甸。主要以植物根茎叶为食，也食昆虫、农作物等。4～7月繁殖，营巢于浓密灌丛或倒木下，每窝产卵5～11枚，椭圆形，淡青绿色，缀淡棕或褐色斑点，雌鸟孵卵。留鸟，分布于阿拉善盟。种群数量逐年明显减少，少见，属国家二级重点保护动物，被《中国物种红色名录》列为易危物种。

蓝马鸡 / 阿拉善盟

环颈雉 / 包头市 / 2007-5-8

环颈雉

Phasianus colchicus (Ring-necked Pheasant)

鸡形目雉科。全长约85cm。雄鸟体色艳丽，**眼周裸皮宽大呈鲜红色**，有明显的耳羽簇。**东部的亚种颈部有白色项圈**，颈部黑色，有绿色金属光环。腰侧丛生栗黄色发状羽。尾羽长、有横斑。雌鸟形小而羽色暗淡，杂以黑斑，尾较短。雄鸟虹膜红栗色，雌鸟淡红褐色，嘴端黄绿色，基部灰褐色，跗跖雄鸟黄绿色，雌鸟红绿色，雄鸟其上具有短距。

栖息于平地至海拔3000米以上，繁殖期在地面以枯叶造巢，每年3～7月间繁殖，每窝产卵6～14枚。留鸟，分布于呼伦贝尔市、兴安盟、通辽市、赤峰市、锡林郭勒盟、乌兰察布市、呼和浩特市、包头市、鄂尔多斯市、巴彦淖尔市、阿拉善盟。数量多，分布广，常见。

环颈雉 / **雌鸟** / 包头市 / 2007-5-8

环颈雉 / 呼伦贝尔市 / 2007-1-11

鹤形目 Gruiformes
三趾鹑科 Turnicidae

黄脚三趾鹑

Turnix tanki (Yellow-legged Buttonquail)

鹤形目三趾鹑科。全长约16cm。雌雄羽色稍有差异。**雄鸟自上喙基部沿头顶到枕部有2条棕黑色带纹，中央夹有灰黄白色冠纹。**颊、耳羽、眼周处羽色成黄白色，羽缘缀以褐色斑点。体羽棕褐色为主，缀以波状、点状黑色或黑褐色纹。雌鸟体型略大，羽色较雄鸟鲜艳。上嘴黄褐色，下嘴、脚、趾、爪黄色，仅3趾，后趾缺如。

栖息于杂草或山坡灌丛间，以植物嫩芽、浆果、草籽、谷类、昆虫为食。5～7月繁殖，营巢于草丛、麦田地面的凹陷处，每窝产卵3～4枚，卵椭圆形或梨形，灰绿色或淡黄白色，被浅褐色或红褐色和暗紫色斑点，雄鸟孵卵。夏候鸟，分布于呼伦贝尔市、兴安盟、赤峰市、包头市。

黄脚三趾鹑 / 张斌

鹤形目 Gruiformes

鹤科 Gruidae

蓑羽鹤 / 包头市 / 2007-8-25

蓑羽鹤

Anthropoides virgo (Demoiselle Crane)

鹤形目鹤科。全长约76cm。体羽蓝色，额、头顶、枕中部灰色，眼先、头侧、喉和颈黑色，**延长的耳簇羽白色，前颈黑色蓑羽垂于胸前**。雌雄相似。虹膜红色，嘴黑色，前端渐变为棕褐，胫、跗跖、趾、爪黑色，跗跖前部被盾状鳞，后部为网状鳞。

栖息于草甸草原、典型草原和荒漠草原，以植物的种子、根茎、叶为食，也食野鼠、蜥蜴、昆虫等。繁殖期5～7月，营巢于草地、农田凹陷处，每窝产卵2枚，卵圆形，淡紫色，具深紫色或褐色斑点，雌雄轮流孵卵。夏候鸟，分布于呼伦贝尔市、兴安盟、通辽市、赤峰市、锡林郭勒盟、乌兰察布市、呼和浩特市、包头市、巴彦淖尔市、鄂尔多斯市、乌海市、阿拉善盟。属国家二级重点保护动物，常见。

白　鹤

Grus leucogeranus (Siberian White Crane)

鹤形目鹤科。全长约137cm。体型修长，羽色纯白，雌雄相似。**前额、嘴基及眼周皮肤裸露无羽，鲜红**

白　鹤 / **左亚成鸟** / 2009-3-29

白 鹤 / 2009-3-29

色。虹膜棕黄色，嘴、脚暗红色。

栖息于开阔平原、沼泽、河湖岸边，杂食性，以植物根茎叶、种子、嫩芽为食，亦食昆虫、鱼类、软体动物等动物性食物。繁殖期6～7月，营巢于沼泽、苇丛、蒿草丛中，每窝产卵2枚，卵淡灰绿色，具褐斑，雌雄轮流孵卵。旅鸟，夏候鸟，分布于呼伦贝尔市、兴安盟、通辽市、赤峰市。属国家一级重点保护动物，被《中国物种红色名录》列为极危物种。

白枕鹤

Grus vipio (White-naped Crane)

鹤形目鹤科。全长约130cm。雌雄相似。**体羽石板灰色**，颏、喉、头、**后颈白色**，**前颈下部黑灰色**，两侧向上延伸形成黑纹，**脸部红色**。虹膜暗褐色，嘴黄绿色，脚粉红色。

栖息于浅滩、沼泽湿地、草甸、水田中，以植物种子、块茎、谷物为食，也食小的无脊椎动物。繁殖期4～6月，营巢于开阔湿地。每窝产卵2枚，灰绿色，被紫褐色斑点，雌雄轮流孵卵。夏候鸟，旅鸟，分布于呼伦贝尔市、兴安盟、通辽市、赤峰市、锡林郭勒盟。较常见。属国家二级重点保护动物，被《中国物种红色名录》列为易危物种。

白枕鹤 / 赤峰市 / 2008-5-1

灰 鹤 / 包头市 / 2008-10-19

灰 鹤

Grus grus (Common Crane)

鹤形目鹤科。全长约110cm。**头顶裸皮鲜红色**，两颊及颈侧灰白色，喉及前后颈灰黑色，**体羽余部灰色**，初级飞羽和次级飞羽黑色，**三级飞羽灰色且延长弯曲或弓状**，雌雄羽色相似。虹膜黄褐色，嘴青灰色，先端略淡，脚黑灰色。

灰 鹤 / 包头市 / 2007-3-24

栖息于近水平原、沙滩、草原、丘陵等地，常在水边草地上以水草、谷物、植物种子为食。繁殖期4～6月，在沼泽草丛中筑巢，每窝产卵2枚。夏候鸟，旅鸟，分布于呼伦贝尔市、兴安盟、通辽市、赤峰市、锡林郭勒盟、呼和浩特市。属国家二级重点保护动物，常见。

白头鹤

Grus monacha (Hooded Crane)

鹤形目鹤科。全长约100cm。全身主要暗石板灰色，**头、颈白色**，头顶裸皮红色，**前额黑色**，翅灰黑色，**羽枝松散，似毛发状**。雌雄相似。虹膜棕褐色，嘴黄绿色，腿灰黑色。

栖息于河口、沼泽及湖泊，以水生植物、浆果、昆虫、蜥蜴、蛙为食。繁殖期5～7月，每窝产卵2枚，卵土黄色，雌鸟孵卵。夏候鸟，旅鸟，分布于呼伦贝尔市、兴安盟、赤峰市、通辽市。常见。属国家一级重点保护动物，被《中国物种红色名录》列为易危物种。

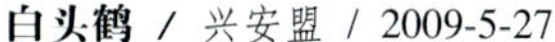

白头鹤 / 兴安盟 / 2009-5-27

白头鹤（下面一只为灰鹤） / 兴安盟 / 2008-11-14

丹顶鹤

Grus japonensis (Red-crowned Crane)

鹤形目鹤科。全长约140cm，雌雄相似。**全身大部白色，头顶裸露皮肤鲜红色**，眼先、前额、喉、颈侧黑色，颈部白色。自眼后、耳羽至枕后有宽白色带延伸至颈背。虹膜褐色，嘴绿灰色，脚黑色。

栖息于水域环境、芦苇深处、苔草沼泽、稻田、草甸，以昆虫、水生无脊椎动物、鱼、两栖动物、啮齿动物及芦苇、杂草为食。繁殖期4～5月，筑巢于苇丛、水草丛中，每窝产卵2枚，卵浅灰色，带褐色不规则斑，雌雄轮流孵卵。夏候鸟，分布于呼伦贝尔市、兴安盟、赤峰市、通辽市、锡林郭勒盟。数量少。属国家一级重点保护动物，被《中国物种红色名录》列为濒危物种。

丹顶鹤 / 呼伦贝尔市 / 2009-3-29

丹顶鹤 / 呼伦贝尔市 / 2009-3-29

鹤形目 Gruiformes
秧鸡科 Rallidae

花田鸡 / 王吉衣

花田鸡

Coturnicops exquisitus (Swinhoe's Rail)

鹤形目秧鸡科。全长约14cm。上体褐色，**具黑色纵纹，每条纵纹有均匀排列的弧形细纹**。喉白色，两胁及尾下覆羽黑褐色，具白色横斑，尾短上翘。虹膜褐色，嘴、脚黄褐色。

栖息于沼泽附近草丛，以水生昆虫、藻类、贝类为食。繁殖期5～7月，营巢于近水边草丛中，每窝产卵6枚，卵粉红黄色，具红棕色和淡紫色斑点。夏候鸟，分布于呼伦贝尔市、兴安盟。属国家二级重点保护动物，被《中国物种红色名录》列为易危物种。

普通秧鸡

Rallus aquaticus (Water Rail)

鹤形目秧鸡科。全长约29cm。上体橄榄褐色具黑褐色纵纹，**头顶褐色**，脸白色，颈胸灰色，**两胁具黑白色横斑**。虹膜红褐色，上嘴黑褐色，下嘴黄褐色，脚褐色。

普通秧鸡 / 巴彦淖尔市 / 2010-6-1

小田鸡 / 包头市 / 2008-5-16 / 路靖

栖息于河湖岸边、沼泽湿地的芦苇丛、草丛及林缘、水田中，以昆虫、小鱼、甲壳类、软体动物为食。繁殖期5～7月，营巢于苇丛、草丛、沼泽地上，每窝产卵6～11枚，卵淡赭褐色或淡棕色，被有红褐色斑，雌雄轮流孵卵。夏候鸟，旅鸟，分布于呼伦贝尔市、兴安盟、赤峰市、巴彦淖尔市、鄂尔多斯市。

小田鸡

Porzana pusilla (Baillon's Crake)

鹤形目秧鸡科。全长约18cm。雌雄相似，上体橄榄褐色，杂以不规则白色羽缘，头顶、后颈具黑色中央纹，颏喉灰白色，**胸蓝灰白色，腹淡栗色，具白色横斑**。虹膜红褐色，嘴绿黑色，尖端黑色，跗跖和趾暗黄绿色。

栖息于湿地环境的苇丛、近水草丛及灌丛中，以昆虫和小型无脊椎动物为食，也食植物及种子。繁殖期5～7月，营巢于近水边茂密草丛、灌丛基部，每窝产卵6～9枚，卵灰黄色，具锈色斑，雌雄轮流孵卵。夏候鸟，分布于呼伦贝尔市、赤峰市、锡林郭勒盟、呼和浩特市、巴彦淖尔市、鄂尔多斯市。

斑胁田鸡

Porzana paykullii (Band-bellied Crake)

鹤形目秧鸡科。全长约27cm。上体棕褐色，**翅上覆羽具白色波浪状横斑，翼角缘白色**，额、头颈侧、前胸栗色，颏喉灰白色，下胸、腹、两胁具黑褐色和白色相间横斑。**虹膜血红色**，嘴缘和嘴尖浅黄色，后端黑褐色，脚趾橙黄色。

栖息于沼泽湿地和水边密草丛中，以昆虫、水生动物、藻类为食。繁殖期5～7月，营巢于水草丛及近水草地上，每窝产卵5～9枚，卵圆形，浅黄褐色，具白色斑。旅鸟，分布于鄂尔多斯市。被《中国物种红色名录》列为近危物种。

斑胁田鸡 / 张凤江

董　鸡

Gallicrex cinerea (Watercock)

鹤形目秧鸡科。全长约32cm。雌雄异色，雄鸟夏羽灰褐色，羽缘灰色或黄褐色，嘴黄色，**嘴基至额有红色额甲，后端突出于头顶**，似鸡冠。雌鸟和非繁殖期的雄鸟黑褐色，额甲不明显。雄鸟虹膜红色，雌鸟淡褐色，嘴黄绿色。脚绿色，繁殖期雄鸟为红色。繁殖期雄鸟具红色尖形角状额甲。

栖息并营巢于水域附近苇丛、灌木丛、草丛、稻田，以小型水生动物和昆虫为食，也食嫩芽、草籽、谷物等。繁殖期5～6月，每窝产卵3～10枚，卵椭圆形，淡粉红色，缀红褐色或紫色斑。夏候鸟，分布于鄂尔多斯市。

黑水鸡

Gallinula chloropus (Common Moorhen)

鹤形目秧鸡科。全长约33cm。全身羽毛黑色，略沾紫，下腹有白色斑块，两胁具白色纵纹，尾下覆羽两侧白色，中间黑色，十分亮眼。虹膜赤色，**前额至嘴基部鲜红色，嘴端黄绿色**，脚灰绿色，**小腿裸露处有一块红色**，爪黑色。

栖息于水域周围的灌木丛、蒲草、苇丛，善潜水，多成对活动，以水草、小鱼虾、水生昆虫等为食。繁殖期4～6月，常在草丛中筑巢，每窝产卵4～8枚，卵长圆形，污白色，具红褐色斑点。雌雄共同孵卵。夏候鸟，分布于通辽市、赤峰市、呼和浩特市、乌兰察布市、包头市、鄂尔多斯市、巴彦淖尔市。是乌梁素海主要繁殖鸟之一，常见。

董　鸡 / 姚文志

黑水鸡 / 包头市 / 2008-5-25

白骨顶

Fulica atra (Coot)

鹤形目秧鸡科。全长约39cm。头颈部黑色，体羽石板黑色，飞行时可见翼上狭窄近白色后缘。虹膜红褐色，**额板象牙白色**，嘴端暗灰色，基部肉红色，脚暗绿色，趾间有瓣蹼，爪黑褐色。

栖息于湖泊、水塘、沼泽等地，喜小群活动，以浮萍、谷物、昆虫、小鱼等为食。繁殖期4～7月，用蒲苇、苔草营巢。每窝产卵7～12枚，卵青灰色，具褐色斑点。夏候鸟，分布于呼伦贝尔市、兴安盟、通辽市、赤峰市、锡林郭勒盟、乌兰察布市、呼和浩特市、包头市、鄂尔多斯市、巴彦淖尔市、乌海市、阿拉善盟。是乌梁素海主要繁殖鸟之一，常见。

白骨顶 / 包头市 / 2009-4-11

鹤形目 Gruiformes

鸨科 Otididae

大　鸨

Otis tarda (Great Bustard)

鹤形目鸨科。全长约100cm。头颈灰色，冠羽不明显，**上体余部淡棕色，具宽窄不一的黑色横斑**，下体及尾下覆羽白色。颈、腿粗壮，无后趾。雌雄异色，雄鸟颈前有白色丝状羽。虹膜暗褐色，嘴铅灰色，先端近黑色，跗跖和趾褐色，仅具三趾，爪黑色。

栖息于平坦或起伏的开阔地草原。以植物性食物为食，也食昆虫、小哺乳动物、雏鸟等。营巢于地面，繁殖期4～7月，每窝产卵2～4枚，卵暗绿色或暗褐色，具不规则黄褐色斑块，

大　鸨 / 雄鸟 / 赤峰市 / 2008-4-13

大 鸨 / 雌鸟

雌鸟孵卵。夏候鸟，冬候鸟，旅鸟，分布于呼伦贝尔市、兴安盟、通辽市、赤峰市、锡林郭勒盟、乌兰察布市、呼和浩特市、包头市、巴彦淖尔市、鄂尔多斯市、阿拉善盟。种群数量逐年减少，较常见。属国家一级重点保护动物，被《中国物种红色名录》列为易危物种。

波斑鸨

Chlamydotis undulata (Houbara Bustard)

鹤形目鸨科。全长约65cm。雌雄相似。上体沙黄色，**具黑色和白色细虫蠹状斑。头顶具黑白长羽冠**，颏喉皮黄色，中间白色，颈侧有黑色和白色长饰羽，下颈有一簇灰白色羽悬垂于胸前，胸腹、尾下覆羽白色。虹膜金黄色，上嘴黑色，下嘴绿色或灰黄色，脚和趾绿色、铅灰色或黄褐色。

栖息于开阔荒漠和半荒漠地区，主要以昆虫、蜥蜴、植物种子、叶芽为食。营巢于荒漠和半荒漠有稀疏植物的沙丘上，繁殖期4～7月，每窝产卵2～3枚，卵阔卵圆形，橄榄绿色，具乌黑色斑点，雌鸟孵卵。夏候鸟，分布于锡林郭勒盟、乌兰察布市、包头市、巴彦淖尔市、阿拉善盟。属国家一级重点保护动物，被《中国物种红色名录》列为近危物种。

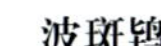
波斑鸨

彩　鹬 / 雌鸟 / 巴彦淖尔市 / 2007-7-7

鸻形目 Charadriiformes
彩鹬科 Rostratulidae

彩　鹬 / 雄鸟 / 巴彦淖尔市 / 2007-7-7

彩　鹬

Rostratula benghalensis (Greater Painted Snipe)

鸻形目彩鹬科。全长约24cm。雌雄异色且雌鸟艳丽。雌鸟头顶暗褐色，**头顶中央具一棕黄色冠纹，眼周围以白色圈**，向眼后延伸成短柄状。头侧、颈胸部栗红色，腹部、两胁、尾下覆羽白色，胸腹间间以栗黑色胸带。颈肩部有一条状白色宽带。嘴淡粉橘色。雄鸟体型略小，**头顶冠纹黄色**，眼周及眼后短柄状斑黄色，颈胸部灰褐色，胸腹部白色，嘴灰粉红色。虹膜暗褐色，嘴黄褐色，脚灰绿色。

栖息于湖边、池塘边、沼泽地、稻田、退潮的滩涂，以水蚯蚓、虾、螺、昆虫为食，也食植物的叶芽、种子。营巢于苇丛、草丛、稻田地上或草堆上，或营漂浮性巢，繁殖期5～7月，每窝产卵4～6枚，卵梨形，棕黄色，缀红褐色或黑褐色斑，雄性孵卵。夏候鸟，分布于呼伦贝尔市、包头市、巴彦淖尔市。数量不多，少见。

鸻形目 Charadriiformes
蛎鹬科 Haematopodidae

蛎　鹬

Haematopus ostralegus (Eurasian Oystercatcher)

鸻形目蛎鹬科。全长约50cm。头、颈、颏、前胸黑色，腹、腰、尾及尾上覆羽白色。虹膜红色，嘴长而直，鲜红色，脚和趾粉红色。

栖息于海岸、河口沙滩、港湾、湖泊、水库、农田，以软体动物、甲壳类、小鱼、昆虫为食。繁殖期5～7月，营巢于水域附近的草地上，每窝产卵3～4枚，卵梨形，灰黄色或乳白色，缀黑褐色斑，雌雄轮流孵卵。夏候鸟，分布于兴安盟。

鸻形目 Charadriiformes
鹮嘴鹬科 Ibidorhynchidae

鹮嘴鹬

Ibidorhyncha struthersii (Ibisbill)

鸻形目鹮嘴鹬科。全长约38cm。雌雄相似。夏羽前额、头顶、黑色，颏、喉、前颈黑色，具白色边缘。头侧、枕部、后颈、前背部青石板灰色，后背部、腰灰褐色，上胸青石灰色，下胸白色，间以黑白两色胸带。腹、尾下覆羽、腋羽白色。虹膜红色，嘴细长而下弯，暗赤朱色，跗跖及趾血红色。

栖息于山地、丘陵地区的河流沿岸，以直翅目、鞘翅目、膜翅目等昆虫及蜈蚣、小鱼虾为食。繁殖期5～7月，营巢于山区河流岸边砾石滩及河心岛，每窝产卵3～4枚，卵灰绿色或灰色，缀黄褐色斑点，雌雄轮流孵卵。夏候鸟，分布于赤峰市、锡林郭勒盟。

蛎　鹬 / 兴安盟 / 2009-6-26

鹮嘴鹬 / 雄鸟 / 2009-6-28

鹮嘴鹬 / 亚成鸟 / 2009-6-28

鹮嘴鹬 / 雌鸟 / 包头市 / 2009-6-28

鸻形目 Charadriiformes

反嘴鹬科 Recurvirostridae

黑翅长脚鹬

Himantopus himantopus (Black-winged Stilt)

鸻形目反嘴鹬科。全长约36cm。雄鸟头顶至后颈及肩颜色由纯白色至灰黑色，变异大。背黑色具绿色金属光泽，腰、尾和体下部分白色。雌鸟背部体色较褐、头至颈部颜色变异较大。冬羽似雌鸟夏羽，体色较浅。虹膜红色，嘴直而长，黑色，腿细而特长，粉红色。

喜欢在湖泊、沼泽等湿地活动，以软体动物、环节动物、昆虫为食，兼食杂草种子。繁殖期5～7月，营巢于旱滩草地、地面、水中浮草上，每窝产卵4枚，浅黄色，具黑褐色斑，雌雄共同孵卵。夏候鸟，分布于呼伦贝尔市、兴安盟、赤峰市、锡林郭勒盟、乌兰察布市、呼和浩特市、包头市、鄂尔多斯市、巴彦淖尔市、阿拉善盟，数量多，分布广，是乌梁素海主要繁殖鸟之一，常见。

反嘴鹬

Recurvirostra avosetta (Pied Avocet)

鸻形目反嘴鹬科。全长约43cm。雌雄同色。嘴细长上翘，头顶、前额、肩颈部、眼先黑色，飞行时从下面看体羽全白，仅翼尖黑色。翼上及肩部具黑色的带斑，其余体羽白色。虹膜红褐，嘴黑色，腿脚淡蓝色。

繁殖期常单独或成对活动，非繁殖期则结成小群，在水边浅水处涉水觅食，善游泳，能在水中倒立，飞行时快速振翼并作长距离滑翔。觅食时将嘴深入水中左右扫动，不断翻动泥沙取食，以昆虫和软体动物为主食。繁殖期5～7月，营巢于水域附近盐碱低洼地上，每窝产卵4枚，黄绿色，具暗褐色斑，两性共同孵卵。夏候鸟，分布于呼伦贝尔市、兴安盟、赤峰市、锡林郭勒盟、乌兰察布市、包头市、鄂尔多斯市、巴彦淖尔市、阿拉善盟，是乌梁素海主要繁殖鸟之一，常见。

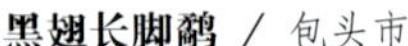

黑翅长脚鹬 / 包头市

反嘴鹬 / 包头市

鸻形目 Charadriiformes
燕鸻科 Glareolidae

普通燕鸻 / 巴彦淖尔市 / 2006-4-25

普通燕鸻

Glareola maldivarum (Oriental Pratincole)

鸻形目燕鸻科。全长24cm。酷似燕，**翼尖长，黑色叉形尾**，夏羽嘴黑色，**基部红色**，上体茶褐色、腰白色。喉部乳黄色，**其外缘有一道黑细边**，颊、颈、胸黄褐色，腹部白色。冬羽似夏羽，但嘴基无红色，喉部黄褐色，黑色外缘较模糊。虹膜暗褐色，跗跖和趾紫褐色，爪黑色，中爪内侧具栉缘。

栖息于开阔地、沼泽地及稻田，善于行走，飞行优雅似燕，于空中捕捉昆虫。繁殖期5～7月，营巢于水域附近草地上，每窝产卵2～5枚，卵椭圆形，土黄色，缀暗褐色斑。夏候鸟，分布于呼伦贝尔市、兴安盟、通辽市、赤峰市、锡林郭勒盟、呼和浩特市、包头市、巴彦淖尔市、鄂尔多斯市。分布广，常见。

普通燕鸻 / **亚成鸟** / 包头市 / 2006-9-6

鸻形目 Charadriiformes
鸻科 Charadriidae

凤头麦鸡 / 包头市 / 2006-9-6

凤头麦鸡

Vanellus vanellus (Northern Lapwing)

鸻形目鸻科。全长约32cm。雄鸟上体黑绿色且具金属光泽，喉、前颈、胸黑色，腹部白色。有黑色细长的冠羽，颈后暗褐色，颈侧白色。尾白色具较宽的黑色次端带。雌鸟额、头顶及冠羽羽色较雄鸟淡，呈黑褐色，颏、喉、前颈白色。虹膜暗褐色，嘴黑色，腿趾暗栗色，爪黑色。

栖息于河边、滩地、沼泽、湿地、田间等地，以昆虫、蚯蚓、植物、种子等为食。繁殖期6～8月，在草地营巢，每窝产卵4枚，卵呈梨形，灰绿色，具黑褐色斑，雌雄共同孵卵。夏候鸟，分布于呼伦贝尔市、兴安盟、通辽市、赤峰市、锡林郭勒盟、乌兰察布市、呼和浩特市、包头市、鄂尔多斯市、巴彦淖尔市、乌海市、阿拉善盟。数量多，分布广，常见。

灰头麦鸡 / 包头市 / 2007-5-8

金 鸻 / 冬换夏羽 / 鄂尔多斯市 / 2008-5-18

灰头麦鸡

Vanellus cinereus (Grey-headed Lapwing)

鸻形目鸻科。全长约35cm。上体棕褐色，头颈部灰色，两翼翼尖黑色，内侧飞羽白色，**尾白色，有黑色端斑，喉及上胸部灰色，胸部具黑色宽带**，下胸及腹部白色。虹膜红色，嘴黄色，先端黑色，脚黄色，爪黑色。

栖息于沼泽、湿地、近水的开阔地带，以昆虫、蚯蚓、螺类为食。繁殖期5～7月，每窝产卵3～4枚，卵梨形，土黄色，具灰褐色斑点。旅鸟，夏候鸟，分布于呼伦贝尔市、兴安盟、赤峰市、锡林郭勒盟、乌兰察布市、呼和浩特市、包头市、鄂尔多斯市、巴彦淖尔市、阿拉善盟。数量多，分布广，常见。

金 鸻

Pluvialis fulva (Pacific Golden Plover)

鸻形目鸻科。全长约24cm。雄鸟繁殖羽上体黑色，**密布金黄色斑，下体黑色**，自额基向后经头侧、颈侧、胸腹侧有一条白色羽带位于上下体之间，额、眉纹白色。雌鸟繁殖羽与雄鸟相似，颏喉部杂以白色斑点。冬羽体羽黑褐色，具金黄色斑点，两肋灰白，有暗褐色横斑，无体侧白色羽带，额、眉纹污黄白色。虹膜黑褐，嘴黑色，脚趾、爪黑紫色。

栖息于河岸附近的水塘、沼泽及空旷草原，以植物种子、嫩芽、软体动物、昆虫等为食。繁殖期5～7月，在沼泽地中的较干燥的地面上营巢，每窝产卵4～5枚，雌雄轮流孵卵。旅鸟，分布于呼伦贝尔市、兴安盟、赤峰市、锡林郭勒盟、呼和浩特市、包头市、鄂尔多斯市、巴彦淖尔市、阿拉善盟。常见。

金 鸻 / 巴彦淖尔市 / 2007-5-16

灰 鸻 / 巴彦淖尔市 / 2009-5-22

灰 鸻

Pluvialis squatarola (Grey Plover)

鸻形目鸻科。全长约30cm。夏羽头顶、后颈至**上体有黑、白和灰色斑点，下体从眉线以下至腹部黑色**，前额、颈侧、胸侧有一宽白带。雌雄相似，冬羽呈浅灰色，具黑褐色斑纹，体侧无白带。嘴黑色，较金鸻粗而长，腿、趾、爪黑色。

剑 鸻

栖息于江河、湖泊等湿地，以植物种子、蚯蚓、软体动物、昆虫为食。繁殖期5～7月，营巢于地面凹坑内，每窝产卵4枚，卵沙灰色或灰黄色，缀深褐色斑，雌雄共同孵卵。旅鸟，分布于呼伦贝尔市、包头市、巴彦淖尔市。数量少，少见。

剑 鸻

Charadrius hiaticula (Ringed Plover)

鸻形目鸻科。全长约22cm。夏羽额白色，额基部、额顶部黑色，且与黑色宽贯眼纹相连，**眼后眉斑白色，颏、喉白色并向后延伸至后颈形成白环，紧贴一逐渐变宽的黑颈圈**。头和后背灰褐色，胸腹白色。冬羽似夏羽，额、眉斑浅褐色。嘴基部橘黄色，尖端黑色，脚橙黄色。

栖息于水域的岸边和沙滩上，稻田、沼泽地带，以蚊、蝇等昆虫及幼虫为食，也食蚯蚓、蜘蛛、植物嫩芽等。繁殖期5～7月，营巢于岸边砾石地或河滩上，每窝产卵3～4枚，雌雄共同孵卵。旅鸟，分布于呼伦贝尔市、赤峰市、兴安盟。

长嘴剑鸻

Charadrius placidus (Long-billed Ringed Plover)

鸻形目鸻科。形态与剑鸻相似，**体型略大，嘴较**

剑鸻略长而呈黑色，尾较长，胸带窄，翼上白色横纹不明显。额至嘴基白色，眼周淡黄色，过眼纹淡黄褐色，眼后眉纹上侧可见白边，并向上延伸至头顶。雌雄相似，非繁殖羽头胸淡棕色，眉纹淡褐色。

栖息于河湖湿地边缘，以蝇蚊等为食。4月开始繁殖，营巢于河岸沙地卵石和石块中，每窝产卵4枚。夏候鸟，分布于兴安盟。

长嘴剑鸻 / 2009-4-18

金眶鸻

Charadrius dubius (Little Ringed Plover)

鸻形目鸻科。全长约16cm。雌雄羽色相似，繁殖羽前额、眉纹白色，额基、眼先、眼周、头顶前部、眼后耳区黑色，有一明显的白色颈圈，其下还连接一黑色领圈，上体沙褐色，下体白色。非繁殖羽头、胸部呈淡褐色。虹膜暗褐色，眼周金黄色，嘴黑色，下嘴基部橙黄色，脚黄色，爪黑色。

栖息于礁岩、湖泊、河滩或水稻田边，以食昆虫为主，也食植物种子、蠕虫等。繁殖期5～7月，营巢于水域附近地面或草丛中，每窝产卵3～5枚，梨形，黄褐色，有暗斑，雌鸟孵卵。夏候鸟，分布于呼伦贝尔市、兴安盟、通辽市、赤峰市、锡林郭勒盟、乌兰察布市、呼和浩特市、包头市、鄂尔多斯市、巴彦淖尔市、乌海市、阿拉善盟，数量多，分布广，常见。

金眶鸻 / 鄂尔多斯市

蒙古沙鸻 / 2009-5-18

环颈鸻

Charadrius alexandrinus (Kentish Plover)

鸻形目鸻科。全长约16cm。上体浅褐色，下体白色。雄鸟头颈有黑斑，头后及枕部棕褐色，额白色与白色眉线相连，过眼线黑色，后颈白色，延伸至颈侧和前颈形成白色领圈，胸两侧各具大型黑色斑，飞行时可见白色翼上横纹，外侧尾羽白色。雌鸟头顶、过眼线和前胸斑块灰褐色。虹膜暗褐色，嘴黑色，跗跖和趾橄榄灰黑色。

栖息于河岸沙滩、沼泽草地上，以昆虫、蠕虫、植物种子等为食，4～7月繁殖，在沙滩或卵石滩上营巢，每窝产卵3～5枚，卵呈梨形，灰绿色，具暗褐色细斑，雌雄轮流孵卵。夏候鸟，分布于呼伦贝尔市、兴安盟、赤峰市、锡林郭勒盟、乌兰察布市、呼和浩特市、包头市、鄂尔多斯市、巴彦淖尔市、乌海市、阿拉善盟，数量多，分布广，常见。

蒙古沙鸻

Charadrius mongolus (Lesser Sand Plover)

鸻形目鸻科。全长约20cm。雌鸟前额白色，杂沙褐色、棕黄色，后缘无黑横带，头顶、枕、后颈沙褐色，缀以淡褐色羽轴斑。后颈下方具棕黄色颈环，向下延伸至胸侧。前胸具棕红色胸带，前部具黑色细缘。腰背部沙灰褐色，尾上覆羽灰白色，先端具白色缘。眼先、颊、耳羽

环颈鸻 / 包头市

蒙古沙鸻 / 锡林郭勒盟 / 2009-5-22

淡褐色沾棕黄色，颏、喉、翅下覆羽白色。上胸具宽阔棕红色横带，前缘镶有黑色细边，下体白色。**雄鸟夏季前额具黑色横带**，余部与雌鸟相似。虹膜暗褐，嘴、脚、爪黑色，跗跖紫黑色。非繁殖羽棕红色胸带消失，只在前胸两具存有与背相连的褐色斑。

栖息于湖边、河滩、沼泽、荒漠及半荒漠草原，以软体动物、蠕虫、蚱蜢、蝼蛄为食。繁殖期6～7月，在高山林线以上的高原、苔原地带地面或水域岸边、沙滩上营巢，每窝产卵2～4枚，卵圆形，赭褐色或皮黄色，缀黑褐色斑。旅鸟，分布于呼伦贝尔市、锡林郭勒市、赤峰市。

铁嘴沙鸻 / 雄鸟 / 包头市 / 2009-6-2

铁嘴沙鸻

Charadrius leschenaultii (Greater Sand Plover)

鸻形目鸻科。全长约21cm。与蒙古沙鸻近似，但体形较大，**胸部具锈赤色横斑带**，横带前缘无细黑边。眼先、贯眼纹、耳羽均黑色，嘴粗壮强直，黑色，**跗跖及脚灰黄**。冬羽时锈色斑及黑色贯眼纹消失。

常活动于海边泥沙滩，以软体动物、环节动物、昆虫等为食。营巢于低矮植物或空旷地面凹陷处，每窝产卵2～4枚，雌雄共同孵卵。夏候鸟，旅鸟，分布于锡林郭勒盟、乌兰察布市、呼和浩特市、包头市、巴彦淖尔市、鄂尔多斯市、阿拉善盟。常见。

铁嘴沙鸻 / 雌鸟 / 包头市 / 2009-6-2

红胸鸻 / **雌鸟** / 锡林郭勒盟 / 2005-6-3 / 邢莲莲

红胸鸻

Charadrius asiaticus (Caspian Plover)

鸻形目鸻科。全长约22cm。似东方鸻，略小，腿和颈部较东方鸻稍短。雌鸟胸部浅褐。雄鸟夏羽前额、眉纹、眼先、两颊及颏喉部白色，褐色过眼纹与后颈相连。头顶、枕和后颈栗褐色。**胸棕红色，后缘黑色**。上体及两翼覆羽褐色，下体白色。冬羽似雌鸟，额及头侧白色稍沾黄褐色。虹膜深褐色，嘴近黑色，腿黄灰色。

栖息于荒漠、半荒漠、盐碱平原和开阔草原地带，喜活动于海、湖、河等水域边缘、沼泽地及其附近荒原和沙石环境，常集群活动。以甲虫等昆虫及其卵为食，也食草籽等植物性食物。营巢于开阔盐碱地或低矮植被丛中，每窝产卵3枚，卵土黄色，具黑褐色斑点，雌雄共同孵卵。夏候鸟，分布于锡林郭勒盟。

东方鸻

Charadrius veredus (Oriental Plover)

鸻形目鸻科。全长约23cm。栗色的胸与白腹对比明显，夏羽，脸为少见的白色，姿势挺拔，展翅时翼

东方鸻 / **雄鸟** / 包头市 / 2009-6-6

下暗色，雄鸟头、面颊、颈白色，头顶、颈后至体上褐棕色，腹白色，**栗色胸部下紧接黑色胸带**。雌鸟颇似雄鸟，但脸颊污棕色，胸部栗色较淡，后缘无黑色胸带。嘴黑色，脚橙色。

栖息于干旱平原、砾石荒地、浅水沼泽，以昆虫为食。繁殖期4～7月，夏候鸟，旅鸟，分布于呼伦贝尔市、锡林郭勒盟、乌兰察布市、呼和浩特市、包头市、鄂尔多斯市、巴彦淖尔市、阿拉善盟。常见。

小嘴鸻 / 张国强

小嘴鸻

Charadrius morinellus (Eurasian Dotterel)

鸻形目鸻科。全长约22cm。雌雄异色，雌鸟羽色艳丽。夏羽头顶黑色，眉纹白色，延伸至后颈，喉白色，前胸灰色，上腹栗色，胸腹间为两条黑色和白色胸带。下腹部黑色，尾下覆羽白色，背褐色，羽缘栗色，两胁具浅褐色斑块。雄鸟头顶密杂黑色斑纹，下腹黑色浅淡。冬羽色暗，鸟体黑色部分消失，全身灰褐色，仅有一条灰白色胸带。**嘴短而细**，黑色，**脚黄色**。

栖息于高山苔原、荒山、盐碱平原和冻原带，以昆虫、软体动物为食。繁殖期6～7月，营巢于地面凹坑内，每窝产卵2～4枚，雄鸟孵卵。旅鸟，分布于呼伦贝尔市。

东方鸻 / **雌鸟** / 包头市 / 2009-6-6

丘 鹬 / 包头市 / 2007-5-1

鸻形目 Charadriiformes
鹬科 Scolopacidae

丘 鹬

Scolopax rusticola (Eurasian Woodcock)

鸻形目鹬科。全长约34cm。雌雄相似。体型肥胖，背及颈部红褐色，具有黑白斑纹和四条灰白色纵线，头、颈部粗短，额浅灰色，**头顶至后颈具四条黑色横带**。腰和尾上覆羽锈红色，有细的黑色横斑。尾羽具有一黑色次端斑及灰色末端。虹膜暗褐，嘴黄褐，先端黑褐，脚灰黄色。

栖息于山区森林和溪流附近，夜行性生活，白天隐蔽于林间草丛中，多单独活动，以环节动物、蠕虫、昆虫及昆虫幼虫为食。繁殖期5～7月，营巢于高大林下植物和落叶层的林中地上，每窝产卵3～4枚，卵长梨形，灰白色，有细斑。夏候鸟，旅鸟，分布于呼伦贝尔市、锡林郭勒盟、呼和浩特市、包头市、鄂尔多斯市、巴彦淖尔市。数量少，常见。

姬 鹬

Lymnocryptes minimus (Jack Snipe)

鸻形目鹬科。全长约20cm。雌雄相似。头顶黑褐色，**黄白色眉纹宽阔**，中间杂以黑纹。贯眼纹黑褐色，头

姬 鹬 / 苗春林

侧、颏喉部皮黄色，肩、背、腰、尾黑褐色，肩背部具四条显著的黄白色纵带，下体白色，前颈、胸及两肋具褐色纵纹。虹膜褐色，嘴暗粉红褐色，尖端黑色，脚黄绿色。

栖息于森林地带的河流、湖泊、沼泽，主要以昆虫及幼虫、蠕虫、腹足类软体动物为食，也食种子。繁殖期5～8月，营巢于沼泽地上，每窝产卵4枚，卵橄榄褐色，缀锈色斑，雌鸟孵卵。旅鸟，分布于呼伦贝尔市。

孤沙锥

Gallinago solitaria (Solitary Snipe)

鸻形目鹬科。全长约29cm。雌雄同色，头顶黑褐色，中央冠纹白色，贯眼纹褐色，眉纹、下颏白色沾淡褐。**上体黑褐色，肩背部具4条白色纵纹和锈色横斑，**翼覆羽粘灰。喉白色，腹、尾下覆羽污白色，两肋具褐色横斑。虹膜黑褐色，嘴铅灰色，尖端黑色，脚和趾黄绿色。

栖息于山地森林中的湿地。以甲虫及其幼虫、软体动物、蠕虫及植物种子、芽为食。繁殖期6～8月，营巢于山地附近沼泽地和湖泊、溪流岸边的灌丛下、草丛地上，每窝产卵4枚，卵黄褐色，缀褐色斑。夏候鸟，旅鸟，分布于呼伦贝尔市、兴安盟、包头市。少见。

孤沙锥 / 孙晓明

大沙锥 / 包头市 / 2006-4-24

针尾沙锥

Gallinago stenura (Pintail Snipe)

鸻形目鹬科。全长约24cm。雌雄同色。较其它沙锥体小腿略显短。**上体褐色，具白黄色及黑色纵纹及蠕虫状斑纹，下体白色**，胸棕褐色且具黑褐色细斑，眼线于眼前细窄，眼后模糊。两翼圆。虹膜黑褐色，嘴橙或青黄，基部角黄色，先端黑色，腿和趾黄绿色，爪黑色。

栖息于林中的沼泽、湿洼地、稻田、红树林等地带，以昆虫，甲壳类及软体动物等为食。繁殖期5～7月，营巢于湿地中较干燥地带草丛中，每窝产卵4枚，卵长梨形，灰黄色，缀褐色、紫色斑点。旅鸟，分布于呼伦贝尔市、兴安盟、锡林郭勒盟、赤峰市、呼和浩特市、包头市、巴彦淖尔市、鄂尔多斯市、阿拉善盟。常见。

大沙锥

Gallinago megala (Swinhoe's Snipe)

鸻行目鹬科。全长约27cm。外形似扇尾沙锥，头顶、上背、肩羽绒黑，杂以棕红色、棕黄色斑，**头顶中央和眼上各有一淡棕黄色带，眼角有一褐色条纹**，颊部棕黄，眼后棕红色，下背、腰黑褐色。前胸、喉棕黄色，腹部白色。**次级飞**

针尾沙锥 / 包头市 / 2007-5-12

针尾沙锥 / 包头市 / 2007-5-11

扇尾沙锥 / 包头市 / 2007-9-15

羽末端白色不明显，翼下缺少白色宽横纹，尾端两侧白色较多，尾羽较长，飞行时脚微露尾羽外端。虹膜暗褐，嘴黑褐，上嘴基部黄色，跗跖和趾深橄榄绿色，爪黑褐色。

栖息于沼泽，湿润草地、塘边稻田，起飞和飞行都较缓慢，以环节动物、昆虫及幼虫为食。繁殖期5～7月，营巢于林中草地、沼泽地，每窝产卵2～5枚，卵钝卵圆形，乳黄色或淡绿色，有褐色斑，雌性孵卵。旅鸟，分布于呼伦贝尔市、兴安盟、赤峰市、锡林郭勒盟、乌兰察布市、包头市、鄂尔多斯市、巴彦淖尔市、阿拉善盟。常见。

扇尾沙锥

Gallinago gallinago (Common Snipe)

鸻形目鹬科。全长约27cm，夏羽头上部黑褐色，有棕色斑纹，头顶中央具黄白色纵纹，背部及肩羽褐色，有黑褐色斑纹，羽缘乳黄色，形成明显的肩带，头顶冠纹和眉线乳黄色或黄白色，头侧线和贯眼纹黑褐色，前胸黄褐色，具有黑褐色纵斑。腹部灰白色，具有黑褐色横斑。**次级飞羽具白色宽后缘，飞行时翅后缘白色，翼下具白色宽横纹**。雌雄羽色相似，没有季节差异。虹膜黑褐，嘴近端粘肉色，远端黑色，嘴基黄褐，跗跖、跖橄榄绿色，爪黑色。

栖息于河岸、湖泊边，沼泽及水田地带，多在晨昏和夜间活动，白天多隐匿在草丛和砾石间，以环节动物、昆虫、蜘蛛、软体动物和小鱼为食，也食种子和果实。繁殖期5～7月，在地面草丛中筑巢，每窝产卵2～5枚，卵梨形，绿黄色或橄榄绿色，有褐斑，雌性孵卵。夏候鸟，旅鸟，分布于呼伦贝尔市、兴安盟、通辽市、赤峰市、锡林郭勒盟、乌兰察布市、呼和浩特市、包头市、鄂尔多斯市、巴彦淖尔市。常见。

扇尾沙锥 / 包头市 / 2007-5-12

黑尾塍鹬 / 包头市 / 2009-4-4

半蹼鹬

Limnodromus semipalmatus (Asian Dowitcher)

鸻形目鹬科。全长约35cm。**夏羽雄性头颈、上背及两肩棕红色，前额至头顶有黑色纵纹**，贯眼纹黑色，**肩背部有黑色菱形羽干纹**。下背、腰白色，有褐色斑。胸棕红色，腹、翼下覆羽、腋羽白色，两胁、翼下具黑褐色横斑。雌鸟似雄鸟，但体色较淡。各季两性色变棕红色消失，褐色为主色调。虹膜黑褐色，**嘴长，端部稍显膨大**，黑色，脚趾黑褐色。

栖息于湖泊、河流沿岸及附近沼泽地，以小鱼、软体动物、蠕虫、昆虫幼虫为食。繁殖期5～7月，营巢于有稀疏植物的水边草丛中，每窝产卵2～3枚，卵梨形，沙黄、沙褐或棕色，缀红褐色斑，雌雄轮流孵卵。夏候鸟，旅鸟，分布于呼伦贝尔市、赤峰市、锡林郭勒盟、巴彦淖尔市、鄂尔多斯市、阿拉善盟。被《中国物种红色名录》列为近危物种。

黑尾塍鹬

Limosa limosa (Black-tailed Godwit)

鸻形目鹬科。全长约42cm。夏羽头、**颈和胸栗红色**，有细黑色横斑，额、顶和后颈棕色，有黑色细纵斑。眉纹淡黄色，略沾棕色。上背铁锈色，有宽阔黑色次端斑，腹部、两胁转为白色，具黑色横斑。**尾羽黑色**，基部白色，飞行时翼上可见明显的白色横斑带。冬羽头、颈、胸背灰褐色，腹部以下白色。虹膜暗褐，嘴长而直，端部略扩大，基部繁殖期橙黄色，非繁殖期粉红肉色，尖端黑色，腿部和趾黑色。

栖息于沼泽、稻田、河口和海滩，觅食时常将嘴插入泥地里，休息时颈缩成“S”形。以甲壳类、环节动物、昆虫和幼虫为食。繁殖期6～7月，营巢于干燥地面灌丛下，每窝产卵3～5枚，卵尖卵圆形，淡绿色或淡蓝色，两性共同孵卵。夏候鸟，旅鸟，分布于呼伦贝尔市、兴安

半蹼鹬 / 巴彦淖尔市 / 2009-7-13

黑尾塍鹬 / 包头市 / 2007-5-16

盟、赤峰市、锡林郭勒盟、乌兰察布市、鄂尔多斯市、包头市、巴彦淖尔市、阿拉善盟。常见。

斑尾塍鹬

Limosa lapponica (Bar-tailed Godwit)

鸻形目鹬科。全长约41cm。雌雄同色。**头顶棕黄色具黑褐色纵纹**，头侧灰白色。颊、颈、胸淡黄褐色，具细褐色斑纹。肩、上背黑褐色，具暗栗红色羽缘，下背、腰灰褐色，具白色羽缘。覆羽灰褐具大块浅色斑。**尾羽白色，具黑色横斑**。虹膜暗褐色，嘴远端尖细而稍上翘，基部肉黄色或粉红色，先端黑褐，脚、趾、爪黑色。

栖息于沿海岸边、内陆湿地、落叶松林，以昆虫、虾、蟹、小鱼为食。繁殖期5～6月，营巢于河湖岸边草丛，每窝产卵2～4枚，卵淡绿或橄榄绿色，缀褐色或暗橄榄褐色斑点，雌雄轮流孵卵。旅鸟，分布于呼伦贝尔市、赤峰市、锡林郭勒盟、包头市、巴彦淖尔市。少见。

斑尾塍鹬 / 雄鸟 / 巴彦淖尔市 / 2007-9-15

斑尾塍鹬 / 雌鸟 / 巴彦淖尔市 / 2007-9-15

中杓鹬 / 包头市 / 2007-5-8

小杓鹬

Numenius minutus (Little Curlew)

鸻形目鹬科。全长约31cm。雌雄同色。头顶有明显黑色、浅肤色冠纹，贯眼纹深褐色。上体淡黄褐色，具褐色锯齿纹。头侧、颈胸部、腰及尾羽浅褐色，具黑褐色斑纹。虹膜褐色，**嘴短，先端突然下弯**，浅肤色，先端褐色，胫、脚灰绿色。

小杓鹬 / 包头市 / 2007-8-11

栖息于沼泽湿地、水田及滨水岸边，以昆虫、草籽为食。繁殖期6～7月，营群巢于林缘或森林中的凹坑、树旁或苇丛中，每窝产卵3～4枚，卵绿或橄榄绿色，缀褐色或石板灰色斑。旅鸟，分布于呼伦贝尔市、赤峰市、包头市。属国家二级重点保护动物，较常见。

中杓鹬

Numenius phaeopus (Whimbrel)

鸻形目鹬科。全长约41cm。雌雄同色，头中央冠纹乳黄色，头侧线黑色为其显著特征；眉纹浅色，颈和下体淡褐色，胸具黑褐色纵纹；背羽深褐色，羽缘淡黄色；腰白，尾褐，并具黑褐色横斑。虹膜褐色，**嘴长而下弯**，褐色，下嘴基部肉红色，脚草灰绿色，爪暗红棕色。

栖息于河口、滩涂、沼泽等地带，以浆果、环节动物、小鱼、昆虫为食。繁殖期5～8月，地面筑巢，每窝产卵2～5枚，卵浅绿色，具褐色斑，雌雄共同孵卵。旅鸟，分布于呼伦贝尔市、呼和浩特市、包头市、鄂尔多斯市、巴彦淖尔市、阿拉善盟。属国家二级重点保护动物，较常见。

中杓鹬 / 包头市 / 2007-5-8

白腰杓鹬

Numenius arquata (Eurasian Curlew)

鸻形目鹬科。全长约60cm。**雌雄同色，嘴拱曲，长于或等于裸胫、跗跖、中趾之和**，雌鸟嘴较雄鸟明显短。体棕褐色，腰及尾上尾下覆羽均白色，尾羽白色，远端具棕褐色横斑。虹膜暗褐，嘴黑褐色，端部近黑色，下嘴基部肉红色，跗跖和趾银灰色。

栖息于沼泽、水边、沙滩和草原上，以昆虫和水生无脊椎动物、水藻、小鱼等为食。繁殖期4～7月，在水域周边草地上筑巢，每窝产卵4枚，卵淡绿、灰绿、橄榄黄、橄榄灰，橄榄黑色均有，缀以褐色斑，雌雄共同孵卵。夏候鸟，旅鸟，分布于呼伦贝尔市、兴安盟、锡林郭勒盟、赤峰市、呼和浩特市、包头市、巴彦淖尔市、鄂尔多斯市。常见。

白腰杓鹬 / 包头市 / 2007-4-17

白腰杓鹬 / **雄鸟** / 包头市 / 2007-4-17

大杓鹬 / 呼伦贝尔市 / 2007-4-20

大杓鹬

Numenius madagascariensis (Far Eastern Curlew)

鸻形目鹬科。全长约60cm。雌雄羽色相似，**嘴特长且下弯**，是最突出特点。全身大部淡褐色，伴深色纵纹。腰至尾羽红褐具褐色斑纹，尾下覆羽红褐色，**尾羽有黑褐色横斑**。头、颈、胸色略淡，具细褐色纵纹。虹膜暗褐，嘴黑褐色，近端粉红，跗跖和趾银灰色。

大杓鹬 / 呼伦贝尔市 / 2009-5-15

栖息于河湖岸边、草地、沼泽、沿海、滩涂、稻田，多单只活动，性机警，以食蛙、小鱼、软体动物、昆虫等为食。繁殖期5～7月，在水域周边草地上筑巢，每窝产卵3～4枚，卵梨形，橄榄色，褐色斑，雌雄共同孵卵。夏候鸟，旅鸟，分布于呼伦贝尔市、兴安盟、赤峰市、巴彦淖尔市、鄂尔多斯市，被《中国物种红色名录》列为近危物种。较少见。

鹤　鹬

Tringa erythropus (Spotted Redshank)

鸻形目鹬科。全长约30cm。雌雄体色稍不同，非繁殖羽

鹤　鹬 / **非繁殖羽** / 2008-11-15

鹤　鹬 / **繁殖羽** / 包头市 / 2007-5-12

红脚鹬 / 包头市 / 2007-4-27

红脚鹬 / 包头市 / 2009-6-9

头上部、后颈、上体灰褐色，眉纹白色，下背、腰白色，下体白色，两肋有灰褐色鳞状斑。繁殖羽通体黑色，雄性色更深，背、翅膀具白色羽缘或白色斑点，具白色眼环。雌鸟羽显灰黑，从头开始满布白色斑纹。虹膜暗褐，嘴黑色，下嘴基部非繁殖期橙黄色，繁殖期深红色，腿趾繁殖期红色，非繁殖期橙红色，爪黑色。

栖息于河湖岸边及附近的农田、沼泽、水塘，常单独或成小群活动，以甲壳类、软体动物、昆虫为食。繁殖期5～7月，在地上或倒木下筑巢，每窝产卵3～5枚，卵梨形，淡黄绿色，有褐色斑，雌雄轮流孵卵。旅鸟，分布于呼伦贝尔市、兴安盟、赤峰市、锡林郭勒盟、鄂尔多斯市、包头市、巴彦淖尔市、阿拉善盟。常见。

红脚鹬

Tringa totanus (Common Redshank)

鸻形目鹬科。全长约27cm。雌雄同色。夏羽额、头顶、后颈及上背浅棕褐色，具黑褐色纵纹，下背、腰纯白色，眉纹白色，头侧、颈侧灰白色，具浓密褐色纵纹。下体白色，有黑褐色斑。冬羽颜色较淡，头及上体灰褐色，具棕色横斑，纵纹消失，头侧、颈侧、胸侧羽干纹淡褐色，喉污白色，前颈、胸部灰白色，有黑色纵纹。虹膜暗褐，**嘴黑色，基部橙红，非繁殖期橙黄，腿和趾繁殖季节橙红，非繁殖季节橙黄，爪黑色。**

栖息于海滨、江河、泥滩、河岸边、沼泽地，以软体动物、昆虫等为食。繁殖期5～7月，在水域附近的干燥地面上营巢，每窝产卵3～5枚，卵梨形，淡绿或沙黄色，具褐色斑，雌雄共同孵卵。夏候鸟，分布于呼伦贝尔市、兴安盟、通辽市、赤峰市、锡林郭勒盟、乌兰察布市、呼和浩特市、包头市、鄂尔多斯市、巴彦淖尔市、乌海市、阿拉善盟。分布广，数量多，常见。

红脚鹬 / 亚成鸟 / 包头市 / 2007-6-30

青脚鹬 / 包头市 / 2007-5-11

泽　鹬

Tringa stagnatilis (Marsh Sandpiper)

鸻形目鹬科。全长约23cm。上体灰褐色，头颈部色淡，下背白色，尾羽具黑褐色横斑。前颈和胸有黑褐色细纵纹。虹膜暗褐，**嘴细而尖，黑色。脚细长。**腿、趾繁殖季节淡黄色，非繁殖季节橄榄绿色。

栖息于河滩岸边、沼泽等地，以小型脊椎动物为食。繁殖期4～7月，地面筑巢，每窝产卵3～5枚，卵圆形或梨形，淡黄色或绿色，缀有红褐色斑点，雌雄共同孵卵。夏候鸟，旅鸟，呼伦贝尔市、兴安盟、通辽市、赤峰市、锡林郭勒盟、巴彦淖尔市、鄂尔多斯市、包头市。数量少，较常见。

青脚鹬

Tringa nebularia (Common Greenshank)

鸻形目鹬科。全长约32cm。雌雄同色。繁殖羽头、后颈灰色，有黑色纵纹，前胸、胸侧白色，有褐色纵纹，**背部灰褐色，有灰黑色轴斑和白色羽缘**。雌雄羽色相似，但前胸条纹较少，喉颈前部白色，纵纹消失。**嘴灰色上翘，腿脚黄绿色或青绿色**，两趾间连蹼，胫部裸出。

栖息于滩涂、沼泽、湿地、塘边，喜小群活动，以软体动物和甲壳类为食，也食植物、草屑等。繁殖期5～7月，营巢于林中或林缘地带的河湖岸边或沼泽地带，每窝产卵3～5枚，卵灰色、红棕色或皮黄色，两性轮流孵卵。旅鸟，分布于呼伦贝尔市、兴安盟、赤峰市、锡林郭勒盟、包头市、鄂尔多斯市。常见。

泽　鹬 / 包头市 / 2006-4-25

白腰草鹬 / 包头市 / 2009-4-11

小青脚鹬

Tringa guttifer (Nordmann' s Greenshank)

鸻形目鹬科，全长约24cm。雌雄同色。繁殖羽上体黑褐色，羽缘白色，肩背部有白色斑点，腰、尾、下体白色，前颈、胸、**两胁具黑色斑点**。非繁殖羽前额、眉纹白色，头顶、后颈淡灰色，具褐色纵纹，背灰褐色，下体白色，胸部具灰色纵纹。体型较青脚鹬小，嘴、脚亦短，**飞行时脚不伸出尾后**。虹膜暗褐，嘴基部黄色，端部黑色，脚黄褐色，趾间具部分蹼。

栖息于河湖附近沼泽、沙滩等地，在浅水中寻食，进食时嘴在水里左右寻找食物，有时为了捕食可以涉水深到腹部。繁殖期6～7月，营巢于森林湖边，河边及苔厚沼泽地带，每窝产卵4枚，雌雄共同孵卵。旅鸟，见于包头市。属国家二级重点保护动物，被《中国物种红色名录》列为濒危物种。

白腰草鹬

Tringa ochropus (Green Sandpiper)

鸻形目鹬科，全长约23cm。雌雄同色，**腰、腹和尾部白色**，尾端有黑色横斑。白色眉斑仅出现在眼前，与白色眼圈相连。翼下黑褐色，具细小白色斑点；夏季上体黑褐色，密布小白点斑。冬季头、颈、上胸呈褐色且白色斑点不明显。虹膜暗褐色，嘴暗绿或灰褐色，先端黑色，脚橄榄绿色，爪脚灰黑色。

常单独于河川、湖泊、水塘岸边及附近农田和沼泽地活动，喜欢不断的上下摆动尾部，以昆虫、蜘蛛软体动物等为食。繁殖期5～7月，营巢于水域或附近草丛中，每窝产卵3～4枚，卵梨形，灰绿色，有褐色细斑。雌雄轮流孵卵。夏候鸟，旅鸟，分布于呼伦贝尔市、兴安盟、赤峰市、锡林郭勒盟、乌兰察布市、呼和浩特市、包头市、鄂尔多斯市、巴彦淖尔市、乌海市、阿拉善盟。常见。

小青脚鹬 / 江航东

林　鹬 / 包头市 / 2007-5-8

林　鹬

Tringa glareola (Wood Sandpiper)

鸻形目鹬科。全长约21cm。雌雄同色。夏羽额、头顶、枕、后颈黑褐色，有白色纹，眉纹、颏喉部白色，头颈侧、前颈灰白色，杂黑褐色纵纹。背肩部黑褐色，具淡棕黄色点斑，**腰羽白色，尾羽基部白色，尾端有黑褐色横斑**，下体白色，飞行时翼下大致为白色。冬羽羽色更深，有白色斑点，胸部纵纹、两胁横斑不明显。虹膜暗褐，嘴黑色，基部橄榄色脚黄色，尖端黑色，脚趾淡黄，非繁殖期橄榄绿色。

栖息于较宽阔水域附近的沼泽、河滩、稻田中，以水生昆虫、蜘蛛、软体动物、甲壳类为食，兼食少量植物种子。繁殖期5～7月，在沼泽草丛地面凹处营巢，每窝产卵3～4枚，卵梨形，淡绿或皮黄色，有褐色斑，两性轮流孵卵。夏候鸟、旅鸟，分布于呼伦贝尔市、兴安盟、通辽市、赤峰市、锡林郭勒盟、乌兰察布市、呼和浩特市、包头市、鄂尔多斯市、巴彦淖尔市、乌海市、阿拉善盟。常见。

翘嘴鹬 / 兴安盟 / 2009-5-28

翘嘴鹬

Xenus cinereus (Terek Sandpiper)

鸻形目鹬科。全长约23cm。雌雄同色。夏羽上体灰色，肩部及翼覆羽具明显的黑色羽干纹，下体白色，颈侧、胸侧具黑褐色纵斑，次级飞羽末端白色，飞行时清晰可见。冬羽似夏羽，纵纹较淡。虹膜褐色，**嘴长并上翘，基部黄褐色**，尖端黑色，冬季嘴均深色，**脚橙黄色**。

栖息于沼泽、湖泊、岸边、沿海泥滩等，行走迅速。以甲壳类、软体动物、昆虫为食。繁殖期5～7月，在林缘附近水域或水边草地上筑巢，每窝产卵4枚，卵灰褐色，有褐色斑点。旅鸟，见于呼伦贝尔市、兴安盟、赤峰市、包头市、鄂尔多斯市。数量少，少见。

矶　鹬

Actitis hypoleucos (Common Sandpiper)

鸻形目鹬科。全长约20cm。雌雄同色。夏羽上体背侧褐绿色，有黑褐色羽干纹及波状羽端狭横斑，飞羽黑褐色，眼周、眉纹、下体白色，上胸灰褐，有细的黑色纵斑。**翼角前方有由胸腹部向上延伸的白色横斑**。飞行时有明显的白色翼带。外侧尾羽白色，上有黑斑。冬羽与夏羽相似，但肩部羽干纹和横斑消失，胸部纹不明显。虹膜褐色，嘴铅灰褐色，下嘴基部淡紫黄色。跗跖和趾灰绿色，爪黑色。

栖息于沿海滩涂、沙洲以及海拔较高的河流、湖泊、水塘岸边，喜水边跑跑停停，停息时尾羽不停的上下摆动，以昆虫、螺类、蠕虫为食。繁殖期5～7月，筑巢于草丛、灌丛中地上，每窝产卵4～5枚，卵梨形，灰黄色，有暗红褐斑。夏候鸟，分布于呼伦贝尔市、兴安盟、通辽市、赤峰市、锡林郭勒盟、乌兰察布市、呼和浩特市、包头市、鄂尔多斯市、巴彦淖尔市、阿拉善盟。常见。

矶　鹬 / 包头市 / 2009-5-9

灰尾漂鹬 / 林剑声

灰尾漂鹬

Heteroscelus brevipes (Grey-tailed Tattler)

鸻形目鹬科。全长约25cm。雌雄同色。眉纹白色，贯眼纹黑灰色。上体灰色，颏、腹、尾下覆羽白色，**前胸及两胁白色，具细密灰色波状横斑**。虹膜暗褐色，嘴直、黑色，**下嘴基部黄色，脚黄色**。

栖息于海滨沙滩、湖泊、水塘岸边、山地溪流，以昆虫及其幼虫、甲壳类、软体动物、小鱼等为食。繁殖期5～7月，营巢于河边地上凹坑内，每窝产卵3～4枚，卵淡蓝色，缀黑色斑点，雌雄轮流孵卵。旅鸟，分布于呼伦贝尔市、赤峰市、锡林郭勒盟、乌兰察布市、鄂尔多斯市。

翻石鹬

Arenaria interpres (Ruddy Turnstone)

鸻形目鹬科。全长约22cm。雌雄夏羽稍有区别。雄鸟**胸具黑色、白色“W”形大型花斑**，是其最突出特征。飞行时翼上具醒目的黑白色图案。背部及翼覆羽红棕色，有白色、黑色羽缘。雌鸟似雄鸟，上体土褐色。冬羽斑纹变化小，但总体以茶褐色为主。虹膜暗褐色，嘴短，黑色，微上翘，嘴基部较淡，腿短，橙红色。

栖息于海滨、河湖岸边、沼泽地带，结小群活动，常翻动地面小石子及其它物体寻觅食物，以甲壳类、软体动物、蜘蛛、蚯蚓和昆虫为食，也食种子和浆果。繁殖期6～7月，营巢于水边草丛中及沼泽地面上，每窝产卵4枚，卵梨形，沙黄色、赭土色、橄榄色、黄褐色或棕色，被褐色或栗色斑，雌雄轮流孵卵。旅鸟，分布于呼伦贝尔市、赤峰市、包头市、巴彦淖尔市、鄂尔多斯市、阿拉善盟。数量少，常见。

翻石鹬 / 亚成鸟 / 包头市 / 2007-9-15

翻石鹬 / 鄂尔多斯市 / 2008-5-18

三趾滨鹬

三趾滨鹬

Calidris alba (Sanderling)

鸻形目鹬科。全长约18cm。雌雄同色。夏羽头、颈、胸、上体深栗红色，具黑色纵纹，颏、喉、腹、腰白色，**尾上覆羽中央黑色，两边白色**。冬羽头顶、枕部、颈侧、肩部灰白色，额、喉、颏部白色，下体亦白色。虹膜暗褐，嘴黑色，跗跖、趾黑褐色，无后趾。

栖息于海岸、湖边、沼泽等湿地，主要以昆虫及其幼虫为食，也食蜘蛛、蠕虫、甲壳类、软体动物等。繁殖期6～7月，营巢于湖泊、沼泽岸边，每窝产卵3～4枚，卵梨形或卵圆形，黄褐色或橄榄黄色，缀黑褐色斑点，雌雄共同孵卵。旅鸟，分布于巴彦淖尔市、阿拉善盟。

红颈滨鹬 / 雄鸟 / 兴安盟 / 2009-5-27

红颈滨鹬

Calidris ruficollis (Rufous-necked Stint)

鸻行目鹬科。全长约15cm。雌雄同色。夏羽**头、颈、上胸红褐色**，耳及颊部淡棕红色，斑纹不显，头顶、颈侧、枕部有黑褐色细纹，上体余部黑褐色，背具黑褐色中央斑和白色羽缘。冬羽头颈白色，上体灰褐色且具杂斑纵纹。虹膜褐色，嘴黑色，稍下弯，跗跖、趾、爪黑褐色。

栖息于湖、塘、岸边、沿海滩涂等地，性活跃敏捷，喜结群活动。繁殖期6～8月，筑巢于苔原植物丛中，每窝产卵4枚，卵黄褐色，有砖红斑点。旅鸟，见于呼伦贝尔市、兴安盟、锡林郭勒盟、包头市。较常见。

小滨鹬

Calidris minuta (Little Stint)

鸻形目鹬科。全长约13cm。雌雄同色。前额和眉纹白色，头侧纵纹较红颈滨鹬浓密，**嘴短直，较红颈滨鹬尖细。**夏羽上体棕红色，羽缘白色，下体白色，**胸侧棕红，具黑色斑点**。冬羽上体和胸部褐灰色上体褐灰，羽缘

红颈滨鹬 / 雌鸟 / 兴安盟 / 2009-5-28

灰白。虹膜暗褐色，嘴、脚黑色。

栖息于苔原湿地、沿海岸边及附近沼泽，喜群居，迁徙时集大群活动，主要以蚂蚁、环节动物、软体动物、水生昆虫及其幼虫等为食。繁殖期6～7月，在河湖岸边及附近沼泽营巢，每窝产卵3～4枚，卵橄榄绿色，缀红褐色斑点，雌雄轮流孵卵。旅鸟，分布于阿拉善盟。

青脚滨鹬

Calidris temminckii (Temminck's Stint)

鸻行目鹬科。全长约14cm。雌雄羽色相似。上体羽灰色，下体羽白色，头顶、枕部、后颈、上背及两肩灰褐色，**具黑褐色纵纹**，下背、腰、尾上覆羽暗褐色，**眉纹白色，颈侧、眼先、颊部灰褐色**。冬羽上体灰褐色，下胸、腹部白色，眼先灰色，有褐色纹。虹膜暗褐，嘴黑色，下嘴基部褐色，跗跖、趾、爪铅灰色。

栖息于河、湖、沼泽、沿海滩涂。喜成群活动，飞行快速，常集群盘旋飞行。繁殖期5～7月，在水域附近地上营巢，每窝产卵2～4枚，卵梨形，黄褐色，有暗褐色斑。旅鸟，分布于呼伦贝尔市、兴安盟、锡林郭勒盟、呼和浩特市、包头市、鄂尔多斯市、巴彦淖尔市、阿拉善盟、赤峰市。较常见。

小滨鹬 / 秦皇岛海鹰

青脚滨鹬 / 包头市 / 2009-5-9

长趾滨鹬 / 包头市 / 2007-5-12

长趾滨鹬

Calidris subminuta (Long-toed Stint)

鸻形目鹬科，全长约15cm。雌雄同色。体形似尖尾滨鹬，头顶红棕色具黑色纵纹，眉纹白色。上体茶褐色，头至后颈有黑褐色纵纹，背具黑色斑点并伴白色羽缘，**在背上形成一“V”形白斑**。下体白色，头侧、**胸侧及胁浅茶褐色具深色纵纹**。虹膜暗褐色，嘴短，黑色稍下弯，下基部缀有褐色或草灰绿色。脚和趾黄绿色、草灰绿色褐黄色，趾较其它滨鹬长，中趾长于嘴峰。静立时上体挺立。

栖息于沿海滩涂、沼泽、塘边，以昆虫及其幼虫、软体动物为食。繁殖期6～8月，营巢于水域附近草丛或沼泽干燥地上，每窝产卵4枚。旅鸟，分布于呼伦贝尔市、赤峰市、锡林郭勒盟、呼和浩特市、包头市、巴彦淖尔市、鄂尔多斯市。常见。

斑胸滨鹬

Calidris melanotos (Pectoral Sandpiper)

鸻形目鹬科。全长约22cm。两性稍有区别。眉纹白色，眼先褐色，头顶黑褐色，具白色纵纹。上体褐色，**背肩部有白色羽缘形成的"V"形斑**。雄鸟前颈、颈侧、**胸部浅褐色，具深色短细密纹**，雌性黄褐色，具黑褐色纵纹。冬羽似夏羽，但羽色较淡，颈胸部灰色，具黑褐色纵纹。虹膜暗褐色，嘴较短微向下弯曲，基部黄色，端部黑色，脚黄绿色。

栖息于河湖岸边及其附近沼泽和草地，集小群活动，以昆虫及其幼虫为食，也吃植物种子。繁殖期6～7月，营巢于沼泽地边缘地上草丛或灌丛，每窝产卵4枚，卵淡黄色或灰绿色，缀褐色斑。旅鸟，分布于赤峰市。

斑胸滨鹬 / 李晓辉

尖尾滨鹬

Calidris acuminata (Sharp-tailed Sandpiper)

鸻形目鹬科。全长约20cm。雌雄同色。夏羽上体黑褐色，**头顶棕红色**，具黑色细纵纹，眉纹、眼先、颊、喉部白色，具褐色斑，胸部皮黄色，下体具粗大的黑色纵纹，尾羽中央黑色，两侧白色，颊至胸淡红褐色，具密集的黑色斑点，其余下体白色，两胁具"V"字形黑褐色斑。冬羽头顶棕色较淡，眉纹乳黄白色，眼先、耳羽暗红色，耳区有一暗色斑，前胸、喉、颊部褐色纹不明显。虹膜暗褐，嘴黑褐色，基部褐色，脚黄褐色。

栖息于沿海滩涂、沼泽、湖泊、水塘岸边。繁殖期5～7月，在湿地较干燥草丛中筑巢，每窝产卵4枚，卵橄榄褐色，有褐色斑点。旅鸟，分布于呼伦贝尔市、赤峰市、锡林郭勒盟、呼和浩特市、包头市、鄂尔多斯市、巴彦淖尔市。常见。

尖尾滨鹬 / 兴安盟 / 2009-5-18

弯嘴滨鹬 / **非繁殖羽** / 巴彦淖尔市 / 2007-9-15

弯嘴滨鹬

Calidris ferruginea (Curlew Sandpiper)

鸻形目鹬科。全长约21m。两性稍有不同。**雄性嘴细长下弯，夏羽通体锈红色，**上背具黑色羽轴和白色羽缘，胸腹羽缘白色，形成细短白色斑纹。腰部全白色其它滨鹬大多只两侧白色，以便区别。翼覆羽黑色，白色羽缘明显。雌鸟嘴较雄鸟稍长，下体浅锈红，密布白色细横纹。冬羽锈红色消失，上体灰褐色，羽缘白色，具黑色羽干纹，下体白色。胸缀黑色稀横斑。虹膜暗褐色，嘴黑色，基部褐绿色，脚黑色，飞行时脚尖超出体外。

弯嘴滨鹬 / **繁殖羽** / 兴安盟 / 2009-5-27

栖息于河流、湖泊岸边、水塘、沼泽地带、沿海滩涂等。飞行迅速，以甲壳类、环节动物和昆虫为食。繁殖期6～7月，筑巢于富有苔藓、地衣的较干燥地面凹坑内，每窝产卵4枚，卵圆形或梨形，橄榄绿色，有褐色斑，两性轮流孵卵。旅鸟，分布于呼伦贝尔市、赤峰市、锡林郭勒盟、包头市、鄂尔多斯市、巴彦淖尔市、阿拉善盟。常见。

黑腹滨鹬

Calidris alpina (Dunlin)

鸻形目鹬科。全长约22cm。雌雄相似。夏羽头顶黄棕色，具黑褐色纵纹，眉纹白色，眼先暗褐色，耳簇羽白色微具暗褐色纵纹。肩背部锈色，具黑色中央斑和白色羽缘，飞羽黑色。颏喉白色，前颈白色，具黑褐色纵纹，腹白色，**腹中央有一大块黑色斑。**虹膜暗褐色，嘴黑色，较长，尖端下弯。脚黑色或铅灰色。

栖息于高原和平原地区的水域岸边及附近沼泽，以甲壳类、软体动物、蠕虫、昆虫及幼虫等为食。繁殖期5～8月，营巢于苔原沼泽、河湖岸边苔藓地上和草丛中，每窝产卵4枚，卵绿色或橄榄绿色，被栗色和暗褐色斑点，雌雄轮流孵卵。旅鸟，分布于呼伦贝尔市、锡林郭勒盟、鄂尔多斯市、巴彦淖尔市、阿拉善盟。

黑腹滨鹬 / 繁殖羽 / 呼伦贝尔市 / 2009-5-15

黑腹滨鹬 / 非繁殖羽 / 2008-11-14

阔嘴鹬

Limicola falcinellus (Broad-billed Sandpiper)

鸻形目鹬科。全长约17cm。雌雄同色。夏羽上体黑褐色，具赤褐色和白色羽缘，下体白色，具黑褐色点状斑。头部具黑褐色宽阔冠纹和侧冠纹，之间为白色头侧线。与白色眉纹等长，似两道白眉。尾羽暗褐，有灰色端斑。冬羽上体灰褐色，羽缘白色，下体白色，具灰褐色块斑。虹膜褐色，嘴黑色，稍长，**先端下曲，基部膨大，**脚灰黑色。

栖息于冻原及冻原地带原始森林中的湖泊、河流、水塘、沼泽岸边及草地，以水生昆虫、蠕虫、环节动物、植物种子为食。繁殖期6～7月，每窝产卵4枚，卵梨形，淡褐色或灰黄色，具赤色斑，雌雄轮流孵卵。旅鸟，分布于呼伦贝尔市。

阔嘴鹬 / 巴颜淖尔市 / 2009-5-15

流苏鹬

流苏鹬

Philomachus pugnax (Ruff)

鸻行目鹬科。全长约30cm。头小颈长。雌雄异色，腿长，飞翔时露出尾外。夏羽雄鸟头后至**耳羽及前胸具橙、白、绿褐色等簇状饰羽，羽色变异大**，有**白、乳黄、红褐、灰褐及暗紫褐色；**背部也有不同颜色的变化，胸以下白色，胸侧有黑褐色粗斑纹。冬羽雌雄同色，头颈无饰羽，上体灰褐色，有黑色斑纹和淡色羽缘，下体白色，颊、胸淡褐色。

栖息于河、湖、岸边、沼泽、沿海滩涂，与其它涉禽混群活动，以昆虫为主食。在河岸、沼泽、干燥的草地上筑巢，每窝产卵4枚。旅鸟，分布于包头市、巴彦淖尔市。乌梁素海近几年常见。

流苏鹬

红颈瓣蹼鹬

Phalaropus lobatus (Red-necked Phalarope)

鸻形目鹬科。全长约18cm。雌雄繁殖羽异色，雌性较艳丽。耳后至前颈的环带雌性为橙红色，而雄性为橙黄色。雄鸟体灰色和白色，常于海上游泳。头顶、**眼周黑色，**上体灰色，羽轴色深，下体偏白，飞行时深色腰部及翼上可见明显的宽白横纹。夏羽色深，喉白，**棕色的眼纹至眼后并下延至颈部，**肩羽金黄。冬羽雌雄相似，上体灰色具黑色羽干斑，下体白色，有黑色长形眼纹。虹膜褐色，嘴细长、黑色，脚黑色。

善游泳，常在水面上回旋觅食，以昆虫、软体动物、浮游生物、软体动物等为食，在水域附近草地上营巢繁殖。罕见过境鸟，2008年5月见于乌梁素海。

流苏鹬 / 左雌右雄 / 繁殖羽 / 巴彦淖尔市 / 2009-4-4

流苏鹬（下为红脚鹬） / 巴彦淖尔市 / 2009-5-9

流苏鹬 / 巴彦淖尔市 / 2009-4-29

红颈瓣蹼鹬 / 非繁殖羽 / 2009-5-24

灰瓣蹼鹬

Phalaropus fulicarius (Grey Phalarope)

鸻形目鹬科。全长约21cm。繁殖羽雌性较雄鸟艳丽。雌鸟夏羽嘴基、颏、额、枕黑色，两颊白色，**下体栗红色**。肩、翕、三级飞羽黑色，具棕色和皮黄色羽缘，翅覆羽、腰灰色，两胁缀以棕色，中央尾羽条纹与背部相似。雄鸟体型较小，羽色暗淡，头顶具皮黄色条纹，下体两侧缀白色。冬羽上体灰色，下体白色，后头顶具黑斑。虹膜暗褐，嘴较红颈瓣濮鹬粗状，黄色尖端黑色，短而粗，冬季嘴黑色。脚暗黄色。

栖息于苔原湿地，迁徙时见于内陆湖泊，善游泳。主要以昆虫及其幼虫、软体动物、甲壳类、蜘蛛等为食，也食植物性食物。繁殖期6～7月，在水边草地上营巢，每窝产卵3～6枚，卵梨形，淡黄褐色，缀黑褐色斑。旅鸟，见于锡林郭勒盟。

红颈瓣蹼鹬 / 繁殖羽 / 黄进

灰瓣蹼鹬 / Kwansiumun

鸻形目 Charadriiformes

鸥科 Laridae

黑尾鸥

Larus crassirostris (Black-tailed Gull)

鸻形目鸥科。全长约47cm。雌雄同色。夏羽头、颈至胸部以下白色，背部、翼上暗灰色，腰和尾羽白色，**尾羽末端有宽大黑色次端斑。嘴黄色，先端橙红，之间为宽的黑色横带。**冬羽头部缀以淡褐色斑。虹膜淡褐色，**嘴的黄色部分变为淡黄绿色。**跗跖、趾淡棕色，爪黑色。

栖息于沼泽、河流、湖泊、鱼塘水面，以小鱼、水生昆虫、软体动物、蝗虫、蝼蛄等为食。繁殖期4～7月，集群营巢于悬崖峭壁的岩石上或沼泽地中土丘上，每窝产卵2～3枚，卵灰蓝色、灰褐色或赭绿色，缀黑褐色斑，雌雄轮流孵卵。旅鸟，分布于呼伦贝尔市、赤峰市、鄂尔多斯市。

海鸥 / 锡林郭勒盟 / 2008-4-11

海鸥

Larus canus (Common Gull)

鸻形目鸥科。全长约45cm。雌雄同色。夏羽头颈白色，耳羽略呈淡灰蓝色，肩背、翅上覆羽蓝灰色，尾羽、尾上覆羽白色，下体白色。冬羽似夏羽，头颈具淡褐色纵纹。**虹膜淡蓝色，脚橙黄色，**爪黑色，鸟嘴黄色无斑，幼鸟至亚成体嘴黑色并由基部向前逐渐变为黄色。

栖息于北极苔原、荒漠、草地等开阔地带的江河、

黑尾鸥 / 2009-5-16

银 鸥 / 包头市 / 2007-2-15

湖泊、水塘、沼泽，以鱼、软体动物、甲壳类、昆虫、海藻为食。繁殖期5～7月，营巢于内陆淡水或咸水湖泊、沼泽、河岸及海岛上，每窝产卵2～5枚，卵绿色或橄榄褐色，雌雄轮流孵卵。旅鸟，分布于呼伦贝尔市、兴安盟、赤峰市、锡林郭勒盟。

银 鸥

Larus argentatus (Herring Gull)

鸻形目鸥科。体长60cm。雌雄夏羽羽色相同，眼及眼眶黄色，头、颈部、腰和尾羽白色，黑色翼尖有白色端斑，上体灰色，下体白色。冬羽头颈有浓褐色纵纹，眼周具以细黑圈，第一次越冬时几乎全身斑驳褐色。虹膜淡黄，眼周裸出部黄色，嘴黄色，基部稍黑，**下嘴缀以红斑，跗跖粉红色。**

栖息于较宽阔的水域，善游泳，以鱼、虾、无脊椎动物动物尸体、雏鸟及鸟卵为食，还捕食鼠类、蜥蜴。繁殖期5～7月，成群营巢于海岸、湖心岛、悬岩等地带，每窝产卵2～3枚，卵呈灰褐或灰绿色，具不规则褐色斑，雌雄轮流孵卵。夏候鸟，旅鸟，分布于呼伦贝尔市、兴安盟、赤峰市、锡林郭勒盟、呼和浩特市、包头市、鄂尔多斯市、巴彦淖尔市、乌海市、阿拉善盟。数量多，常见。

海 鸥 / 白清泉

黄腿银鸥 / 赤峰市 / 2006-3-30

黄腿银鸥 / 赤峰市 / 2008-4-27

黄腿银鸥

Larus cachinnans (Yellow-legged Gull)

鸻形目鸥科。体长60cm。雌雄夏羽羽色相同，上体浅灰至中灰，**腿黄色。**冬羽头颈无褐色纵纹。虹膜黄色，嘴黄色，下嘴具红点，脚粉红至黄色。

栖息于苔原、草地上的河流、湖波、沼泽、小岛。旅鸟，见于呼伦贝尔市。数量少，少见。

灰背鸥

Larus schistisagus (Slaty-backed Gull)

鸻形目鸥科。全长约70cm。夏羽头、颈、腰、尾及下体白色，**背黑灰色**，初级飞羽黑色，次级飞羽及肩羽青灰色。冬羽似夏羽，头颈、胸部具灰褐色纵纹。虹膜淡黄色，嘴黄色，下嘴先端有红色斑，脚粉红色。

栖息于沿海的岛屿、海岸、沙滩、河口地带及内陆河湖、沼泽地，以鱼、蟹、甲壳类、软体动物、鼠类、蜥蜴、昆虫为食。繁殖期5～7月，营巢于悬岩、海岛上，每窝产卵1～4枚，卵橄榄绿色或赭色，缀褐色斑点。旅鸟，分布于兴安盟、赤峰市、锡林郭勒盟。

渔　鸥

Larus ichthyaetus (Great Black-headed Gull)

鸻形目鸥科。全长约69cm，头额部低平，斜度较缓。夏羽头黑色，上体灰色。颈部、下体和尾羽白色。翼上初级飞羽上有黑斑，飞翔时清晰可见。冬羽头白色，眼周黑色，头颈具暗色纵纹。繁殖羽头颈前段黑色，非繁殖羽头颈部除眼周外不为黑色。虹膜暗褐色，嘴黄色，具黑色和红色斑。脚灰色，爪黑色。冬羽嘴尖不具红斑。

栖息于沼泽、水塘、三角州沙滩及干旱平原湖泊。

渔　鸥 / 包头市 / 2006-8-14

常3～5只成小群在河湖上空飞翔，寻鱼捕食。繁殖期5～7月，沙滩上筑巢，每窝产卵2～5枚，卵椭圆形，浅灰或浅绿色，有茶色斑点，雌雄轮流孵卵。夏候鸟，旅鸟，分布于锡林郭勒盟、赤峰市、包头市、鄂尔多斯市、巴彦淖尔市、阿拉善盟。常见。

灰背鸥 / 包头市 / 2006-3-22

棕头鸥（棕头鸥巢区中间几只头部黑色鸟为遗鸥） / 鄂尔多斯市 / 2009-5-24

棕头鸥

Larus brunnicephalus (Brown-headed Gull)

鸻形目鸥科。全长约46cm。夏羽似红嘴鸥，但体形大，嘴较粗，**头部棕褐色**，翼尖黑色，**初级飞羽基部具大块白斑。冬羽头白色，耳孔周及枕部具灰色斑块。**虹膜暗褐色，嘴、跗跖和趾均为暗红棕色，爪黑褐色。

栖息于高原湖泊、河流、沼泽，主要以鱼类为食。繁殖期4～6月，山坡岩石、湖心岛、悬崖筑巢，每窝产卵3～6枚，卵绿白色，缀浅紫褐色斑，雌雄共同孵卵。夏候鸟，旅鸟，分布于呼伦贝尔市、兴安盟、赤峰市、锡林郭勒盟、包头市、鄂尔多斯市、阿拉善盟。数量少，常见。

红嘴鸥

Larus ridibundus (Black-headed Gull)

鸻形目鸥科。全长40cm。和其它鸥类一样，大多雌雄同色，**夏羽头部顶之前至颏周部黑褐色**，后颈、上背、下体、尾羽及初级覆羽白色，下背、肩羽灰色。眼前和后颈有黑褐色斑，眼周可见白色“新月”形圈。冬羽头颈部除耳羽区暗色外其余呈白色，耳孔周及眼上缘灰黑色呈斑状，左右两侧相同部位的灰黑斑经头顶以隐约可见的暗线相连，在头顶

棕头鸥 / **亚成鸟** / 鄂尔多斯市 / 2008-5-18

棕头鸥 / 鄂尔多斯市 / 2008-5-18

红嘴鸥 / 包头市 / 2009-7-11

形成二条横带。虹膜暗褐色，**嘴暗红色，脚暗红**，爪黑色。

栖息于较大水面附近，以鱼、虾、昆虫等为食，也捕食鼠类。繁殖期5～7月，筑巢于苇塘或草丛的地面上，每窝产卵2～6枚，卵灰褐色，缀以褐色斑点，雌雄轮流孵卵。旅鸟，夏候鸟，分布于呼伦贝尔市、兴安盟、通辽市、赤峰市、锡林郭勒盟、乌兰察布市、呼和浩特市、包头市、鄂尔多斯市、巴彦淖尔市、乌海市、阿拉善盟。数量多，分布广，常见。

黑嘴鸥

Larus saundersi (Saunders's Gull)

鸻形目鸥科。全长约32cm。夏羽和冬羽与红嘴鸥类似，但体型较小，**夏羽头部的黑色延伸至颈后**，色彩比红嘴鸥深，具清楚的白色眼环。初级飞羽合拢时呈斑马样图纹，飞行时白色后缘清晰可见，翼下初级飞羽外侧黑色。冬羽头顶具一条深色横带，余白色。虹膜暗褐，**嘴黑色，脚红色。**

栖息于河川、湖泊和海岸地带。飞行轻盈似燕鸥，与其它鸥混群，取食方式为飞行中突然垂直下降，捕食螃蟹及其它蠕虫。5～7月繁殖，筑巢于开阔的沿河滩涂地带，雌雄共同筑巢，轮流孵卵，每窝产卵1～3枚，暗绿色，具深褐色斑。夏候鸟，旅鸟，分布于呼伦贝尔市、兴安盟、赤峰市、锡林郭勒盟、乌兰察布市。濒危，少见。被《中国物种红色名录》列为易危物种。

红嘴鸥 / 第一年冬羽 / 包头市 / 2007-4-12

黑嘴鸥 / 2009-6-26

遗　鸥 / 亚成鸟 / 鄂尔多斯市 / 2008-7-18

遗　鸥 / 鄂尔多斯市 / 2007-4-12

遗　鸥

Larus relictus (Relict Gull)

鸻形目鸥科。全长约46cm。**体形雄健丰满**，夏羽上体灰色，头近黑色，**上下眼睑白色独特醒目**，颈、胸、腰白色，两翼灰色，初级飞羽远端黑白相间，翼折合时形成明显的花斑。冬羽全身大致白、灰两色，眼后、头顶、颈部有黑色斑。虹膜褐色，嘴、脚暗红色，爪黑色。

栖息于草原、沙漠中的湖泊、沼泽，易接近，以水生无脊椎动物、小鱼和水草为食。5～7月繁殖，水边凹处筑巢，每窝产卵1～3枚，灰绿色，缀大小不等黑色、棕色或淡褐色斑，雌雄共同孵卵。夏候鸟，旅鸟，分布于鄂尔多斯市、锡林郭勒盟、阿拉善盟、巴彦淖尔市、乌兰察布市、赤峰市、包头市、呼伦贝尔市。由于繁殖环境越来越差，已从鄂尔多斯的陶力庙—阿拉善湾海子南迁到红碱淖（直线距离约100余千

遗　鸥 / 鄂尔多斯市 / 2009-5-24

米），种群数量明显减少，常见。属国家一级重点保护动物，被《中国物种红色名录》列为易危物种。

小 鸥

Larus minutus (Little Gull)

鸻形目鸥科。全长约30cm。**夏羽头黑色，眼无白斑**，后颈、下体、腰、尾上覆羽，尾羽白色，肩背部、翼上覆羽、飞羽淡珠灰色，飞羽先端白色，翼下表面黑色，翼尖、翼后缘白色。冬羽头白色，头顶和枕部有黑色斑。虹膜暗褐色，嘴暗红色，脚红色。

栖息于河流、湖泊、水塘及沼泽地，以蜻蜓、甲壳类等无脊椎动物为食，也食其他昆虫。5～6月繁殖，成群营巢于湿地环境，每窝产卵2～3枚，褐色或橄榄绿色，缀深褐色斑点，雌雄轮流孵卵。夏候鸟、旅鸟，分布于呼伦贝尔市、兴安盟，属国家二级重点保护动物。

小 鸥 / 张永

三趾鸥

Rissa tridactyla (Black-legged Kittiwake)

鸻形目鸥科。全长约41cm。夏羽头、颈、上背、下体白色，下背、翼、腰及尾上覆羽灰色；嘴黄色，脚黑色，后趾退化，仅具三趾均向前。**亚成鸟，颈后有黑褐色环状宽斑，黑褐色翼带明显**，嘴黑色。

栖息于岩礁悬崖顶端，繁殖于北极区的北美洲及亚洲沿海地区，繁殖期6～7月，营巢于海岛上和海岸上，每窝产卵1--3枚，雌雄轮流孵卵。冬候鸟，分布在中国辽宁、河北、江苏、浙江等地区，稀有。本组照片摄于包头市2007年4月8日。

三趾鸥 / 包头市 / 2007-4-8

鸻形目 Charadriiformes
燕鸥科 Sternidae

鸥嘴噪鸥 / 包头市 / 2008-6-11

鸥嘴噪鸥

Gelochelidon nilotica (Gull-billed Tern)

鸻形目燕鸥科。全长约34cm。体形似普通燕鸥，但较其粗大，额、头顶、后颈黑色，头、前颈、下体白色，肩、背、翼灰褐色，**尾羽灰白色，分叉小**，外侧及末端白色。虹膜暗褐，**嘴、脚黑色。**

栖息于港湾、河湖地带，喜集小群，取食鱼、虾、昆虫等。4～5月繁殖，地面筑巢，每窝产卵2～3枚，卵梨形，沙黄色、土黄色或土黄沾绿色，被褐色或石板灰色斑点，雌雄轮流孵卵。夏候鸟，分布于呼伦贝尔市、锡林郭勒盟、赤峰市、乌兰察布市、包头市、巴彦淖尔市、鄂尔多斯市、阿拉善盟。较常见。

红嘴巨鸥

Hydroprogne caspia (Caspian Tern)

鸻形目燕鸥科。全长约49cm。**嘴红色粗大**，尖端略黑。**顶冠夏季黑色**，冬季白色并具纵纹。初级飞羽腹面黑色。翼长、尾短呈鱼尾状。虹膜棕褐色，脚黑色，爪黑褐色。冬羽嘴橙红色，嘴先端栗褐色，脚栗褐色。

栖息于河、湖、沿海滩涂、树林及河口，俯冲入水觅食小鱼，4～6月繁殖，营巢于河湖岸边及岛上，每窝产卵2～3枚，两性轮流孵卵。旅鸟，夏候鸟，分布于赤峰市、

鸥嘴噪鸥 / 包头市 / 2009-5-18

锡林郭勒盟、呼和浩特市、包头市、鄂尔多斯市、巴彦淖尔市、阿拉善盟。较常见。

普通燕鸥

Sterna hirundo (Common Tern)

鸻形目燕鸥科。全长35cm。夏羽头、后颈黑色，背和翅暗灰色，翅外缘有一窄黑边，下体颈前到胸腹部近白色。尾明显分叉。非繁殖期额白色，头顶具黑白相杂条纹。雌鸟羽色较雄鸟暗淡。虹膜暗褐色，嘴红色，嘴峰、嘴先端黑色，跗跖红色，爪黑色，幼鸟下嘴基部红色。

栖息于淡水水域的沼泽、水塘、河滩上，觅食时冲入水中取食。以鱼、虾和水生昆虫等为食。4~6月繁殖，营巢于沼泽、草地、湖泊附近地面凹处，每窝产卵2~4枚，卵色灰绿，具褐色斑点，雌雄轮流孵卵。夏候鸟，分布于呼伦贝尔市、兴安盟、通辽市、赤峰市、锡林郭勒盟、乌兰察布市、呼和浩特市、包头市、鄂尔多斯市、巴彦淖尔市、乌海市、阿拉善盟，数量多，分布广，是乌梁素海主要繁殖鸟之一，常见。

红嘴巨鸥 / 左亚成鸟 / 包头市 / 2006-8-31

红嘴巨鸥 / 包头市 / 2007-4-17

普通燕鸥 / 包头市

白额燕鸥 / 包头市 / 2007-5-11

白额燕鸥

Sterna albifrons (Little Tern)

鸻形目燕鸥科。全长约26cm。繁殖羽头上半部至枕部、颈后为黑色，**额部为白色。**身体颜色似普通燕鸥，但翅外侧边缘的深颜色色带明显比普通燕鸥宽。冬羽前额白色部分扩大，头顶杂以白纹。虹膜暗褐色，嘴橙黄色，先端黑色，爪黑色，脚橙红色，非繁殖期脚暗褐红色。

栖息于较大水域附近，捕食鱼虾、水生无脊椎动物、水生昆虫等。5～7月繁殖，营巢于水域附近沼泽草丛中，巢置于地面凹处，每窝产卵2～4枚，卵梨形，棕褐色，有暗色斑点，雌雄轮流孵卵。夏候鸟，分布于呼伦贝尔市、兴安盟、通辽市、赤峰市、锡林郭勒盟、呼和浩特市、包头市、鄂尔多斯市、巴彦淖尔市。常见。

须浮鸥

Chlidonias hybridus (Whiskered Tern)

鸻形目燕鸥科。全长约25cm。雌雄羽色相同，夏羽额、头顶、枕部和后上颈为绿黑色，头部其余部分白色，上体灰色，翅尖长，尾较短，叉状。**飞行时翅下覆羽白色，与白翅浮鸥的黑色翼下覆羽区别。**冬羽前额白色，头顶、后颈绿黑色，具白色纵纹，耳羽有黑斑。虹膜猩红色，嘴肉红色，嘴端栗色，脚红色，爪黑色。

栖息于较大水域附近，捕食鱼、虾、昆虫等。4～6月繁殖，筑巢于地面上，每窝产卵2～4枚，卵短卵圆形，淡蓝色，有棕色斑。夏候鸟，分布于呼伦贝尔市、兴安盟、通辽市、赤峰市、锡林郭勒盟、乌兰察布市、呼和浩特市、包头市、鄂尔多斯市、巴彦淖尔市、阿拉善盟。是乌梁素海主要的繁殖鸟之一，常见。

白翅浮鸥

Chlidonias leucopterus (White-winged Black Tern)

鸻形目燕鸥科。全长约24cm。头顶、胸至腹黑色，上体暗石板灰色，翼淡灰色。耳斑延伸至眼下，鱼尾，**飞行时**

须浮鸥 / 包头市 / 2007-7-1

白翅浮鸥 / 包头市 / 2007-5-18

翼下覆羽黑色，与淡色飞羽对比明显。亚成鸟体上有暗色斑块。虹膜暗褐，嘴繁殖期红色，非繁殖期黑色，脚繁殖期红色，非繁殖期暗紫红色，爪黑色。

栖息于河、湖、水塘、沼泽，飞行中掠水面取食，以小鱼、虾、昆虫为食。5～8月繁殖，营浮巢于湖泊浅水处的明水面水草上，每窝产卵2～4枚，卵淡褐色密布暗褐色斑，雌雄轮流孵卵。夏候鸟，旅鸟，分布于呼伦贝尔市、兴安盟、赤峰市、锡林郭勒盟、乌兰察布市、巴彦淖尔市、包头市、鄂尔多斯市、呼和浩特市。乌梁素海主要繁殖鸟之一，常见。

白翅浮鸥 / 包头市 / 2007-5-12

黑浮鸥

Chlidonias niger (Black Tern)

鸻形目燕鸥科。全长约24cm。夏羽**头黑色，上体石板灰色，下体黑灰色，翼下覆羽白色，与深色飞羽对比明显，不象须浮区飞羽和覆羽颜色相差无几。**尾灰色叉状。冬羽额白色，顶灰色，枕部黑色，具淡色羽缘，耳区黑色，眼前有暗色斑，下体白色，胸两侧具暗色斑。虹膜暗褐，嘴黑色，脚红褐色。

栖息于多植物的内陆河湖、沼泽，以水生昆虫、小鱼、蝌蚪等为食。5～7月繁殖，筑巢于水面及沼泽地，每窝产卵2～3枚，卵赭色或暗褐色，上有黑色斑点，雌雄轮流孵卵。旅鸟，分布于赤峰市、呼伦贝尔市，属国家二级重点保护动物。

黑浮鸥 / 沈越

毛腿沙鸡 / **左雌右雄** / 包头市 / 2007-2-8

沙鸡目 Pterocliformes
沙鸡科 Pteroclidae

毛腿沙鸡 / **雄鸟** / 包头市 / 2007-2-8

毛腿沙鸡

Syrrhaptes paradoxus (Pallas' s Sandgrouse)

沙鸡目沙鸡科。全长约37cm。雄鸟额、头顶、头侧、眉纹灰黄色，后颈、颏部棕灰色，喉及颈部有锈色斑。背部沙褐色，密部不规则黑色横斑。腹部皮黄色，有细横斑，形成**黑色胸带，腹部有一大块黑色斑。翅尖长。中央一对尾羽特别尖长。**雌鸟无胸带，颈部有一细黑带，头颈有细黑纹。虹膜暗褐，嘴蓝灰色，**跗跖和趾部有短羽**，爪棕褐。

栖息于开阔、贫瘠荒漠原野、草原及半荒漠地带和耕地。结群生活，4～7月繁殖，在沙地挖穴筑巢，每窝产卵2～3枚，卵椭圆形，黄白色，有褐色斑，雌雄轮流孵卵。成鸟飞行速度极快，可带水回巢，饮哺幼雏。留鸟，冬候鸟，夏候鸟，分布于呼伦贝尔市、兴安盟、通辽市、赤峰市、锡林郭勒盟、乌兰察布市、呼和浩特市、包头市、鄂尔多斯市、巴彦淖尔市、乌海市、阿拉善盟。二十年前，在内蒙古大部地区随处可见，但由于栖息环境不断恶化，种群数量急剧下降，现在只能在繁殖地见到。

毛腿沙鸡 / 幼鸟 / 包头市 / 2007-8-25

鸽形目 Columbiformes
鸠鸽科 Columbidae

原　鸽

Columba livia (Rock Dove)

鸽形目鸠鸽科。全长约31cm。外形似岩鸽，羽色比岩鸽明显暗重，头、颈、上体、胸部为石板灰色，颈、前胸上背有紫绿色金属光泽，翼上各具一道黑色横斑，**尾灰蓝色，不具白色横斑**，而是端部具黑色的横斑。虹膜金黄色，嘴近黑色，嘴基部沾蓝黑，跗跖和趾黄铜色或暗红色，爪黑色。

多栖息于庙宇等古建筑檐下、村边土崖、石壁上。性机警，多疑。5～9月繁殖，营巢于土石山崖洞穴，每窝产卵2枚，卵白色无斑，雌雄共同孵卵。留鸟，分布于呼伦贝尔市、兴安盟、呼和浩特市、包头市、阿拉善盟。较常见。

原　鸽 / 包头市 / 2007-3-21

岩 鸽 / 包头市 / 2008-4-27

岩 鸽 / 包头市 / 2008-8-22

岩 鸽

Columba rupestris (Hill Pigeon)

鸽形目鸠鸽科。全长约31cm。雌雄体色相似，体形羽色极似家鸽，羽色以青灰色为主，颈部具紫灰色辉光，翅侧及尾端具黑带，**腰部和近尾端处各有一道宽阔的白色横带。**虹膜橙黄色，嘴黑色，跗跖和趾橙红色，爪黑色。

栖息于多岩石峭壁地区，从低山到高山都有分布。性温顺，不甚怕人。以各种植物种子、小型球果、球茎、球根、小坚果等为食。繁殖期4～7月，营巢于岩缝或峭壁上的岩洞，多为人难以接近的地方，有时也在古塔顶部或较高的建筑物上造巢。每窝产卵2枚，雌雄轮流孵卵。留鸟，分布于呼伦贝尔市、兴安盟、通辽市、赤峰市、锡林郭勒盟、乌兰察布市、呼和浩特市、包头市、鄂尔多斯市、巴彦淖尔市、乌海市、阿拉善盟。常见。

欧斑鸠

Streptopelia turtur (Turtle Dove)

鸽形目鸠鸽科。全长约28cm。雌雄相似。头灰蓝色，头侧和颈侧淡褐色，**颈侧有数条醒目的黑白相间块斑。**背羽、尾羽褐色，上背具黄棕色端缘。尾扇形，有窄的白色端斑。喉、颏、头侧淡褐色。腹中部纯白色，两侧珠灰色。虹膜橙红色，嘴铅灰色，脚暗红棕色，爪褐色。

栖息于平原和低山丘陵地带的阔叶林、针阔混交林及针叶林等森林中，以植物种子、果实为食。5～8月繁殖，营巢于森林林缘地带或农田地边、灌丛中，每窝产卵2枚，卵白色，雌雄轮流孵卵。夏候鸟，分布于阿拉善盟。

山斑鸠

Streptopelia orientalis (Oriental Turtle Dove)

鸽形目鸠鸽科。全长约33cm。上体以褐色为主，颈基两侧各有一带蓝灰色羽缘的黑色斑块，**肩羽具显著红褐色羽缘，**尾端灰白，下体以粉褐色为主，腹部淡灰色。虹膜金黄色，嘴暗灰色，跗跖紫红色，爪暗褐色。

栖息于多树地区，平原至中山地带的阔叶林和针阔混交林内，繁殖季节多在山地，冬季迁至平原。取食于地面，主要以杂草种子、植物的嫩叶和果实、农作物种子为主食，也吃昆虫及其幼虫。繁殖期4～7月，在树间或灌木丛间筑巢，每窝产卵2枚，双亲均参加育雏。留鸟，夏候鸟，分布于呼伦贝尔市、兴安盟、通辽市、赤峰市、锡林郭勒盟、乌兰察布市、呼和浩特市、包头市、鄂尔多斯市、巴彦淖尔市、乌海市、阿拉善盟。分布广，常见。

灰斑鸠

Streptopelia decaocto (Eurasian Collared Dove)

鸽形目鸠鸽科。全长约30cm。上体大部淡葡萄褐色，头顶灰色，**后颈基部有一黑色半月状领环，**领环上下缘淡蓝灰色，喉白色，胸部渲染粉红色。虹膜红色，眼周裸出部灰白色，嘴近黑色，脚暗粉红色。

栖息于平原及疏林地带，常在农田及村落附近活动。

欧斑鸠 / 西锐

山斑鸠 / 包头市 / 2009-4-24

主要以作物种子、杂草籽为食。繁殖期5～7月，在树木和灌丛间造巢，每窝产卵2枚，卵白色无斑，雌雄共同孵卵。留鸟，分布于呼伦贝尔市、通辽市、赤峰市、锡林郭勒盟、乌兰察布市、呼和浩特市、包头市、鄂尔多斯市、巴彦淖尔市、乌海市、阿拉善盟。数量多，常见。

灰斑鸠 / 包头市 / 2006-11-18

灰斑鸠 / 包头市 / 2006-8-20

火斑鸠 / 雌鸟

火斑鸠

Streptopelia tranquebarica (Red Turtle Dove)

鸽形目鸠鸽科。雄鸟头顶、颈蓝灰色，后颈有黑色半领环，背、胸、**上腹栗色**，飞羽黑色，外侧尾羽黑色，末端白色，颏喉部白色或珠灰色。雌鸟头顶鼠褐色沾灰色，领环细窄，具白色缘，体部浅褐色。虹膜暗褐，嘴黑，基部较浅淡，脚栗色，爪黑色或黑褐色。

栖息于开阔平原、田野、村庄、果园、疏林，以浆果、种子、果实为食。5～7月繁殖，成对营巢于丛林和疏林乔木上，每窝产卵2枚，卵圆形，白色。夏候鸟，分布于阿拉善盟。

珠颈斑鸠

Streptopelia chinensis (Spotted Dove)

鸽形目鸠鸽科。全长约32cm。雌雄羽色相似。上体以褐色为主，下体粉红色，额灰色，顶、枕、头侧、**前颈粉红色，后颈有宽阔的黑色领斑，缀以白色的珠状细斑**，外侧尾羽黑褐色，末端白色。虹膜暗褐，嘴黑褐色，脚趾紫红色，爪黑褐色。

栖息于多树的草地、农田或住家附近。飞行时两翅拍动要比山斑鸠快些，飞行十分迅速，但不能持久。以作物种子、杂草种子为主食，也食昆虫及幼虫。繁殖期5～7月，在稀疏细枝在树上或矮树丛和灌丛间编织平盘状巢，每窝产卵2枚，卵椭圆形，白色，雌雄轮流孵卵。留鸟，分布于赤峰市、呼和浩特市、包头市。常见。

火斑鸠 / 雄鸟

珠颈斑鸠 / 包头市 / 2008-12-17

鹃形目 Cuculiformes
杜鹃科 Cuculidae

大鹰鹃 / 沈越

大鹰鹃

Cuculus sparverioides (Large Hawk Cuckoo)

鹃形目杜鹃科。全长约35cm。雌雄相似，**外形似苍鹰**，但体型小。上体乌灰近褐色，尾上覆羽杂白斑，下体白色，喉至胸有深色纵纹，腹部则有细横纹。头顶至后颈及颏部暗灰。虹膜金黄色，幼鸟褐色。眼睑黄，**上嘴前段下弯、**黑色，下嘴淡绿尖端较黑。跗跖、趾橙黄，爪黄色。

栖息于低山密林，以昆虫为食。繁殖期4～7月，自己不营巢，常产卵于喜鹊等鸟的巢中，卵橄榄灰色，密布褐色斑点。夏候鸟，分布于赤峰市、呼和浩特市。

大鹰鹃 / 雌鸟 / 李全江

四声杜鹃 / 雌鸟 / 包头市 / 2006-6-9

四声杜鹃

Cuculus micropterus (Indian Cukoo)

鹃形目杜鹃科。全长约30cm。似大杜鹃，区别在于**尾灰并具黑色次端斑，且虹膜较暗**，灰色头部与深灰色的背部成对比。雌鸟较雄鸟多褐色。亚成鸟头及上背具偏白的皮黄色鳞状斑纹。虹膜褐色，嘴暗灰褐色，下嘴基部和嘴裂黄色，脚、趾黄色，爪黑褐色。

栖息于落叶林、常绿阔叶林、次生林、疏林区。叫声为响亮清晰的四声哨音不断重复，第四声较低，常在晚上叫。繁殖期5～8月，巢寄生，卵颜色随寄主不同而异，寄主孵化、喂养。夏候鸟，分布于呼伦贝尔市、兴安盟、赤峰市、通辽市、锡林郭勒盟、包头市、巴彦淖尔市、鄂尔多斯市、阿拉善盟。较少见。

大杜鹃

Cuculus canorus (Common Cuckoo)

鹃形目杜鹃科。全长约30cm。雌雄同色。上体灰色，两翼暗褐色，翼角边缘白色而具有褐色细横斑。**腹部白色而具有黑褐色横斑。**虹膜黄色，嘴黑褐色，嘴端近黑色，下嘴基部黄色，脚、爪黄色。

喜欢在有林地带及大片芦苇地内活动，是居民点附近常见的杜鹃，鸣声响亮，二声一度，像“KUK-KU”，“布谷鸟”之名因此而得。吃各种毛虫，特别是繁殖期间几乎纯以毛虫为食，偶尔也吃昆虫成虫。繁殖期4～7月，自己不营巢，将卵置于伯劳、苇莺的巢中代孵，卵色随寄主不同变化大。夏候鸟，分布于呼伦贝尔市、兴安盟、通辽市、赤峰市、锡林郭勒盟、乌兰察布市、呼和浩特市、包头市、巴彦淖尔市、鄂尔多斯市、乌海市、阿拉善盟。常见。

中杜鹃

Cuculus saturatus (Oriental Cuckoo)

鹃形目杜鹃科。全长约30cm。雌雄相似，雌性下体更显棕色。上体石板灰色，下背灰蓝色，两翼褐色，翼角边缘纯白，下体近白。喉至上胸石板灰色，**腹部白色，密布淡黑色横斑，较大杜鹃的横斑宽粗。**虹膜黄褐色，嘴

大杜鹃 / 包头市 / 2007-7-1

大杜鹃 / 包头市 / 2009-7-2

基部、脚、趾橙黄色。

栖息于森林、果园中。习性与大杜鹃相似，更多出入于较茂密的山林中。鸣声为连续不停的四个单调低沉的“Hu-Hu-Hu-Hu”，声音很象戴胜。喜食柔软的昆虫和毛虫。繁殖期5～7月，卵颜色随寄主不同而异。夏候鸟或旅鸟，分布于呼伦贝尔市、通辽市、赤峰市、锡林郭勒盟、呼和浩特市、包头市、巴彦淖尔市、鄂尔多斯市、阿拉善盟。少见。

中杜鹃 / 冯啓文

小杜鹃

Cuculus poliocephalus (Small Cuckoo)

鹃形目杜鹃科。全长约25cm。雌雄同色。上体灰色，腹部具横斑，头颈、上胸浅灰色，下胸、下体白色并具黑色斑纹，臀部沾皮黄色。**尾灰，羽轴两侧具白斑**，端部具白色窄边。虹膜黄色，嘴黑褐色，嘴基黄色，脚趾黄色。

栖息于阔叶林、针叶林、灌丛和次生林中，以昆虫为食。繁殖期5～7月，巢寄生，卵白色、粉栗色或巧克力色，多与寄主相似。夏候鸟，分布于赤峰市。

小杜鹃 / 胡振宇

鸮形目 Strigiformes
鸱鸮科 Strigidae

红角鸮 / 包头市 / 2008-5-27

领角鸮

Otus lettia (Collared Scops Owl)

鸮形目鸱鸮科。全长约23cm。雌雄同色。体型较小，额面部灰白色，颏至耳簇羽外侧有一显著的**灰色翎领**，上体暗褐，下体灰白，具黑褐色纵纹。颏喉部白色，**上喉部有一圈微沾棕色的皱领。**腿覆羽棕白色，具褐色斑点。虹膜黄色，嘴淡黄色沾绿，趾、爪淡黄色。

栖息于山地森林和林缘及村庄附近，以甲虫、蝗虫、鼠类为食，也食小鸟、蜥蜴等小动物。2～6月繁殖，营巢于天然树洞或啄木鸟废弃洞，每窝产卵3～6枚，卵圆形，白色无斑，雌雄轮流孵卵。留鸟，分布于呼伦贝尔市、赤峰市、包头市。属国家二级重点保护动物。

红角鸮

Otus sunia (Oriental Scops Owl)

鸮形目鸱鸮科。全长约18cm。雌雄相似。上体灰褐色，**密杂黑褐色虫蠹状细纹，头顶两侧具长形的耳状羽。背羽、**尾羽缀以棕白色横斑，斑缀黑褐色窄缘。下体灰白色，缀粗大的灰褐色纵纹。尾下覆羽淡棕色，密布褐斑。虹膜黄色，嘴暗绿褐色，下嘴先端近黄。趾灰色，爪暗褐色。

领角鸮 / 姚文志

栖息于密林树枝上，夜间鸣叫觅食，以啮齿类动物为食。5月下旬开始营巢，营巢于天然树洞，年产一窝，每窝产卵4枚，白色无斑。夏候鸟，分布呼伦贝尔市、赤峰市、呼和浩特市、包头市、巴彦淖尔市。属国家二级重点保护动物，较常见。

雕　鸮

Bubo bubo (Northern Engle Owl)

鸮形目鸱鸮科。全长约80cm。雌雄同似。额基和眼先部密布白色须，端部黑色。眼上方具一大的黑斑。**耳羽簇长而显著。**通体羽毛黄褐色，有黑色斑点和纵纹。胸部两肋有黑色纵纹，腹部有细小横斑纹。虹膜金黄色，幼鸟橙红色，眼大而圆，嘴爪粗，铅灰色并具利钩。

栖息于山地、森林、荒野、石崖峭壁。夜行性，白天在密林中休息。鸣叫时发出低沉的“呼”声，洪亮似有回音，主要以鼠类为食，也食兔、鸟类、两栖类动物等。繁殖期4～7月，营巢于峭壁岩缝间及树洞中，每窝产卵2～5枚，卵椭圆形，白色，雌鸟孵卵。留鸟，分布于呼伦贝尔市、兴安盟、通辽市、赤峰市、锡林郭勒盟、乌兰察布市、呼和浩特市、包头市、巴彦淖尔市、鄂尔多斯市、乌海市、阿拉善盟。属国家二级重点保护动物，分布广，常见。

雕　鸮 / 呼伦贝尔市 / 2007-12-3

雕　鸮 / 呼伦贝尔市 / 2007-12-3

毛腿渔鸮 / 蔡启尧

褐渔鸮 / 郭玉民

毛腿渔鸮

Ketupa blakistoni (Blakiston's Fish Owl)

鸮形目鸱鸮科。全长约77cm。大型鸮类，雌雄相似。体羽黄褐色，具黑色羽干纹。额基、眼先具白色硬羽，羽端黑色。**头顶具深色点斑或不清晰纵斑。耳羽及眼周黑色**，较长。翅上覆羽深灰褐色，具宽阔黑褐色羽干纹。喉白色，胸腹、胁暗褐色，具黑色羽干纹。**跗跖被黄棕色绒羽。**虹膜橙黄色，嘴角灰色或珠灰，基部沾蓝。

栖息于低山山脚林缘与灌丛地带的溪流、河谷。夜行性，以鱼类、虾、蟹等水生动物为食。繁殖期3～4月，营巢于森林中，每窝产卵2枚，卵污白色。留鸟，分布呼伦贝尔市。属国家二级重点保护动物，被《中国物种红色名录》列为濒危物种。

褐渔鸮

Ketupa zeylonensis (Brown Fish Owl)

鸮形目鸱鸮科。全长约53cm。雌雄相似，**体棕褐色，具耳簇羽**，颏部淡皮黄色，额顶部具黑褐色纵纹，上体具黑白色纵纹，下体为黄白色或浅暗黄色，有粗著的黑色条纹和细的波状横斑，喉部有大的白色块斑，跗跖裸露，仅前缘上端的四分之一处被羽。虹膜金黄色，嘴浅灰绿色，尖端较暗，蜡膜绿灰色，脚角褐色。

栖息于水源附近的森林中，特别是开阔的林区河流地带，也出现于海岸、湖泊、渔塘附近的森林或丛林。主要以鱼、蛙、水生昆虫等为食，有时也吃小型哺乳类、鸟类、蛇、蜥蜴和昆虫。繁殖期为6～8月，营巢于悬崖、岸边岩洞或树洞中，也利用鹰和其它鸟类旧巢，或者在大树的树杈间产卵。每窝产卵通常2枚，偶尔少至1枚和多至3枚。呼伦贝尔市有记录。

雪 鸮

Nyctea scandiaca (Snowy Owl)

鸮形目鸱鸮科。全长约59cm。雌雄异色。雄鸟**通体白色，体具稀疏褐斑。**眼先、面盘稍显浅褐色，面盘不显著，面部羽毛发达，眼先尤甚，几乎遮全嘴。头顶杂有黑褐色斑点，颈基部具不明显浅褐色环斑，并有褐色斑点。腹部有窄的褐色横斑。跗跖和趾密被白色绒羽。**雌鸟白色，满布褐色或黑褐色横斑。**虹膜黄色，上嘴银灰色，下嘴灰褐色，爪基部深灰褐色，端部黑色。

栖息于冻土带或苔原地带、荒地丘陵。以鼠类、昆虫、鸟、野兔为食。繁殖期5～8月，营巢于苔原地带凹地处，每窝产卵3～11枚，卵椭圆形，白色，雌性孵卵。冬候鸟，分布于呼伦贝尔市、兴安盟。属国家二级重点保护动物。

雪 鸮 / 雄鸟

雪 鸮 / 雌鸟

长尾林鸮 / 呼伦贝尔市 / 2007-12-3

长尾林鸮

Strix uralensis (Ural Owl)

鸮形目鸱鸮科。全长约61cm。雌雄同色。**翎领及面盘显著**，呈灰色并具黑褐色羽干纹，羽端黑褐与白色混杂，颏棕色，具黑褐色羽干纹。上体浅灰褐色，具黑色纵纹，布有红棕色或白色点斑。下体皮黄色，具暗褐色粗大纵纹。尾羽棕褐色，具浅色横斑。虹膜暗褐，嘴黄色，脚被羽，具黑褐色斑，爪淡褐色。

栖息于针叶林的密林中，夜行性，主要以鼠类、昆虫为食，也捕食鸟类。繁殖期4～5月，营巢于森林树洞中，每窝产卵2～4枚。留鸟，分布于呼伦贝尔市、赤峰市。属国家二级重点保护动物，较常见。

乌林鸮

Strix nebulosa (Great Grey Owl)

鸮形目鸱鸮科。全长约61cm。头顶具斑纹，**翎领黑，围成淡灰色面盘，以眼为中心，黑褐色细纹在面盘内围成同心圆**。双眼内侧具弧形白色半环，左右半环间自上嘴基至前额呈纵向黑纹状。下体银白色，腹羽具粗阔纵纹和细疏横斑。尾羽灰色，具7～8条黑褐色蠕虫状斑。跗跖、趾被羽。虹膜淡黄褐色，嘴黑褐色，先端浅褐色，嘴下左右侧具大型白色颚纹，爪银灰色。

栖息于针叶林和针阔混交林中，以鼠类为食。繁殖期5～6月，营巢于高大乔木顶端，每窝产卵2～9枚，卵椭圆形，白色无光泽和斑点，雌鸟孵卵。留鸟，分布于呼伦贝尔市、兴安盟。属国家二级重点保护动物，较常见。

乌林鸮 / 呼伦贝尔市 / 2009-3-12

乌林鸮 / 呼伦贝尔市 / 2009-3-12

猛　鸮 / 呼伦贝尔市 / 2008-10-10

猛　鸮

Surnia ulula (Hawk Owl)

鸮形目鸱鸮科。全长约37cm。雌雄同色。**额、顶、枕白色，具褐色点斑，头两侧由内黑外白色的羽毛形成翎领，围绕白色面盘。**自上嘴基向上至眼外上方具粗阔白弧，在头面部形成"X"状大斑。耳羽黑色。背、腰、尾上覆羽黑褐色，具白色横纹。颏、喉、胸、腹、尾下腹羽白色具黑褐色横纹。尾羽暗色，具白色粗横斑。虹膜、嘴黄色，跗跖、趾被羽，具黑褐色斑。

栖息于针叶林和针阔混交林中，常在林缘活动。繁殖期3～5月，营巢于朽木顶端的树洞或寄生巢，每窝产卵6～10枚，卵椭圆形、白色，雌雄轮流孵卵。冬候鸟，分布于呼伦贝尔市。属国家二级重点保护动物，较少见。

花头鸺鹠

Glaucidium passerinum (Eurasian Pygmy Owl)

鸮形目鸱鸮科。全长约18cm。眼先、眉纹白色，耳羽灰褐色，有白色横斑。上体灰褐色，**头、背、肩密布白色斑点，头顶部斑点细密，后颈具白色领斑。**尾羽棕褐色，有6道白色横斑和端斑。下体白色，具棕褐色条纹。尾下覆羽白色，具棕褐色端斑。虹膜鲜黄色，嘴角黄色，爪黑色。

栖息于开阔的针叶林、针阔混交林中，以小型鼠类、小鸟为食，也食蝙蝠和昆虫。4～7月繁殖，营巢于树洞或利用天然洞穴，每窝产卵4～7枚，白色，雌鸟孵卵。冬候鸟，留鸟，分布于呼伦贝尔市、乌兰察布市、呼和浩特市，属国家二级重点保护动物。

猛　鸮 / 呼伦贝尔市 / 2008-10-10

花头鸺鹠 / 张凤江

纵纹腹小鸮 / 包头市 / 2008-1-19

纵纹腹小鸮 / 包头市 / 2007-11-23

纵纹腹小鸮

Athene noctua (Little Owl)

鸮形目鸱鸮科。**全长约23cm**。头顶平，**无耳羽簇**，面盘不甚发达，有淡色眉纹并在前额连接，具有平阔的白色髭纹。眼周、颏白色，眼先羽基白色，羽端黑褐，形成须状，耳羽栗色，具棕白色纵纹。上体褐色，具白色纵纹及斑点；**下体棕白色而有褐色纵纹**，腹部中央至肛及覆腿羽白色，肩上有两道白色或皮黄色的横斑。虹膜黄色，嘴黄绿色，爪栗色。

栖息于平原开阔的林原地带，也在农田附近的大树上活动。以昆虫和鼠类为食。繁殖期3～8月，营巢于废弃房屋檐下的洞穴或其它洞穴中，每窝产卵2～3枚，卵白色，圆形，雌鸟孵卵。留鸟，分布于呼伦贝尔市、兴安盟、通辽市、赤峰市、锡林郭勒盟、乌兰察布市、呼和浩特市、包头市、巴彦淖尔市、鄂尔多斯市、乌海市、阿拉善盟。属国家二级重点保护动物，分布广，常见。

鬼　鸮

Aegolius funereus (Boreal Owl)

鸮形目鸱鸮科。全长约24cm。额、头顶、枕部深灰褐色，具白色圆形斑纹。**额至眼间具一条白色纵纹。黑色翎领完整，面盘白色**，眼先和眼上部杂以褐色斑。后颈深灰褐色，具两条宽颈环，背、腰、尾深灰褐色，杂以白斑。胸腹、两胁白色，具深褐色轴斑。虹膜黄色，嘴浅黄色，脚被羽，白色具深灰色褐色斑点。

栖息于针叶林和针阔混交林中，以鼠类、昆虫、鸟类等为食。繁殖期3～6月，营巢于树洞或利用啄木鸟旧巢，每窝产卵3～6枚，卵白色无斑，雌鸟孵卵。留鸟，分布于呼伦贝尔市、兴安盟。属国家二级重点保护动物。

鬼　鸮 / 郭玉民

长耳鸮 / **左雄右雌** / 包头市 / 2007-3-14

长耳鸮 / 包头市 / 2007-2-28

长耳鸮

Asio otus (Long-eared Owl)

鸮形目鸱鸮科。全长约34cm。雌雄相似。上体褐色，具暗色块斑及皮黄色和白色的斑点，**下体棕黄色，杂以黑褐色“丰”形纵纹。**橙色面盘明显，**头顶有二簇具黑色或皮黄色斑纹的长羽。**飞羽和尾羽具暗红褐色斑。飞行时翼端较细及褐色较浓，且翼下白色较少。虹膜金黄色，嘴黑色，爪暗铅色。

栖息于针叶林、阔叶林、针阔混交林及农田、草原的人工林中。主要以啮齿类动物为食。繁殖期2～7月，筑巢于赤松、柞树混交林过人工落叶松林中，或利用喜鹊等猛禽的旧巢，每窝产卵5～7枚，卵圆形，白色，雌性孵卵。留鸟，夏候鸟，分布于呼伦贝尔市、兴安盟、通辽市、赤峰市、锡林郭勒盟、乌兰察布市、呼和浩特市、包头市、巴彦淖尔市、阿拉善盟。属国家二级重点保护动物，常见。

短耳鸮 / 包头市 / 2007-8-25

短耳鸮

Asio flammeus (Short-eared Owl)

鸮形目鸱鸮科。全长约36cm。雌雄相似。体型似长耳鸮，但**耳簇羽不显著**，上体黄褐色，具黑褐色纵纹，**下体黄色具深褐色纵纹，无横斑。**眼周黑色，由内向外形或三角形黑斑，眼黄色，面盘皮黄色，杂有黑色羽干纹，初级飞羽具橘黄色斑块。虹膜金黄，嘴、爪黑色，跗跖和趾被棕黄色羽。

栖息于森林、草原、荒漠、丘陵及沼泽等环境，以小型哺乳动物为食，也食小鸟、蜥蜴、植物种子和果实。繁殖期3～7月，筑巢于草地和沼泽地附近的草丛，每窝产卵5～7枚，卵圆形，白色，雌鸟孵卵。夏候鸟，冬候鸟，分布于呼伦贝尔市、兴安盟、通辽市、锡林郭勒盟、赤峰市、乌兰察布市、呼和浩特市、包头市、巴彦淖尔市、乌海市、鄂尔多斯市、阿拉善盟，属国家二级重点保护动物，常见。

短耳鸮 / 包头市 / 2007-8-25

夜鹰目 Caprimulgiformes
夜鹰科 Caprimulgidae

普通夜鹰 / 包头市 / 2009-6-8

普通夜鹰

Caprimulgus indicus (Jungle Nightjar)

夜鹰目夜鹰科。全长约28cm。雌雄相似。上体灰褐色，**密杂黑褐色、灰白色虫蠹状细斑。**颏喉黑褐色，**下喉具一大白斑，**中央尾羽黑色。雄鸟外侧尾羽具白色次端斑，初级飞羽两侧各有一明显白斑，雌鸟似雄鸟，但初级飞羽两侧为皮黄色斑。虹膜暗褐，嘴灰黑，跗跖部分被羽，趾黄褐，爪黑色。

活动于林区开阔地带或居民点附近，栖息于林缘、小乔木林或灌丛中，以天牛、甲虫、金龟子、蛾、蚊等昆虫为食。繁殖期5～7月，营巢于地面凹坑，每窝产卵2枚，卵圆形，白色杂以灰褐色云状斑。雌雄轮流孵卵。夏候鸟，分布于呼伦贝尔市、兴安盟、赤峰市、通辽市、锡林郭勒盟、呼和浩特市、包头市、阿拉善盟。常见。

欧夜鹰

Caprimulgus europaeus (European Nightjar)

夜鹰目夜鹰科。全长约29cm。雌雄相似。头顶灰褐色，具黑色纵纹。背、腰灰褐色，具狭形矛状纹。**肩羽中央具黑褐色宽纵纹，**边缘皮黄色。**尾羽皮黄或灰色，具黑色波状横斑及点斑，**尾上覆羽和中央尾羽褐灰色，具不规则黑褐色斑。喉部有一大型白斑。胸灰棕色，缀暗褐色斑。虹膜暗褐，嘴黑色，跗跖和趾暗棕红色，爪黑褐色。

栖息于林缘、胡杨林或灌丛中，以小甲虫、蝗虫、蝼蛄、虻、蝇等为食。繁殖期5～7月，营巢于灌木丛、大树下，杂草下的地面凹处，或直接产卵裸地面，每窝产卵2枚，卵椭圆形，灰色缀暗色斑点，雌雄轮流孵卵。夏候鸟，分布于呼和浩特市、鄂尔多斯市、巴彦淖尔市、阿拉善盟。

欧夜鹰 / 阿拉善盟 / 2009-7-13 / 王志芳

雨燕目 Apodiformes
雨燕科 Apodidae

白喉针尾雨燕

Hirundapus caudacutus (White-throated Spinetail)

雨燕目雨燕科。全长约22cm。雌雄同色。嘴为宽阔的三角形，脚短。背及翼上灰褐色，腰灰白色，胸、腹面及翼下烟灰色，**颏、喉、尾下覆羽白色。**尾上覆羽黑色，尾羽黑色呈针状。

栖息于海拔400～1200米的阔叶林及针阔混交林，以双翅目的昆虫为食。营巢于悬崖上、树洞中，繁殖期5～8月，每窝产卵2～5枚，卵白色，雌雄共同孵卵。夏候鸟，分布于呼伦贝尔市、通辽市、锡林郭勒盟。

白喉针尾雨燕 / 江航东

雨　燕

Apus apus (Common Swift)

雀形目雨燕科。体长约18cm。雌雄同色体形近似家燕而稍大，两翅特别狭长，飞行时向后弯曲如镰刀状。**全身除颈和喉为污白色外，为黑色。**背部羽毛浓黑色，并具有光泽，前额较淡。腹部羽毛大多具有白色狭缘。虹膜暗褐色，嘴短阔，纯黑色。脚和趾暗紫褐色，4趾向前，不能直立走动。

夏时晨昏常结群在城楼、古旧塔寺附近，能长时间持续飞翔，有时也在旷野田圃间或湖沼水面上空回旋疾飞。以昆虫为食，有益农林。鸣叫声尖锐，尾声高扬。夏候鸟，分布于呼伦贝尔市、兴安盟、通辽市、锡林郭勒盟、赤峰市、乌兰察布市、呼和浩特市、包头市、巴彦淖尔市、乌海市、鄂尔多斯市、阿拉善盟。常见。

雨　燕 / 包头市 / 2006-6-23

白腰雨燕

Apus pacificus (Fork-tailed Swift)

雨燕目雨燕科。全长约18cm。雌雄同色。体型小，翼长，镰刀形，上体、翅、尾暗褐色，上背和翅具灰蓝褐色金属光泽，**腰白色，**颏喉白色，缀黑褐色细羽干纹，其余下体暗褐，微具灰白色羽缘。

栖息于水源附近的山坡、岩壁，主要以昆虫为食。营巢于岩壁裂缝中、高大建筑物屋檐下，每窝产卵2～3枚，卵白色无斑，长椭圆形，雌鸟孵卵。夏候鸟，分布于呼伦贝尔市、兴安盟、赤峰市、通辽市、乌兰察布市、锡林郭勒盟、呼和浩特市、包头市、巴彦淖尔市、鄂尔多斯市、乌海市、阿拉善盟。常见。

白腰雨燕 / 包头市 / 2008-7-20

佛法僧目 Coraciiformes

翠鸟科 Alcedinidae

普通翠鸟

Alcedo atthis (Common Kingfisher)

佛法僧目翠鸟科。全长约16cm。头暗蓝绿色具翠蓝色细斑。眼下和耳羽栗棕色，耳后颈侧白色，**体背灰翠蓝色**，肩和翅暗绿蓝色，翅上杂有翠蓝色斑。喉部白色，胸部以下呈鲜明的栗棕色。虹膜土褐色，**雄鸟嘴黑色，雌鸟上嘴黑色，下嘴红色，脚趾朱红色，爪黑色。**

栖息于开阔郊野的淡水湖泊、溪流、运河、鱼塘及红树林的岩石或突出的石头上，转头四顾寻鱼，俯冲入水捕食。主要以鱼类为食，也食甲壳类和水生昆虫。繁殖期4～7月，筑巢于溪流旁土堤壁上，挖掘土洞为巢。每窝产卵6～7枚，卵白色圆形，雌雄轮流孵卵。夏候鸟，旅鸟，分布于呼伦贝尔市、兴安盟、通辽市、赤峰市、锡林郭勒盟、乌兰察布市、呼和浩特市、包头市、巴彦淖尔市、鄂尔多斯市。常见。

普通翠鸟 / 包头市 / 2007-6-30

普通翠鸟 / 包头市 / 2006-4-20

蓝翡翠

Halcyon pileata (Black-capped Kingfisher)

佛法僧目翠鸟科。全长约30cm。头顶黑色，**颈具宽阔白领环**，体背部、飞羽、尾羽蓝色，翼上覆羽黑色，喉白色，腹橙棕色，飞行时可见明显白色翼斑。雌雄相似。虹膜暗褐色，**嘴珊瑚红色**，**脚趾红色**，爪褐色。

栖息于河流、池塘、沼泽地，捕食小鱼、虾、蟹、蛙及蝗虫、蝼蛄等昆虫。繁殖期4～7月，营巢于水域岸边土洞或岩缝中，每窝产卵4～6枚，卵椭圆形，白色，雌雄共同孵卵。夏候鸟，分布于通辽市、赤峰市、呼和浩特市、包头市、鄂尔多斯市。少见。

蓝翡翠 / 鄂尔多斯市 / 2008-6-6

三宝鸟 / 2009-6-27

佛法僧目 Coraciiformes
佛法僧科 Coraciidae

三宝鸟

Eurystomus orientalis (Dollarbird)

佛法僧目佛法僧科。全长约27cm。雌雄同色。**体背和翼上覆羽深绿色**，飞羽深蓝色，有一白色块斑，飞行时尤为明显。尾羽蓝黑色，喉部亮蓝色，胸腹蓝绿色。虹膜暗褐色，**嘴酒红色**，上嘴先端近黑色。**跗跖和趾酒红色**，爪黑色。

栖息于林缘或有高大树木的开阔地，以昆虫为食，繁殖期4～6月，营巢于天然树洞或用啄木鸟的旧巢、鹊巢、人工巢，每窝产卵3～5枚，卵椭圆形，白色，雌雄共同孵卵。夏候鸟，分布于赤峰市、阿拉善盟。少见。

三宝鸟 / 2009-6-27

戴胜目 Upupiformes
戴胜科 Upupidae

戴　胜

Upupa epops (Eurasian Hoopoe)

戴胜目戴胜科。全长约18cm。上体羽毛暗棕褐色，**头具有长羽冠**，后羽冠具白色次端斑；下背黑色而杂以淡棕色和白色宽阔横斑；尾羽黑色，中间具有一条宽阔白色横斑。虹膜暗褐色，嘴黑褐色，基部较淡，脚、趾暗铅色。

栖息于宽阔的园地、农田或低中山的树林，用嘴在地面翻动寻找食物。飞行呈大波浪状。繁殖期5～6月，营巢于树洞或岩石缝中。每窝产卵5～9枚，长卵圆形，浅鸭蛋青色、乳白色少沾污黄色及浅灰褐色，雌鸟孵卵。育雏期间，雏鸟排泄大量粪便秽物堆积在巢内。夏候鸟，分布于呼伦贝尔市、兴安盟、通辽市、赤峰市、锡林郭勒盟、乌兰察布市、呼和浩特市、包头市、巴彦淖尔市、鄂尔多斯市、乌海市、阿拉善盟。分布广，常见。

戴　胜 / 包头市 / 2009-5-12

䴕形目 Piciformes
啄木鸟科 Picidae

星头啄木鸟 / 2008-3-14

蚁 䴕

Jynx torquilla (Wryneck)

䴕形目啄木鸟科。全长约17cm。雌雄同色。全身体羽银灰色淡，两翅表面黄褐色，满布黑褐色纹，**斑驳杂乱，极似蛇蜕颜色**，故称“蛇皮鸟”。上体及尾棕灰色，自后枕至下背有一暗黑色菱形斑块；下体具细小横斑。虹膜淡栗色，嘴、脚淡灰色。

栖息于低山丘陵和山脚平原的阔叶林或混交林的树木上。喜单独活动。栖于树枝而不攀树，也不啄凿树干取食，常在地面取食。遇惊时头部往两侧扭动，俗称“歪脖”。取食蚂蚁，舌长，具钩端及黏液，可伸入树洞或蚁巢中取食。繁殖期6～7月，营巢于树洞中，每窝产卵5～14枚，白色。夏候鸟，分布于呼伦贝尔市、兴安盟、通辽市、赤峰市、锡林郭勒盟、乌兰察布市、呼和浩特市、包头市、巴彦淖尔市、鄂尔多斯市、乌海市、阿拉善盟。数量少，常见。

星头啄木鸟

Picoides canicapillus (Grey-capped Woodpecker)

䴕形目啄木鸟科。全长约16cm。雌雄同色。额至头顶灰色或铅灰色，具**宽阔白色眉纹**，自眼后延伸至颈侧。雄鸟**枕部两侧各具一红色斑**，雌鸟无枕斑。上体黑色，下背、腰白色，具黑色横斑。**下体银灰，具粗著棕褐色纵纹。**翅上覆羽和飞羽黑色，大覆羽、中覆羽具宽阔白色端斑。虹膜红棕色，嘴铅灰色或黑褐色，脚铅灰色或灰色。

栖息于山地或平原阔叶林、针阔混交林和针叶林中，以天牛、蚂蚁、甲虫等昆虫为食。繁殖期4～6月，营巢于心材腐朽的树干上，每窝产卵4～5枚，卵圆形，白色，雌雄轮流孵卵。留鸟，分布于赤峰市、呼伦贝尔市。

小星头啄木鸟

Picoides kizuki (Japanese Spotted Woodpecker)

䴕形目啄木鸟科。全长约14cm。雌雄相似。额

蚁 䴕 / 包头市 / 2006-4-25

小星头啄木鸟 / 雌鸟 / 姚文志

小斑啄木鸟 / 雄鸟 / 2010-5-18

至枕灰褐色，雄鸟枕两侧各具一红色斑，雌鸟无枕斑。颊纹、眉纹白色，**翕和颈侧具白斑。**其余上体黑色，具白色横斑。翅黑色具白色点斑。喉白色，**下体灰黄色，具褐色纵纹。**虹膜红色，嘴铅灰色，脚黑色。

栖息于山地阔叶林、针阔混交林和针叶林中，以昆虫和幼虫为食。繁殖期4～6月，营巢于心材腐朽的树干上，每窝产卵4～7枚，卵圆形，白色，雌雄轮流孵卵。留鸟，分布于呼伦贝尔市、通辽市。

小斑啄木鸟

Picoides minor (Lesser Spotted Woodpecker)

䴕形目啄木鸟科。全长约17cm。雌雄相似。体型似大斑啄木鸟，但个体较小。雄鸟头顶红色，上体黑色，翼黑色，**具小型白斑，**下体茶色，具黑褐色纵纹。雌鸟头顶无红斑。

栖息于山地、丘陵、河谷等地的阔叶林、针阔混交林和针叶林中，以昆虫和幼虫为食。繁殖期5～6月，营巢于树洞中。留鸟，分布于呼伦贝尔市、兴安盟。

小斑啄木鸟 / 雌鸟 / 2010-5-18

棕腹啄木鸟 / 雄鸟 / 2009-5-18

棕腹啄木鸟 / 雌鸟 / 张斌

棕腹啄木鸟

Picoides hyperythrus (Rufous-bellied Woodpecker)

䴕形目啄木鸟科。全长约22cm。雌雄头部色不同，雄鸟额、眼先、眉纹白色，颊、颏及颧纹珠灰色杂有黑色，**头颈红色**，上体黑色具白色横斑，尾上覆羽、尾羽、翅黑色，**下体棕色或黄褐色**，肛周及尾下覆羽红色。雌性头顶黑色，具白斑。虹膜暗褐色或橙红色，上嘴黑色，下嘴黄色，稍沾绿色。跗跖和趾铅灰色或黑色，爪暗褐色。

栖息于山地针阔混交林中，以昆虫和幼虫为食，偶食植物果实。繁殖期4～6月，在腐朽树干上营洞状巢，每窝产卵2～5枚，卵白色，雌雄轮流孵卵。旅鸟，分布于通辽市、赤峰市、锡林郭勒盟。

白背啄木鸟

Picoides leucotos (White-backed Woodpecker)

䴕形目啄木鸟科。全长约27cm。雌雄头顶颜色不同，其余相似。除体形大，**红斑在头顶部外**，极似大斑啄木鸟。上体黑色，雄鸟头顶和枕部红色，**下背白色**，腹和两胁有黑色纵纹，雌雄相似，但头无红色。虹膜红色，嘴银灰色，跗跖黑褐色。

主要生活在低山丘陵和山脚平原地带的阔叶林和针叶混交林，以蛀蚀树干的昆虫为食，也食浆果、榛子等植物性食物。繁殖期5～6月，营巢于木质较软的树干上，每窝产卵3～5枚。留鸟，分布于呼伦贝尔市、赤峰市、锡林郭勒盟。

大斑啄木鸟

Picoides major (Great Spotted Woodpecker)

䴕形目啄木鸟科。全长约23cm。雄鸟上体黑色，**枕部具红斑**，尾黑色，楔形，羽轴坚硬，外侧尾羽有阔的白色横斑，两翼黑色，**有多条白色带纹和一大的白斑**，额部、颊部、颏喉部及下体淡棕白色，尾下覆羽红色，黑色颊纹向后延伸至颈侧，并向上、下延伸。雌鸟似雄鸟，但枕部无红色斑带。虹膜暗红色，嘴黑色，下嘴色淡，嘴峰成“嵴”状，脚黑褐色。

栖息于平原、丘陵和山地的阔叶林、园林等处，嘴强直似凿，舌细长且尖端具钩，善于取食树皮下面的昆虫。繁殖期5～7月，每年都新凿洞巢于树干，从不利用旧巢，每窝产卵3～8枚，椭圆形，乳白色无斑，两性共同孵卵。留鸟，分布于呼伦贝尔市、兴安盟、通辽市、赤峰市、乌兰察布市、呼和浩特市、包头市、巴彦淖尔市、鄂尔多斯市。数量较多，分布广，常见。

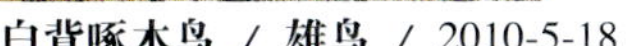

白背啄木鸟 / **雄鸟** / 2010-5-18

白背啄木鸟 / **雌鸟** / 2010-5-18

大斑啄木鸟 / **雄鸟** / 包头市 / 2009-11-12

大斑啄木鸟 / **雌鸟** / 包头市 / 2007-1-9

三趾啄木鸟

Picoides tridactylus (Three-toed Woodpecker)

䴕形目啄木鸟科。全长约23cm。雄鸟头顶羽基黑色，中部白色，羽端黄色，形成**黄色头顶**。头侧黑色，具2条显著的白色斑纹。背、腰黑色具宽阔白色横斑。下体白色。两胁和腹具黑色横斑。雌鸟头顶白色，缀黑色纵纹。嘴深灰褐色，脚黑褐色，**仅具3趾**。

栖息于针阔混交林和针叶林中，以昆虫为食，也食植物种子、果实等。繁殖期5～6月，营巢于阴暗而开阔的针叶林中落叶松或腐树上。每窝产卵3～6枚，卵白色。留鸟，分布于呼伦贝尔市。

三趾啄木鸟 / 雄鸟 / 郭玉民

黑啄木鸟

Dryocopus martius (Black Woodpecker)

䴕形目啄木鸟科。全长约46cm。雄鸟额、额至**头顶红色，其余黑色**，头侧、颈部富光泽。雌雄相似，仅头顶为红色。虹膜浅黄色或银灰色，嘴白粉绿色，嘴尖黑褐色，跗跖浅灰褐色。

栖息于茂密的针叶林和针阔混交林内，以昆虫及其幼虫为食，繁殖期5～7月，营巢于高大针叶或阔叶树树干上，每窝产卵3～5枚。留鸟，分布于呼伦贝尔市。

黑啄木鸟 / 雌鸟 / 2010-5-18

黑啄木鸟 / 雄鸟 / 沈越

灰头绿啄木鸟 / 雄鸟 / 包头市 / 2007 12-9

灰头绿啄木鸟

Picus canus (Grey-faced Woodpecker)

鴷形目啄木鸟科。全长约27cm。雄鸟**上体背部绿色**，腰部和尾上覆羽黄绿色，**额部和顶部红色**，枕部灰色具黑纹，颊部和颏喉部灰色，髭纹黑色。初级飞羽黑色具白色横条纹，尾大部为黑色。下体灰绿色。雌雄相似，但雌鸟头顶和额部非红色。虹膜红色，嘴铅灰色，跗跖和趾灰绿色，爪浅褐色。

栖息于山林间，性胆怯，主要取食昆虫，兼食一些浆果。繁殖期5～7月，筑巢于心材腐朽的阔叶树上，每窝产卵6～8枚，卵椭圆形，乳白色，光滑无斑，雌雄共同孵卵。留鸟，分布于呼伦贝尔市、兴安盟、通辽市、赤峰市、锡林郭勒盟、乌兰察布市、呼和浩特市、包头市、巴彦淖尔市、鄂尔多斯市、阿拉善盟。分布广，数量较多，常见。

灰头绿啄木鸟 / 雌鸟 / 包头市 / 2006-5-2

二斑百灵 / 2009-10-6

雀形目 Passeriformes
百灵科 Alaudidae

二斑百灵

Melanocorypha bimaculata (Eastern Calandra Lark)

雀形目百灵科。全长约18cm。雌雄相似。上体暗褐色，羽缘沙棕色或皮黄色，具暗褐色中央斑。尾上覆羽、腰暗褐色，中央纹不明显。白色眉纹粗著，颏喉、颈侧白色，**上胸两侧具宽阔黑色横斑。**下体茶色或皮黄色，具褐色羽干纹，两胁缀黄褐色斑。虹膜褐色，嘴褐色，嘴峰近黑色，下嘴基部近黄色，脚肉黄色。

栖息于有稀疏植物的开阔平原、河谷地带，以嫩叶、叶芽、果实、谷类等为食。在我国无繁殖记录，据国外记录，繁殖期4～6月，营巢于地面凹坑中，每窝产卵3～6枚，卵白色、灰色或褐色，缀有绿色或橄榄色斑点。冬候鸟。分布于阿拉善盟。

蒙古百灵

Melanocorypha mongolica (Mongolian Lark)

雀形目百灵科。全长约18cm。上体黄褐色，具棕黄色羽缘，**头顶中央浅棕色，周围栗色**，下体白色，**上胸具有中央不连接的宽阔黑色横带**，两肋稍杂以栗纹，颊部皮黄色，**两条长而显著的白色眉纹在枕部相接**，初级飞羽黑褐色，具白色翅斑，最外侧一对尾羽白色，其余尾羽深褐色，后爪长而稍弯曲。雌鸟似雄鸟，但颜色暗淡。虹膜褐色或灰褐色，嘴黑色，脚肉红色。

栖息于开阔的草原上，高飞时直冲天空，在地面上也善于奔跑，食物主要为草籽，也食一些昆虫。善于鸣唱。繁殖期为5～7月，巢由杂草筑成，每窝产卵2～4枚，卵白色或黄白色，有细褐色斑。夏候鸟，留鸟，分布于呼伦贝尔市、兴安盟、通辽市、赤峰市、锡林郭勒盟、乌兰察布市、呼和浩特市、包头市、巴彦淖尔市、鄂尔多斯市、阿拉善盟。近二十年观察，种群数量急剧减少，常见，被《中国物种红色名录》列为近危物种。

大短趾百灵 / 包头市 / 2007-4-8

大短趾百灵

Calandrella brachydactyla (Greater Short-toed Lark)

雀形目百灵科。全长约15cm。雌雄相似。上体沙棕色或棕褐色具黑色羽干纹。眉纹白色或棕白色，较短。下体皮黄色或淡皮黄色，**上胸两侧有小块黑斑**，尾下覆羽白色。虹膜暗褐，嘴黄褐色，端部近黑色，脚肉色。

栖息于干旱的平原及荒漠、半荒漠草原。以昆虫为食。繁殖期5～7月，营巢于地面凹坑内，每窝产卵4～5枚，卵淡白色或黄褐色或粉褐色，被褐色或灰色斑点。冬候鸟，夏候鸟，分布于呼伦贝尔市、兴安盟、通辽市、赤峰市、锡林郭勒盟、乌兰察布市、呼和浩特市、包头市、鄂尔多斯市、巴彦淖尔市、乌海、阿拉善盟。常见。

蒙古百灵 / **雄鸟** / 锡林郭勒盟 / 2009-5-28

短趾百灵 / 包头市 / 2008-3-30

细嘴短趾百灵

Calandrella acutirostris (Hume's Short-toed Lark)

雀形目百灵科。全长约15cm。雌雄羽色相似。上体沙棕色或棕灰褐色，具黑褐色羽干纹，眉纹棕白色。尾羽黑褐色，羽缘沙棕色，尖端白色。喉污白色，下体白色或灰白色，以此区别于大短趾百灵。前胸和体侧缀栗褐色或黑褐色纵纹，**上胸两侧具黑斑**。虹膜暗褐，嘴黄褐，嘴峰和尖端黑色，脚肉黄褐色，爪黑色。

栖息于干旱平原、高原、多砾石山地平原、荒漠、半荒漠草原。以昆虫、草籽为食。繁殖期5～8月，营巢于地面天然凹坑内，每窝产卵2枚，卵白色密布淡褐色细斑。夏候鸟，分布于呼和浩特市、包头市、鄂尔多斯市、巴彦淖尔市、阿拉善盟。常见。

短趾百灵

Calandrella cheleensis (Asian Short-toed Lark)

雀形目百灵科。**全长约13.5cm**。雌雄相似，大体沙褐色，嘴较短粗，**无羽冠，野外观察常可见头顶部羽毛竖起。**眼先、眉纹和眼周白色或皮黄色，颊和耳羽棕褐色。颏、喉污白

细嘴短趾百灵 / 包头市 / 2006-6-4

凤头百灵 / 2009-5-12

色，胸和两胁具暗褐色纵纹，前胸两侧无黑斑，**胸部纵纹不明显。**虹膜褐色，嘴黄褐色或灰褐色，脚肉色。

栖息于干旱的平原及草地。主要以草籽和昆虫为食。繁殖期5～7月，营巢于地上草丛凹坑内或耕地里，每窝产卵4枚，卵椭圆形，灰白色，具褐色斑点，雌雄共同孵卵。留鸟，夏候鸟，分布于呼伦贝尔市、兴安盟、通辽市、赤峰市、锡林郭勒盟、乌兰察布市、呼和浩特市、包头市、巴彦淖尔市、鄂尔多斯市、乌海市、阿拉善盟。常见。

凤头百灵

Galerida cristata (Crested Lark)

雀形目百灵科。全长约18cm 。上体沙褐色，具黑色纵纹，**冠羽明显。**眼先、颊、眉纹淡棕白色，贯眼纹黑褐色。尾羽较短，黑褐色，两翼褐色，翼尖黑褐色，下体棕白，喉部及胸部具有黑褐色条纹。虹膜暗褐色或沙褐色，嘴角褐色，脚肉色或黄褐色。

栖息于荒漠、半荒漠、旱田等地，非繁殖期常结成大群，多为短距离飞行，飞翔时呈波浪状前进，喜鸣唱，繁殖期尤为明显，喜食甲虫和草籽。繁殖期5～7月，多营巢于草丛的地面上和乱石堆中，每窝产卵3～5枚，卵青白色或沙褐色，有棕褐色或灰紫色斑，雌鸟孵卵。留鸟，分布于呼伦贝尔市、兴安盟、通辽市、赤峰市、锡林郭勒盟、乌兰察布市、呼和浩特市、包头市、巴彦淖尔市、鄂尔多斯市、乌海市、阿拉善盟，分布广，常见。

云 雀

Alauda arvensis (Eurasian Skylark)

雀形目百灵科。**全长约18cm**。上体、头部为土褐色，密布**显著的黑色纵纹**，头顶具有短的冠羽，受惊吓时才竖起，胸部棕白，密布黑褐色纵纹，腹部白色，两肋微染以棕色，最外侧一对尾羽白色，其余尾羽深褐色，后爪长而稍弯曲。虹膜暗褐色，嘴黑褐色，跗跖肉褐色。

栖息于开阔的平原。常见于草原和沿海平原地带，善于鸣唱，常集群活动，善于在地面奔跑，常突然从地面边叫边直冲天空，飞至一定高度后，可稍浮于空中，然后再向高窜。取食昆虫和草籽。繁殖期4～6月，营巢于地面草丛中，每窝产卵3～5枚，卵圆形，灰白色、淡褐色或青灰色，被有黑褐色斑，雌鸟孵卵。夏候鸟，旅鸟，分布于呼伦贝尔市、兴安盟、通辽市、赤峰市、锡林郭勒盟、乌兰察布市、呼和浩特市、包头市、巴彦淖尔市。分布广，常见。

云 雀 / 兴安盟

角百灵

Eremophila alpestris (Horned Lark)

雀形目百灵科。全长约17cm。雄鸟上体棕褐色至灰褐色，前额白色，顶部红褐色，在额部与顶部之间具宽阔的黑色带纹，带纹的后两侧，有**黑色羽簇突起于头后如角**。颊部白色并具有黑色斑块，颏部及下体白色，具有黑色宽阔胸带，尾暗褐色，但外侧1对尾羽白色，后爪长而稍弯曲。雌鸟似雄鸟，但头顶黑色，头侧无角状羽簇。虹膜褐色或黑褐色，嘴峰黑色，跗跖黑褐色。

栖息于干旱地带、荒漠、草地或岩石，非繁殖期多结群生活，常作短距离低飞或奔跑，取食昆虫和草籽。繁殖期5～7月，营巢于草丛基部的地面上，每窝产卵4～5枚，卵浅褐色或白色，缀以褐色细斑。旅鸟，夏候鸟，冬候鸟，分布于呼伦贝尔市、赤峰市、锡林郭勒盟、乌兰察布市、呼和浩特市、包头市、巴彦淖尔市、鄂尔多斯市、乌海市、阿拉善盟。种群数量也在逐年减少，常见。

角百灵 / **雌鸟**

角百灵 / **雄鸟** / 包头市 / 2009-5-12

崖沙燕 / 包头市 / 2006-5-17

雀形目 Passeriformes

燕科 Hirundinidae

崖沙燕 / 鄂尔多斯市 / 2009-5-24

崖沙燕

Riparia riparia (Bank Swallow)

雀形目燕科。全长约13cm。上体灰褐色，喉部、下体及尾下覆羽白色，在**胸部有一宽的灰褐色横带**。虹膜深褐色，嘴黑褐色，跗跖灰褐或灰褐色。

栖息于河流、湖泊等的泥沙滩上，常与家燕、金腰燕等混群。善于在空中捕捉飞虫。繁殖期5～7月，在土岸上凿洞，洞系复杂，有利用旧巢的习性，每窝产卵3～5枚，卵白色，光滑无斑。夏候鸟，秋季气温低时，在裸地集大群，利用地面反射的热能取暖。分布于呼伦贝尔市、兴安盟、通辽市、赤峰市、锡林郭勒盟、乌兰察布市、呼和浩特市、包头市、巴彦淖尔市、鄂尔多斯市、乌海市、阿拉善盟。常见。

岩 燕 / 阿拉善盟 / 2009-7-4

岩 燕 / 阿拉善盟 / 2009-7-4

家 燕（白化） / 巴彦淖尔市 / 2009-7-11 / 王志芳

岩 燕

Hirundo rupestris (Crag Martin)

雀形目燕科。全长约15cm。上体灰褐色。喉部及上胸污白且微具暗色斑点。下胸及腹部呈深沙棕色，尾下覆羽暗褐色。方形尾棕色，**除中央及外侧尾羽外，近端三分之一处均有白斑。**虹膜暗褐色，嘴黑色，跗跖肉色。

栖息于山崖，以蚊、绳及虻等昆虫为食。繁殖期6～7月，筑巢于岩壁或山洞隐蔽处，巢呈半碗状，顶端开口，用小泥丸或用苔藓混以唾液构成，每窝产卵3～5枚，卵椭圆形，白色，具褐色斑点。夏候鸟，分布于赤峰市、锡林郭勒盟、乌兰察布市、呼和浩特市、包头市、巴彦淖尔市、鄂尔多斯市、乌海市、阿拉善盟。常见。

家 燕

Hirundo rustica (Barn Swallow)

雀形目燕科。全长约20cm。上体、翅及尾羽均黑色，具灰蓝色光泽，额、**喉及上胸栗色，**后胸有不完整的黑色胸带，胸带中央多杂以栗色，下体白色或近白，**尾甚长，为大叉状，**除中央一对尾羽外，其它各羽内翈 近 端 处 有 白斑，尾羽展开时，白斑连成“V”形。虹膜暗褐色，嘴黑褐色，跗跖和趾黑色。

栖息于村落附近，以昆虫为食。繁殖期4～7月，在中国大部分地区每年繁殖2次，营巢于屋檐下、横梁上及墙壁上，产卵4～5枚，卵圆形，白色，有褐色斑点，雌鸟孵卵。夏候鸟，分布于呼伦贝尔市、兴安盟、通辽市、赤峰市、锡林郭勒盟、乌兰察布市、呼和浩特市、包头市、巴彦淖尔市、鄂尔多斯市、乌海市、阿拉善盟。分布广，数量多，常见。

金腰燕

Hirundo dauraca (Red-rumped Swallow)

雀形目燕科。全长约18cm。雌雄相似。上体蓝黑色，具金属光泽，**腰有棕栗色横带。下体棕白色而具黑色纵纹。**尾长、呈叉状。虹膜暗褐，嘴黑褐，跗跖和趾暗褐色。

栖息于低山丘陵、平原地区村庄、城镇居民区，以昆虫为食。繁殖期4～9月，营巢于屋檐下、房梁上或天花板上，每窝产卵4～6枚，卵白色，缀少许褐色斑，雌雄轮流孵卵。夏候鸟，分布于呼伦贝尔市、兴安盟、通辽市、赤峰市、锡林郭勒盟、乌兰察布市、呼和浩特市、包头市、鄂尔多斯市、巴彦淖尔市、乌海、阿拉善盟常见。

家　燕 / 呼和浩特市 / 2010-5-18

金腰燕 / 通辽市 / 2009-4-18

金腰燕 / 通辽市 / 2008-8-26

毛脚燕

Delichon urbica (House Martin)

雀形目燕科。全长约14cm。雌雄相似。额基、眼先绒黑色，额、头顶、**肩背黑色具蓝黑色金属光泽。**后颈具不明显白色领环。腰、尾上覆羽白色,具黑褐色羽干纹。翼、尾黑褐色，**尾呈叉状。**下体白色，尾下覆羽具黑褐色羽干纹。虹膜灰褐或暗褐，嘴黑色、扁平而宽阔，**跗跖和趾橙色或淡肉色，被白色绒羽。**

栖息于山地、森林、河谷等地，以昆虫为食。繁殖期6～7月，营巢于悬崖峭壁、岩缝、岩洞、桥梁或墙壁上，每窝产卵4～6枚，卵白色、光滑无斑，雌雄轮流孵卵。夏候鸟，旅鸟，分布于呼伦贝尔市、赤峰市、锡林郭勒盟、阿拉善盟、巴彦淖尔市。偶见。

毛脚燕

雀形目 Passeriformes
鹡鸰科 Motacillidae

山鹡鸰

Dendronanthus indicus (Forest Wagtail)

雀形目鹡鸰科。全长约17cm。雌雄同色。头部和上体橄榄褐色，眉纹白色，从嘴基直达耳羽上方，下体白色，**胸部具有两道黑色横斑纹，**下面的横斑纹有时不连续，两翼黑褐色，具有两条白色翅斑。尾羽褐色，最外侧一对尾羽白色。虹膜暗褐或红褐色，上嘴黑褐色，下嘴肉红色或黄白色，跗跖肉色。

栖息于林间空地、林缘、河边及村落附近，可在地面上快速奔跑，栖止时尾羽不断的左右摇摆，飞行姿态呈波浪状。主要以昆虫为食。繁殖期5～6月，常筑巢于大树的横枝上，每窝产卵4～5枚，卵灰色，具暗色斑，雌雄轮流孵卵。 夏候鸟，分布于呼伦贝尔市、兴安盟、通辽市、赤峰市、包头市、阿拉善盟。少见。

毛脚燕 / 巴彦淖尔市 / 2008-5-10

山鹡鸰 / 包头市 / 2008-6-4

白鹡鸰

Motacilla alba (White Wagtail)

雀形目鹡鸰科。全长约18cm。**黑白两色。**雄鸟额、头顶前部、头侧、颈侧白色，头后侧、背、肩部及腰部黑色，贯眼纹黑色或无色，尾羽黑色，最外侧两对为白色。胸部具黑色横斑，下体余部白色。虹膜黑褐色，嘴、跗跖黑色。

栖息于河、溪、湖泊、水渠附近，或在离水较近的耕地、草滩、路旁等处也可见到，多成对或三五成群活动。在地上奔走觅食，或在空中捕食昆虫。停息时尾羽不停的上下摆动，飞行时呈波浪状。繁殖期3～7月，在洞穴、石缝、屋顶等处筑巢，每窝产卵4～5枚，卵白色，有深色斑点，雌雄轮流孵卵。夏候鸟，旅鸟。分布于呼伦贝尔市、兴安盟、通辽市、赤峰市、锡林郭勒盟、乌兰察布市、呼和浩特市、包头市、巴彦淖尔市、鄂尔多斯市、乌海市、阿拉善盟。常见。

白鹡鸰 / 包头市 / 2008-3-29

白鹡鸰 / 包头市 / 2006-4-21

黄头鹡鸰 / 包头市 / 2009-5-13

黄头鹡鸰 / 包头市 / 2006-4-21

黄头鹡鸰 / 包头市 / 2009-5-12

黄头鹡鸰

Motacilla citreola (Yellow-headed Wagtaill)

雀形目鹡鸰科。全长约18cm。身体修长、褐色或橄榄色。雄鸟整个**头部及下体均为亮黄色**，上背及两肩黑色，**翅上具有两道宽阔的翅斑**，尾羽黑褐色，最外侧两对尾羽白色。雌鸟似雄鸟，但头顶及颊部灰色，下体颜色也较雄鸟淡。虹膜暗褐色或黑褐色，嘴黑色，跗跖乌黑色。

栖息于靠近河流、湖泊、水田等旁边，主要以昆虫为食。繁殖期5～6月，筑巢于土墩下，每窝产卵4～5枚，卵椭圆形，淡灰青色，密布淡褐色斑。夏候鸟，分布于呼伦贝尔市、兴安盟、通辽市、赤峰市、锡林郭勒盟、乌兰察布市、呼和浩特市、包头市、巴彦淖尔市、鄂尔多斯市、乌海市、阿拉善盟。常见。

黄鹡鸰

Motacilla flava (Yellow Wagtail)

雀形目鹡鸰科。全长约 17cm。雌雄同色。**上体灰橄榄绿色**，头顶灰色、蓝黑色或橄榄色，眉纹黄色、白色或不明显，**下体亮黄色**，胁部及腹侧沾橄榄绿色，两翼黑褐色，有两条黄白色翅斑，尾翼黑褐色，最外侧两对尾翼大多白色。虹膜褐色，嘴、跗跖黑色。

栖息于河谷、林缘、池畔及居民点附近，栖息时尾羽不断地上下摆动，可在地面上快速奔跑，飞行姿态呈波浪状。主要以昆虫为食。繁殖期5～6月，常筑巢于浅水的草墩土堆上，每窝产卵4～5枚，卵白色，有淡褐色斑点。雌鸟孵卵。旅鸟，分布于呼伦贝尔市、兴安盟、赤峰市、锡林郭勒盟、乌兰察布市、呼和浩特市、包头市、巴彦淖尔市、鄂尔多斯市、乌海市、阿拉善盟。常见。

灰鹡鸰 / 雄鸟 / 包头市 / 2009-4-25

灰鹡鸰

Motacilla cinerea (Gray Wagtail)

雀形目鹡鸰科。全长约19cm。雌雄夏羽色泽有差异，雄性头顶显黄绿色，**头部和背部深灰色。**尾上覆羽黄色，尾羽褐色，最外侧一对尾羽白色。眉纹及颚纹白色。**喉颏部黑色**，雌鸟似雄鸟，但**颏喉部白色。**冬季雌雄相似，颏喉部均为白色，两翼黑褐色，有一道白色翼斑。虹膜褐色，嘴黑褐色或黑色，跗跖和趾暗绿色或角褐色。

栖息于山区、河谷、池畔等类生境中。停息时尾羽不停的上下摆动，飞行时呈波浪式，两翅一展一收。繁殖期5～6月，营巢于河流两岸的各种生境，每窝产卵4～5枚，卵圆形，白色沾黄，光滑无斑，或灰白色有淡色线状斑，或棕灰色，有褐色斑点，雌鸟孵卵。夏候鸟，旅鸟，分布于呼伦贝尔市、兴安盟、通辽市、赤峰市、锡林郭勒盟、乌兰察布市、呼和浩特市、包头市、巴彦淖尔市、鄂尔多斯市、乌海市、阿拉善盟。常见。

灰鹡鸰 / 雌鸟 / 包头市 / 2009-4-25

黄鹡鸰 / 繁殖羽 / 包头市 / 2006-9-6

黄鹡鸰 / 包头市 / 2009-6-9

黄鹡鸰 / 亚成鸟 / 包头市 / 2007-8-19

田　鹨 / 鄂尔多斯市 / 2009-4-25

田　鹨

Anthus richardi (Richard's Pipit)

雀形目鹡鸰科。全长18cm。**雌雄同色。**上体棕黄色，头部、两肩、背部具有暗褐色纵纹，尾上覆羽较背部颜色为棕。颏和喉部白色，两侧各有一条黑色纵纹。胸部棕黄色，具有暗褐色纵纹。两翼暗褐色，翼尖黑色。尾羽暗褐色，最外侧一对尾羽白色。虹膜褐色，嘴角褐色，上嘴基部和下嘴较淡黄，脚褐色粗长，**后爪甚长，长于后趾。站立时身体常向上挺起。**

栖息于开阔的地方，多成对或结群活动，性机警。飞行时呈波浪状。以昆虫为食。繁殖期5～7月，筑巢于水域附近的草地上或高山的草丛中，每窝产卵4～6枚，卵灰白色或绿灰色，具黑褐色或紫灰色斑点。夏候鸟，分布于呼伦贝尔市、兴安盟、通辽市、赤峰市、锡林郭勒盟、乌兰察布市、呼和浩特市、包头市、巴彦淖尔市、鄂尔多斯市、乌海市、阿拉善盟。

田　鹨 / 鄂尔多斯市 / 2009-4-25

布氏鹨

Anthus godlewskii (Blyth's Pipit)

雀形目鹡鸰科。全长约15～18cm。**雌雄同色。**甚似田鹨 。**尾、腿及后爪较短**，嘴较短而尖利，**上体纵纹多**，下体常为单一的皮黄色，中覆羽羽端较宽形成较清晰的翼斑，与田鹨叫声不同。虹膜暗褐色，嘴暗褐色，嘴基和下嘴色淡，跗跖和趾淡褐色，爪角褐色。

栖息于旷野、河、湖、岸边及干旱平原。以昆虫为食。繁殖期5～7月，营巢于草丛或灌木旁地上凹坑内，每窝产卵3～4枚，卵白色，有灰褐色斑点。夏候鸟，旅鸟，分布于呼伦贝尔市、兴安盟、赤峰市、锡林郭勒盟、包头市、巴彦淖尔市、鄂尔多斯市、阿拉善盟。常见。

林　鹨

Anthus trivialis (Tree Pipit)

雀形目鹡鸰科。全长约16cm。**上体沙褐色至橄榄灰褐色**，头顶和背具**暗褐色羽干纹。**外侧尾羽白色，下体白色或皮黄白色，喉两侧和胸具黑褐色纵纹。眼先暗褐色，眉纹、颊、耳羽浅棕白色。虹膜暗褐色或茶色，嘴褐色或暗褐色，下嘴较淡呈肉色，脚肉色或黄褐色。

栖息于山地森林和林缘地带，以昆虫及其幼虫为食。繁殖期5～7月，营巢于岩石、草丛隐蔽地面凹坑内或天然洞穴中，每窝产卵4～5枚，卵淡灰白色、绿白色、赭色或粉色，被褐色或暗褐色斑点。旅鸟，分布于呼和浩特市、包头市。

林　鹨 / 王尧天

布氏鹨 / 包头市 / 2009-5-24

布氏鹨 / 包头市 / 2009-5-24

树　鹨 / 包头市 / 2007-4-28

树　鹨 / 包头市

树　鹨

Anthus hodgsoni (Olive-backed Pipit)

雀形目鹡鸰科。全长约15cm。雌雄同色。**上体橄榄绿色，纵纹较少**，头顶具细密的黑褐色羽干纹。**白色眉纹显著，耳后有白斑。**颏部白色，喉部皮黄色，黑色髭纹明显。胸部及两胁皮黄色，有暗褐色纵纹，腹部白色。虹膜红褐色，上嘴黑色，下嘴肉黄色，跗跖和趾肉色或褐色。

栖息于森林灌丛中及其附近的草地、田野，尤其麦田。常在地上奔走觅食，飞行时呈波浪状，站立时尾羽上下摆动。以昆虫为食。繁殖期6～7月，筑巢于林间空地或林缘，每窝产卵4～5枚，椭圆形，鸭蛋青色，具紫红色斑点，雌鸟孵卵。夏候鸟，旅鸟，分布于呼伦贝尔市、兴安盟、通辽市、赤峰市、锡林郭勒盟、乌兰察布市、呼和浩特市、包头市、巴彦淖尔市、鄂尔多斯市、乌海市、阿拉善盟。常见。

北　鹨

Anthus gustavi (Pechora Pipit)

雀形目鹡鸰科。全长约16cm。雌雄同色。上体棕褐色，额、头顶、后颈棕色具黑褐色纵纹，眼先、颊、耳羽棕褐色或茶褐色，眉纹皮黄白色。肩背、腰、尾上覆羽具黑褐色纵纹，**翕部具白色羽缘，在背部形成“V”形斑。**尾暗褐色具棕黄色羽缘，下体白色或皮黄色，颈侧、胸胁部有粗着暗褐色纵纹。虹膜红褐，嘴暗褐，下嘴基部头红色，脚肉红色。

栖息于湖边、沙滩、沼泽、草地、林缘。主食昆虫及草籽。繁殖期6～7月，营巢于草丛。每窝产卵4～6枚，卵白色或淡绿色，具褐色斑点。

红喉鹨

Anthus cervinus (Red-throated Pipit)

雀形目鹡鸰科。全长约16cm。雌雄夏羽稍有区别。雄鸟夏羽上体橄榄灰褐色，暗褐色至棕褐色，具黑褐色羽干纹，头顶、背部羽干纹粗着，腰和尾上覆羽梢窄。耳羽棕褐色，尾暗褐色。**颏喉部、上胸部棕红色，**其余下体淡棕黄色或黄褐色，下胸、两胁、腹具黑褐色纵纹。雌鸟似雄鸟，喉为粉红，下体皮黄色。冬羽上，体为棕褐色或黄褐色。胸无红色色调。虹膜褐色或暗褐色，嘴黑色，基部肉色或角褐色，脚淡褐或黑褐色。

栖息于开阔的苔原草地、沼泽、灌丛、溪流等生境，以昆虫为食。繁殖期6～7月，营巢于北极苔原草地或沼泽地带土丘、灌丛，每窝产卵4～6枚，卵灰色、橄榄灰色或淡蓝色，被暗色斑点，雌鸟孵卵。旅鸟，分布于呼伦贝尔市、兴安盟。

北　鹨 / 张明

红喉鹨 / 兴安盟 / 2010-5-20

粉红胸鹨

Anthus roseatus (Hodgson's Pipit)

雀形目鹡鸰科。全长约17cm。雌雄相似。夏羽上体灰色或绿褐色，头顶至背具明显的黑褐色纵纹。腰、尾上覆羽橄榄灰色，中央尾羽暗褐色具橄榄绿色羽缘。两翅暗褐，羽缘白色。眉纹白色微沾粉红色，头侧暗灰。**下体淡葡萄灰沾粉红**，余部棕白色。冬羽似夏羽，上体多橄榄灰色，胸胁均具黑色纵纹。虹膜暗褐，嘴黑褐，脚黑色或肉色。

栖息于山地丛林、高原草地、沼泽、河谷。以昆虫为食，繁殖期6～7月，营巢于地上草丛或石穴中，每窝产卵3～5枚。夏候鸟，分布于阿拉善盟。

水　鹨 / 包头市 / 2010-4-3

水　鹨

Anthus spinoletta (Water Pipit)

雀形目鹡鸰科。全长约16cm。雌雄同色。上体灰褐色，具浅黑褐色羽干纹，繁殖期下体橙黄色，胸部颜色较深，在胸部及两胁有不明显的暗褐色纵纹，两翼暗褐色，**具有两道白色翅斑**，尾羽暗褐色，最外侧一对尾羽处嫩白色。虹膜褐色或暗褐色，嘴暗褐色，脚肉色或暗褐色。

栖息于湿地、草地、农田、山地、森林等处。以昆虫、草籽为食。繁殖期4～7月，草丛中筑巢，每窝产卵4～5枚，卵灰绿色，有黑褐色斑点，雌鸟孵卵。留鸟，旅鸟，分布于呼伦贝尔市、兴安盟、赤峰市、锡林郭勒盟、呼和浩特市、包头市、巴彦淖尔市、鄂尔多斯市、阿拉善盟。常见。

粉红胸鹨 / 2009-9-19

水　鹨 / 包头市 / 2010-4-3

灰山椒鸟 / 雌鸟 / 2009-5-1

雀形目 Passeriformes
山椒鸟科 Campephagidae

灰山椒鸟

Pericrocotus divaricatus (Ashy Minive)

雀形目山椒鸟科。全长约20cm。雌雄羽色稍有差别。体色为黑、白、灰3色组成，雄鸟上体灰色，**额部白色，顶部、枕部及贯眼纹黑色**，下体及颈侧白色。**两翼黑色，有一道斜行白色翼斑。**尾羽黑色，外侧尾羽先端白色。雌雄相似，但色较雄鸟浅，额部白色斑小且界线不清晰。虹膜暗褐，嘴、脚、爪黑色。

栖息于平原和山区杂木林、阔叶林、针叶林。以昆虫及昆虫幼虫为食。繁殖期5～7月，营巢于高大树木侧枝上，每窝产卵4～5枚，卵灰白色或蓝灰色，被暗褐色斑点。旅鸟，分布于呼伦贝尔市。

灰山椒鸟 / 雄鸟 / 2009-5-1

雀形目 Passeriformes
鹎科 Pycnonotidae

白头鹎

Pycnonotus sinensis (Chinese Bulbul)

雀形目鹎科。全长18cm。雌雄同色。上体橄榄色，**头部黑色，耳羽后有一明显的白斑**，由眼至枕部有一条白色环带，也有个体无此环带，颏喉部白色，下体污白色，胸部缀以不明显的褐色条纹。虹膜褐色，嘴黑色，脚黑色。

栖息于平原或丘陵的灌丛、竹林、针叶林、村落附近。性活泼，不太怕人，喜结群活动。食物有植物果实、种子和昆虫。繁殖期3～8月，筑巢于树枝上，每窝产卵4～5枚，卵白色，密布紫褐色斑点。近几年在包头市境内可见。

雀形目 Passeriformes
太平鸟科 Bombycillidae

太平鸟

Bombycilla garrulus (Bohemian Waxwing)

雀形目太平鸟科。全长约18cm。雌雄相似。大体灰褐色，头、后颈、颊部红褐色，**有长冠羽和黑色贯眼纹；羽冠由额部红棕色长羽和贯眼纹后部黑色长羽共同组成。尾羽有黄色的端斑和黑色的次端斑**，两翼棕褐色，具有两道白色的翼斑和一条明显的黄带，次级飞羽末端羽轴延长形成红色似腊质突起。颏、喉部黑色，尾下覆羽红色。虹膜暗红色，嘴褐色，基部蓝灰色，跗跖黑色。

栖息于针叶林或针阔叶混交林，集大群迁徙。繁殖期食昆虫，秋后取食于植物的果实和种子。繁殖期5～7月，营巢于溪流、湖泊附近林中树上，每窝产卵4～7枚，卵灰色或蓝灰色，有黑色细斑，雌鸟孵卵。冬候鸟，旅鸟，分布于呼伦贝尔市、兴安盟、通辽市、赤峰市、乌兰察布市、呼和浩特市、包头市、巴彦淖尔市、鄂尔多斯市、乌海市、阿拉善盟。常见。

白头鹎 / 包头市 / 2008-12-18

太平鸟 / 包头市 / 2006-4-29

小太平鸟

Bombycilla japonica (Japanese Waxwing)

雀形目太平鸟科。全长约16cm。雌雄相似。大体灰褐色，头、后颈、颊部浅红褐色，**黑色贯眼纹延伸至冠羽半齐，背部褐色，尾羽灰褐色，具红色端**斑和窄细的黑色次端斑，两翼棕褐色具有一道栗色翼斑，次级飞羽末端羽轴延长形成红色腊质突起，颏、喉部黑色，胸部灰褐色，腹部浅黄褐色，尾下覆羽红色。虹膜暗红色，嘴、脚黑色。

栖息于针叶或针阔叶林，城市沙枣、桧柏树上多见。以植物果实和种子为食。繁殖情况不明。冬候鸟，分布于通辽市、赤峰市。数量少，较少见，被《中国物种红色名录》列为近危物种。

小太平鸟 / 包头市 / 2009-3-31

小太平鸟 / 包头市 / 2009-3-31

太平鸟 / 包头市 / 2006-4-29

雀形目 Passeriformes
伯劳科 Laniidae

虎纹伯劳

Lanius tigrinus (Tiger Shrike)

雀形目伯劳科。全长约19cm。雄鸟前额黑色，具黑色贯眼纹，头顶至后颈栗灰色，上体、两翅、尾栗棕色具褐色横斑。下体白色，两胁沾蓝灰色。雌雄相似，雌鸟浅褐灰色，具黑色眉纹。虹膜褐色，嘴粗厚，上嘴先端弯曲成钩状，下嘴有齿突。脚黑色、趾黑褐色。

栖息于低山丘陵、山脚平原地区的森林和林缘地带，性凶猛，以昆虫为食。繁殖期5～7月，营巢于于树上，每窝产卵3～7枚，卵椭圆形，粉红色，被淡蓝灰色和棕褐色斑点，雌鸟孵卵。夏候鸟，分布于赤峰市。

虎纹伯劳 / 雄鸟 / 牛蜀军

虎纹伯劳 / 雌鸟 / 白清泉

牛头伯劳

Lanius bucephalus (Bull-headed Shrike)

雀形目伯劳科。全长约23cm。雄鸟额、头顶、**后颈栗红色**，肩背、腰、尾上覆羽灰色或褐灰色，微沾棕色。中央尾羽灰黑色，其余尾羽灰色或浅灰褐色，具棕白色端斑。两翅黑褐色，翅上覆羽暗褐色。脸部黑色，具粗着黑色贯眼纹。颏喉白色，下体余部浅棕色，具细黑褐色横斑。雌雄相似，但脸部为栗棕色。虹膜暗褐，嘴黑色，基部灰褐色，下嘴较淡，脚黑褐色。

栖息于林缘疏林、次生林、河谷灌丛、草甸、村庄等开阔地带，以昆虫为食。繁殖期5～7月，每窝产卵4～6枚，卵圆形，绿色或灰色，有褐色斑点。夏候鸟，分布于呼伦贝尔市、赤峰市。

红背伯劳

Lanius collurio (Red-backed Shrike)

雀形目伯劳科。全长约20cm。**雄鸟头顶至后颈灰色**，额基有一黑色窄横带，眼先、眼周和耳羽黑色，形成黑色贯眼纹。**上背红褐色**，下背、肩和小翅覆羽栗红色，腰灰棕色，尾上覆羽灰色。下体白色，胸及两胁缀粉红色斑。雌雄相似，但羽色较雄鸟暗。虹膜褐色，嘴黑褐，脚铅灰色或黑色。

栖息于开阔疏林、林缘、林间空地、树丛及灌丛中，以昆虫及幼虫为食。繁殖期5～7月，营巢于小灌木上，每窝产卵5～6枚，卵粉红色或白色，被褐色或紫灰色斑点，雌鸟孵卵。夏候鸟，分布于呼伦贝尔市、赤峰市、锡林郭勒盟、乌兰察布市、鄂尔多斯市、巴彦淖尔市、阿拉善盟。

牛头伯劳 / 雌鸟

牛头伯劳 / 雄鸟 / 姚文志

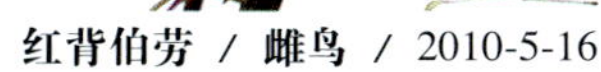

红背伯劳 / 雌鸟 / 2010-5-16

红背伯劳 / 雄鸟

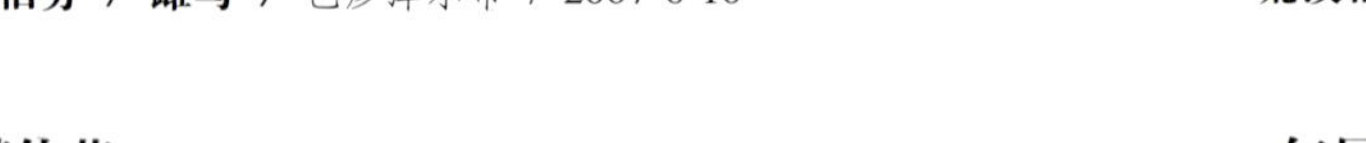
荒漠伯劳 / **雌鸟** / 巴彦淖尔市 / 2007-6-10

荒漠伯劳 / **雄鸟** / 巴彦淖尔市 / 2007-6-10

荒漠伯劳

Lanius isabellinus (Rufous-tailed Shrike)

雀形目伯劳科。全长约18cm。雄鸟头顶、后颈和上体沙褐色，前额略淡，贯眼纹黑褐色，尾羽红棕色，两翼暗褐色，有一不大明显的**白色翼斑。**下体白色，沾淡沙褐色。雌鸟较雄鸟羽色淡，颈和胸部有不明显的褐色鳞纹。虹膜褐色，嘴、脚黑色。

栖息于荒漠疏林地区、林缘和村落附近，以昆虫为食。阔叶树上筑巢，每窝产卵4～5枚，卵粉色、淡粉色，密布暗褐色斑点，钝端斑点汇集成环状，雌鸟孵卵。夏候鸟，分布于于呼伦贝尔市、兴安盟、通辽市、赤峰市、锡林郭勒盟、乌兰察布市、呼和浩特市、包头市、巴彦淖尔市、鄂尔多斯市、乌海市、阿拉善盟。是乌梁素海周边主要繁殖鸟之一，常见。

红尾伯劳

Lanius cristatus (Brown Shrike)

雀形目伯劳科。全长约20cm。雄鸟头顶、后颈和上体褐色，**尾凸形，红褐色**，前额发白，**显著的黑色贯眼纹**，两翼褐色，颏喉部白色，下体余部棕白色。雌鸟似雄鸟，但胸和两胁有黑色鳞纹。虹膜暗褐色，嘴黑色，脚铅灰色。

栖息于平原、丘陵和低山地带的林缘，多单独或成对活动，以昆虫为食。繁殖期5～7月，筑巢于乔木上，每窝产卵4～7枚，卵椭圆形，乳白色或灰色，雌鸟孵卵。夏候鸟，旅鸟，分布于呼伦贝尔市、兴安盟、通辽市、赤峰市、锡林郭勒盟、乌兰察布市、呼和浩特市、包头市、巴彦淖尔市、鄂尔多斯市、阿拉善盟。数量多，分布广，常见。

红尾伯劳 / **幼鸟** / 包头市 / 2006-6-23

红尾伯劳 / 雌鸟

红尾伯劳 / 雄鸟 / 2006-7-28

红尾伯劳 / 晒食习性

棕背伯劳

Lanius schach (Long-tailed Shrike)

雀形目伯劳科。全长约28cm。**背棕红色。前额黑色**，眼先、眼周、耳羽黑色，形成黑色贯眼纹。飞羽黑色，具白色翅斑。尾羽黑色，外侧尾羽皮黄色。颏喉部、腹中部白色，下体余部棕白色，两胁及尾下覆羽棕红色。虹膜暗褐，嘴、脚黑色。

栖息于低山丘陵、山脚平原地区，肉食性鸟类，以昆虫等动物为食。繁殖期4～7月，营巢于树上及灌木上，每窝产卵3～6枚，卵淡青色、乳白色、粉红色或淡绿灰色，缀褐色斑点，雌鸟孵卵。留鸟，分布于赤峰市、乌兰察布市、呼和浩特市。

灰背伯劳

Lanius tephronotus (Grey-backed Shrike)

雀形目伯劳科。全长约25cm。雌雄相似。**头顶至下背暗灰色**，腰和尾上覆羽棕色，尾黑褐色具浅棕色羽缘。两翅黑褐色，前额基部、眼先、眼周、颊和耳羽黑色，形成宽阔贯眼纹。下体白色，两胁和尾下覆羽棕色。虹膜棕色或暗褐，嘴黑褐色，下嘴基部灰黄色，跗跖黑色。

栖息于低山次生阔叶林、混交林林缘地带及村庄、农田、灌丛，以昆虫为食。繁殖期5～7月，营巢于小树和灌木侧枝上，每窝产卵4～6枚，卵圆形或椭圆形，灰白色具褐色斑。留鸟，分布于阿拉善盟。

灰背伯劳

棕背伯劳 / 2008-12-17

灰伯劳 / **雌鸟** / 呼伦贝尔市 / 2009-10-24

灰伯劳 / **雄鸟** / 呼伦贝尔市 / 2009-10-24

灰伯劳

Lanius excubitor (Great Gray Shrike)

雀形目伯劳科。全长约25cm。头、后颈、上体羽灰白色，在黑色贯眼纹上有一白色眉纹，下体羽白色，嘴侧扁而高，上嘴尖下曲成小钩状，近端凹缺、其后有齿突，**尾上覆羽白色**，中央尾羽黑色，从第二对尾羽起，端部白斑依次增大，最外侧尾羽近似白色。虹膜暗褐色，嘴、脚黑褐色。

栖息于半荒漠的平原地区、农田或疏林中，主要捕食小型鸟类、小型脊椎动物及昆虫，常停留树枝顶部搜捕猎物。繁殖期5～7月，在树上或灌丛中筑巢，每窝产卵5～9枚，卵白色或淡绿色，被有灰色或褐色斑点，雌鸟孵卵。冬候鸟，旅鸟，分布于呼伦贝尔市、兴安盟、通辽市、赤峰市、呼和浩特市、包头市、巴彦淖尔市、鄂尔多斯市、阿拉善盟。少见。

楔尾伯劳 / 包头市 / 2007-11-16

楔尾伯劳

Lanius sphenocercus (Chinese Gray Shrike)

雀形目伯劳科。全长约30cm。上体羽灰色，翅飞羽基部具白色带斑，下体羽白色，有的微沾粉色，尾羽特长，羽端呈凸状尾，中央尾羽黑色，端部白色，最外侧3对尾羽白色。虹膜暗褐色，嘴、脚黑褐色。

栖息于平原地区、林缘树上，以昆虫和小型脊椎动物为食。繁殖期5～7月，营巢于林缘疏林和有稀疏树木生长的灌木丛草地，每窝产卵5～7枚，卵白色或灰白色，有不规则锈褐色斑点及条纹。夏候鸟，留鸟，分布于呼伦贝尔市、兴安盟、通辽市、赤峰市、锡林郭勒盟、乌兰察布市、呼和浩特市、包头市、巴彦淖尔市、鄂尔多斯市、乌海市、阿拉善盟。常见。

雀形目 Passeriformes
黄鹂科 Oriolidae

黑枕黄鹂

Oriolus chinensis (Black-naped Oriole)

雀形目黄鹂科。全长约27cm。**通体金黄色**，下背稍沾绿色，呈绿黄色，腰和尾上覆羽柠檬黄色。额基、**眼先黑色**，并在枕后形成围绕头顶的黑色宽带。两翅黑色，羽端黄色。尾黑色，除中央一对尾羽外，其余尾羽具宽阔黄色端斑。雌雄相似，但雌鸟暗淡。虹膜红褐，嘴粉红色，脚铅蓝色。

栖息于低山丘陵、山脚平原地带的天然次生阔叶林、混交林、农田、村寨，以昆虫及植物果实、种子为食。繁殖期5～7月，营巢于阔叶林内高大乔木上，每窝产卵4枚，卵椭圆形，粉红色具褐色斑。夏候鸟，分布于呼伦贝尔市、兴安盟、通辽市、赤峰市、呼和浩特市、包头市、阿拉善盟，数量少，可见。被《中国物种红色名录》列为濒危物种。

黑枕黄鹂 / 2009-5-16

雀形目 Passeriformes
卷尾科 Dicruridae

黑卷尾

Dicrurus macrocercus (Black Drongo)

雀形目卷尾科。全长27cm。全身体羽黑色，并具蓝绿色光泽，嘴侧偏，**尾羽叉状**，最外侧尾羽**末端微卷曲**。虹膜棕红色，嘴和脚均暗黑色。

栖息于低山、平原、村庄周围，为树栖鸟类，黎明时连续鸣叫，鸣声似嘹亮的金属声音，主要以昆虫为食。繁殖期4～7月，繁殖期间性凶猛好斗，在阔叶树上营巢，每窝产卵3～4枚，卵乳白色、粉红色或橙红色，有褐色斑点，雌雄轮流孵卵。夏候鸟，分布于通辽市、赤峰市、包头市、巴彦淖尔市，近几年在包头市有繁殖。少见。

发冠卷尾

Dicrurus hottentottus (Hair-crested Drongo)

雀形目卷尾科。全长约35cm。雄鸟通体黑色具蓝绿色金属光泽，**前额具发丝状冠羽**，披向后颈。头顶、后颈、胸的羽端均具金属蓝色或绿色滴状斑。尾上覆羽和尾羽具铜绿色光泽。尾叉状，最外侧一对尾羽卷曲向上。雌雄相似。虹膜暗褐色或暗红褐色，嘴、脚黑色。

栖息于海拔1500米以下的低山丘陵、山谷地带，以昆虫、植物果实、种子、叶芽为食。繁殖期5～7月，营巢于高大乔木顶端枝杈上，每窝产卵3～4枚，卵圆形或尖卵圆形，白色、淡粉白色，被橙色、赭红色、灰褐色斑点，雌雄轮流孵卵。2007年在包头市劳动公园发现。

黑卷尾 / 包头市 / 2006-7-28

发冠卷尾 / 包头市 / 2009-5-18

雀形目 Passeriformes
椋鸟科 Sturnidae

八　哥

Acridotheres cristatellus (Crested Myna)

雀形目椋鸟科。全长约26cm。全身大体黑色，**上嘴基部的羽簇明显。飞起时翼上有明显的“八”字状大型白斑。**尾羽末端白色，尾下覆羽有黑白相间的横纹。虹膜橙黄色，嘴乳黄色，脚黄色。

栖息于平原至海拔2000米的阔叶林林缘及村落附近，集群活动，以昆虫、果实等为食。繁殖期4～8月，在树洞或建筑物的洞穴中筑巢，每窝产卵4～5枚，卵蓝绿色有光泽。2006～2008年在包头市阿尔丁植物园内发现，最多时9只。

八　哥 / 包头市 / 2006-8-11

北椋鸟

Sturnia sturnina (Daurian Starling)

雀形目椋鸟科。全长约18cm。雄鸟上体紫黑色且有金属光泽，头颈部及下体灰色，**后枕部有紫色斑块，**尾上覆羽淡棕色，两翼及尾羽黑色，两翼有明显的白色翼斑。雌鸟似雄鸟，只是羽色较淡，无金属光泽。虹膜暗褐色，嘴黑褐色，脚角褐色，爪黑褐色。

栖息于阔叶林或田野内，以植物果实、种子、昆虫为食。繁殖期6～7月，筑巢于树洞或墙缝内，每窝产卵4～6枚，卵淡蓝色，雌雄轮流孵卵。旅鸟，分布于呼伦贝尔市、通辽市、赤峰市、锡林郭勒盟、呼和浩特市、包头市。较常见。

北椋鸟 / 雄鸟 / 包头市 / 2009-5-16

北椋鸟 / 雌鸟 / 包头市 / 2009-5-16

紫背椋鸟 / 雄鸟 / 台湾 劉悻君

紫背椋鸟

Sturnia philippensis (Chestnut-checked Starling)

雀形目椋鸟科。全长约19cm。雄鸟额、头顶、后枕乳白色，颊、耳羽、头侧、颈侧栗色。**肩背部、腰黑色具紫色金属光泽**，杂少许白色斑。翅黑色，具白色翅斑，尾上覆羽褐色或橙黄色，尾黑色，具铜绿色金属光泽。颏喉乳白色，上胸灰褐色，下体灰白色。雌鸟体色灰褐色，具金属光泽，翅上白斑较雄鸟小。虹膜褐色，嘴褐色，脚黑色或橄榄褐色。

栖息于开阔草原、农田耕地等开阔地带的小块阔叶林中，以昆虫和植物种子、果实为食。4～7月繁殖，营巢于树洞中，每窝产卵4～6枚，绿青色或淡蓝色，光滑无斑。旅鸟，分布于包头市。

紫背椋鸟 / 雌鸟 / 台湾 謝仁壽

粉红椋鸟 / 姚立宇

粉红椋鸟 / 姚立宇

灰椋鸟 / 雌鸟 / 包头市 / 2007-5-12

灰椋鸟 / 雄鸟 / 包头市 / 2007-3-29

粉红椋鸟

Pastor roseus (Rosy Starling)

雀形目椋鸟科。全长约24cm。雌雄相似。头顶具**紫色羽冠**，头、颈、颏、喉黑色具紫蓝色金属光泽。背、腹粉红色，两翅、尾黑褐色。虹膜暗褐，冬季褐色，嘴较其它椋鸟短钝，黄色或粉红色，上嘴弯曲，基部黑色，脚黄色、粗壮，爪发达。

栖息于干旱平原、荒漠、半荒漠地区，以昆虫、植物种子、果实为食。繁殖期5～7月，营巢于峭壁缝隙中、树洞或其它洞穴中，每窝产卵4～6枚，卵白色或淡蓝色，雌鸟孵卵。夏候鸟，分布于阿拉善盟。

灰椋鸟

Sturnus cineraceus (White-cheeked Starling)

雀形目椋鸟科。全长约24cm。雄鸟上体灰褐色，头部、颈部和上胸黑色，参杂白色纵纹，尾上覆羽白色，下体灰白色，两翼黑褐色，有白色翼斑，尾黑褐色，有白色端斑；嘴粗直，与头几乎等长。雌鸟近似雄鸟，头部、颈部和上胸均灰色。虹膜褐色，**嘴橙红色**，尖端黑色，**跗跖和趾橙红色。**

栖息于平原或山区的稀树地带，繁殖期成对活动，其它时间成群活动，以昆虫为食。繁殖期5～7月，树洞中筑巢，每窝产卵6～7枚，卵长卵圆形，翠绿或鸭蛋绿色，主要由雌鸟孵卵。夏候鸟，数量较多，并有少量过冬鸟，分布于呼伦贝尔市、兴安盟、通辽市、赤峰市、锡林郭勒盟、乌兰察布市、呼和浩特市、包头市、巴彦淖尔市、鄂尔多斯市、阿拉善盟。分布广，数量多，常见。

紫翅椋鸟

Sturnus vulgaris (Common Starling)

雀形目椋鸟科。全长约20cm。**通体黑色，具有紫色、绿色光泽，**上体有近白色点状斑，翼、尾羽不具有金属光泽，且羽缘淡色。冬羽头部和下体也密布淡色斑点。腿及爪红色。虹膜暗褐色，嘴夏季黄色，冬季角黄色，脚红褐色。

栖息于荒漠绿州的树丛中，平时集小群活动，迁徙时集大群，以鞘翅目昆虫为食，偶见取食植物果实和种子。落地觅食时很少停站，性机警活跃。繁殖期5～6月，筑巢于洞穴内，每窝产卵4～5枚，卵淡蓝色，雌雄共同孵卵。夏候鸟，旅鸟，分布于呼和浩特市、包头市、巴彦淖尔市、鄂尔多斯市、阿拉善盟。较常见。

紫翅椋鸟 / 非繁殖羽 / 包头市 / 2006-10-9

紫翅椋鸟 / 繁殖羽 / 巴彦淖尔市 / 2006-4-23

雀形目 Passeriformes
鸦科 Corvidae

北噪鸦 / 呼伦贝尔市 / 2010-4-23

北噪鸦

Perisoreus infaustus (Siberian Jay)

雀形目鸦科。全长约31cm。小型鸦类，雌雄相似。**额基白色，头顶至后颈暗褐色**，背灰褐色沾棕，中央尾羽灰褐色，其余尾羽棕色，两翅有棕色翅斑。颜、喉淡灰色，胸腹灰沾棕色。虹膜棕褐，嘴、脚黑色。

栖息于针叶林和以针叶树为主的针阔混交林，以昆虫及其幼虫、小型无脊椎动物、幼鸟、鸟卵、鼠类为食。繁殖期4～7月，营巢于云杉、冷杉、落叶松等松树上，每窝产卵3～4枚，卵绿灰色或灰白色，被暗色斑点。留鸟，分布于呼伦贝尔市。

松　鸦

Garrulus glandarius (Eurasian Jay)

雀形目鸦科。全长约35cm。额、**头顶红褐色**，头顶至后颈具黑色纵纹，前额基部和覆嘴羽尖端黑色。**口角至喉侧有一粗着黑色颊纹。**肩背、腰灰色沾棕，尾上覆羽白色，尾和翅黑色，翅上具黑、白、蓝三色相间的横斑。颏喉灰白色，胸腹、两胁葡萄红色。虹膜灰色或淡褐，嘴黑色，跗跖肉色，爪黑褐色。

栖息于针叶林、针阔混交林、阔叶林等森林及次生林、林缘地带，以昆虫及幼虫、蜘蛛、鸟卵、雏鸟等为食，也食松子、浆果、草籽等。繁殖期4～7月，营巢于山地溪流和河岸附近针叶林及针阔混交林中，每窝产卵3～10枚，卵灰蓝色、绿色、灰黄色，被紫褐或灰褐色斑点，雌鸟孵卵。留鸟，分布于呼伦贝尔市、兴安盟、通辽市、赤峰市。常见。

北噪鸦 / 呼伦贝尔市 / 2010-4-23

松鸦 / 呼伦贝尔市 / 2009-5-29

灰喜鹊

Cyanopica cyana (Azure-winged Magpie)

雀形目鸦科。全长约36cm。上体近灰色，**头额部至枕及头上半部黑色**，并有蓝色金属光泽，两翼及尾天蓝色，中央尾羽端部白色。虹膜黑褐色，嘴、跗跖、趾和爪黑色，

栖息于开阔的松林及阔叶林，公园甚至城镇居民区，以昆虫、植物果实及动物尸体为食，喜小群活动。繁殖期5～7月，在树顶筑巢，每窝产卵4～9枚，卵椭圆形，灰色、灰白色、浅绿色，密布褐色斑点，雌鸟孵卵。分布于呼伦贝尔市、兴安盟、通辽市、赤峰市、呼和浩特市、包头市、鄂尔多斯市。2006年在包头市境内发现，数量在逐年增加，常见。

灰喜鹊 / 包头市 / 2008-11-7

红嘴蓝鹊

Urocissa erythrorhyncha (Red-billed Blue Magpie)

雀形目鸦科。全长约65cm。雌雄相似。前额、头颈、颏喉、上胸均黑色，头顶至后颈具一白色至蓝白色或紫灰色大型块斑。肩背、腰蓝灰色或灰蓝沾灰，尾上覆羽淡紫蓝色，具黑色端斑和白色次端斑。**尾长呈凸状**，具黑色亚端斑和白色端斑。下体白色。虹膜橘红色、**嘴、脚红色。**

栖息于山区常绿阔叶林、针叶林、针阔混交林和次生林中，以昆虫、植物果实、种子等为食。繁殖期5～7月，营巢于树木侧枝上，每窝产卵3～6枚，卵圆形，土黄色、淡褐色或绿褐色，被紫色、红褐色、深褐色斑点，雌雄轮流孵卵。留鸟，分布于赤峰市。常见。

红嘴蓝鹊 / 赤峰市 / 2009-6-16

喜 鹊

Pica pica (Common Magpie)

雀形目鸦科。全长约45cm。**上体黑色，肩羽及下胸至腹部为白色**，两翼及尾羽具黑蓝色金属光泽，尾羽长呈凸状，飞行时翼上有明显白斑。虹膜黑褐色，嘴、脚黑色。

栖息于平原、山区、村落附近。多在地面取食，食性广泛，除繁殖期外喜成小群活动，叫声响亮。繁殖期3～5月，在高大乔木上以枯枝营球形巢，每窝产卵5～8枚，卵蓝绿色、蓝色或灰白色，有褐色斑点，雌鸟孵卵。留鸟，分布于呼伦贝尔市、兴安盟、通辽市、赤峰市、锡林郭勒盟、乌兰察布市、呼和浩特市、包头市、巴彦淖尔市、鄂尔多斯市、乌海市、阿拉善盟。数量多，分布广，常见。被《中国物种红色名录》列为近危物种。

喜 鹊 / 包头市 / 2009-5-28

喜 鹊 / 包头市 / 2007-4-3

黑尾地鸦 / 包头市 / 2009-6-6

黑尾地鸦

Podoces hendersoni (Mongolian Ground Jay)

雀形目鸦科。全长约30cm。上体沙褐色，腰、背沾棕红色，**头顶黑色**，初级飞羽具大块白斑，**下体淡黄色，尾黑蓝色。嘴长而弯曲**，嘴、脚黑色。

栖息于海拔2000～3000m干旱荒漠、多岩石地带的地面及灌丛，以种子及无脊椎动物为食。繁殖期4～5月，筑巢于地面。留鸟，分布于包头市、巴彦淖尔市、鄂尔多斯市、阿拉善盟。少见。被《中国物种红色名录》列为近危物种。

黑尾地鸦 / 包头市 / 2009-6-6

星　鸦

Nucifraga caryocatactes (Spotted Nutcracker)

雀形目鸦科。全长约38cm。雌雄相似。全身大致暗褐色，头顶、翼、尾黑色，尾具白色端斑。**脸、胸、枕部至背部密布白色斑点。**虹膜暗褐至黄褐，嘴、跗跖和爪黑色。

栖息高山针叶林和混交林中，以红松、云杉、落叶松的种子为食，也食浆果、昆虫。繁殖期4～6月，营巢于高大针叶树的枝杈上，每窝产卵2～5枚，卵淡绿色或浅蓝色，具暗色或黄色斑点，雌雄共同孵卵。冬候鸟，留鸟，分布于呼伦贝尔市、赤峰市、兴安盟、包头市。

红嘴山鸦

Pyrrhocorax pyrrhocorax (Red-billed Chough)

雀形目鸦科。全长43cm。**全身黑色，有蓝紫色光泽。**虹膜褐色或暗褐色，**嘴红色长而微下弯**，脚红色。

栖息于海拔5000米以下的山地裸岩地带，也常到山边平原、沟壑土崖活动。除繁殖期外喜成群在山谷间盘旋飞翔，鸣声尖锐，主要取食昆虫，也食少量种子，繁殖期3～7月，在土崖、石壁、裂缝处筑巢，每窝产卵2～7枚，卵灰绿或灰黄色，有黄褐色斑点，雌鸟孵卵。留鸟，分布于呼伦贝尔市、兴安盟、通辽市、赤峰市、锡林郭勒盟、乌兰察布市、呼和浩特市、包头市、巴彦淖尔市、鄂尔多斯市、乌海市、阿拉善盟。分布广，常见。

星　鸦 / 呼伦贝尔市 / 2009-10-25

星　鸦 / 呼伦贝尔市 / 2009-10-25

红嘴山鸦 / 包头市 / 2006-6-8

黄嘴山鸦 / 张铭

黄嘴山鸦

Pyrrhocorax graculus (Yellow-billed Chough)

雀形目鸦科。全长约42cm。外形、大小与红嘴山鸦大致相似，通体黑色，沾褐色，具绿色金属光泽，两翅和尾尤为明显。雌雄羽色相似。虹膜褐色或红褐色，**嘴黄色**，较红嘴山鸦细短，脚黄红色。

栖息于海拔3000～6000米的高山灌丛、草地、荒漠、悬岩等开阔地带，主要以甲虫、蝗虫等昆虫为食，也食蜗牛、野果。4～6月繁殖，每窝产卵3～4枚，淡黄色或黄灰白色，具褐色斑。留鸟，分布于巴彦淖尔市、阿拉善盟，罕见。

达乌里寒鸦 / 包头市 / 2007-7-3

达乌里寒鸦 / 包头市 / 2008-5-28

秃鼻乌鸦 / 包头市 / 2007-3-19

达乌里寒鸦

Corvus dauuricus (Daurian Jackdaw)

雀形目鸦科。全长约33cm。**枕、颈、上背、胸及腹部白色，余部黑色**且具金属光泽。虹膜黑褐色，嘴、脚黑色。

栖息于平原、山谷，除繁殖期集大群活动，以谷物和昆虫为食。筑巢于土崖、断壁的洞穴裂缝中，繁殖期5～7月，每窝产卵3～6枚，卵蓝绿色、淡青白色或淡蓝色，有暗褐色斑点。留鸟，分布于呼伦贝尔市、兴安盟、通辽市、赤峰市、锡林郭勒盟、乌兰察布市、呼和浩特市、包头市、巴彦淖尔市、鄂尔多斯市、乌海市、阿拉善盟。数量多，分布广，常见。

秃鼻乌鸦

Corvus frugilegus (Rook)

雀形目鸦科。全长约47cm。大体似小嘴乌鸦，区别于额弓高凸，**嘴圆尖，基部裸露皮肤灰白色。**飞行时尾楔形，两翼略细长，翼指明显。虹膜褐色，嘴、脚黑色。

栖息于低山、平原、湿地及村庄周边，以谷物、植物种子和昆虫为食。繁殖期4～7月，营巢于高大乔木顶端枝杈上，每窝产卵5～6枚，卵天蓝色或浅绿色，有褐色斑点，雌鸟孵卵。留鸟，分布于呼伦贝尔市、兴安盟、通辽市、赤峰市、锡林郭勒盟、乌兰察布市、呼和浩特市、包头市、鄂尔多斯市、阿拉善盟。常见。

小嘴乌鸦

Corvus corone (Carrion Crow)

雀形目鸦科。全长约48cm。全身黑色并有金属光泽，虹膜黑褐色，**嘴及脚黑色。**

栖息于低山、平原、村落附近矮草地及农田，常与其它鸦类混群，以种子、浆果、昆虫及动物尸体为食。繁殖期3～6月，在高大树木或悬崖上筑巢，每窝产卵3～6枚，卵天蓝色或蓝绿色，有褐色斑点，雌鸟孵卵。留鸟，旅鸟，分布于呼伦贝尔市、兴安盟、通辽市、赤峰市、锡林郭勒盟、包头市、巴彦淖尔市、鄂尔多斯市、阿拉善盟，数量多，分布广，常见。

秃鼻乌鸦 / 包头市 / 2007-3-19

小嘴乌鸦 / 包头市 / 2007-3-19

大嘴乌鸦

Corvus macrorhynchos (Large-billed Crow)

雀形目鸦科。全长约48cm。全身黑色具蓝绿金属光泽，后颈羽毛柔软如发，羽干不明显。虹膜褐色或暗褐色，**嘴粗大**，嘴基部不光秃，嘴、脚黑色。

栖息于平原、山地的农田、村庄，喜集群活动，以昆虫、鼠类等为食。在高大乔木上筑巢，繁殖期5～6月，每窝产卵3～5枚，卵天蓝色或蓝绿色，有褐色或灰褐色斑点，雌雄轮流孵卵。留鸟，旅鸟，分布于呼伦贝尔市、通辽市、赤峰市、乌兰察布市、包头市、巴彦淖尔市、鄂尔多斯市、阿拉善盟。常见。

白颈鸦 / 熊书林

白颈鸦

Corvus torquatus (Collared Crow)

雀形目鸦科。全长约54cm。雌雄相似。枕、后颈、上背、颈侧和胸白色，形成**宽阔白色领环。**其它羽色黑色，上体具紫蓝色金属光泽，小翼、初级飞羽具绿色金属光泽。喉羽呈披针状。虹膜褐色，嘴、跗跖、趾、爪黑色。

栖息于低山、丘陵、平原地带，以蝗虫、蚱蜢、金龟子、小鸟、卵等动物性食物为主，也食植物果实、种子等。繁殖期3～6月，营巢于高大乔木或岩洞内，每窝产卵3～7枚，卵淡蓝绿色，被红灰和紫灰色斑。留鸟，分布于通辽市、赤峰市、锡林郭勒盟。

渡　鸦

Corvus corax (Common Raven)

雀形目鸦科。全长约66cm。体型甚大的全黑色鸦。**嘴粗厚**，与其它乌鸦尤其是大嘴乌鸦的区别在**喉部具粗羽，头顶不上拱**，翼开展时具长的“翼指”，尾呈楔型，叫声为深沉的“嘎嘎”声。虹膜深褐色，嘴、跗跖、趾、爪黑色。

成对或结小群活动，偶成大群，飞行有力，随气流翱翔，有时在空中翻滚，时常攻击并杀伤其它猛禽。食性杂，以大型昆虫、蛙、爬行类动物、小鸟、鼠类等为食。繁殖期3～6月，营巢于乔木顶的枝杈上或悬崖岩缝中，每窝产卵3～7枚，卵淡蓝绿色或淡绿色，有褐色斑点，雌鸟孵卵。夏候鸟，留鸟，冬候鸟，分布于呼伦贝尔市、兴安盟、赤峰市、呼和浩特市、阿拉善盟，数量少，常见。

渡　鸦 / 阿拉善盟 / 2008-9-29

大嘴乌鸦 / 阿拉善盟 / 2007-6-10

雀形目 Passeriformes
河乌科 Cinclidae

褐河乌

Cinclus pallasii (JBrown Dipper)

雀形目河乌科。全长约21cm。雌雄相似，**通体乌黑色或咖啡色**，尾较短，**眼圈白色**，常被周围黑褐色羽毛遮盖。虹膜褐色，嘴、脚黑褐色。

栖息于山地森林、河谷与溪流地带。以昆虫及幼虫、小鱼、小型软体动物为食。繁殖期4～6月，营巢于河边石缝、树根下、岩石上，每窝产卵4～5枚，卵圆形、梨形，白色或淡黄白色。留鸟，分布于赤峰市。

褐河乌 / 2009-4-17

雀形目 Passeriformes
鹪鹩科 Troglodytidae

鹪　鹩

Troglodytes troglodytes (Wren)

雀形目鹪鹩科。全长约10cm。雌雄相似。通体棕褐色，**密布黑褐色细横斑**，下体色稍淡。眉纹不显著，白色或灰白色。飞羽具褐、白相间的条纹。**尾短而狭窄**，常垂直上翘。虹膜暗褐色，上嘴暗褐，下嘴角黄，脚暗褐、爪灰褐。

栖息于阔叶林、针阔混交林及次生林的森林中。主要以蚊、蚂蚁、蝗虫等昆虫及其幼虫为食。繁殖期5～7月，营巢于各种洞穴、岩缝、树下，每窝产卵4～6枚，卵白色被红褐色斑，雌鸟孵卵。夏候鸟，留鸟，分布于呼伦贝尔市、兴安盟、通辽市、赤峰市、呼和浩特市、包头市、巴彦淖尔市、阿拉善盟。

鹪　鹩 / 2010-4-20

鹪　鹩 / 2010-4-20

领岩鹨 / 姚文志

雀形目 Passeriformes
岩鹨科 Prunellidae

领岩鹨

Prunella collariss (Alpine Accentor)

雀形目岩鹨科。全长约20cm。雌雄相似。头颈、上背、胸灰褐色，其余**体羽黄褐色，各羽均具黑褐色中央纹**，腰和尾上覆羽棕栗色，翅黑褐色具白色斑。尾黑色具白色端斑。喉具黑白相间横斑，两胁栗色具白色端斑。虹膜暗褐色或栗色，嘴黑褐色，上嘴基部、嘴缘、下嘴基部黄色，跗跖和趾淡红色或肉褐色。

繁殖季节栖息于海拔1500～5000米的荒漠寒冷地区，冬季也下到低山或山脚平原地带。以蝗虫、毛虫、叶蝉、蚊等昆虫及幼虫为食，也食蜘蛛、小型无脊椎动物、草籽、嫩芽等植物性食物。繁殖期6～7月，营巢于高山苔原岩缝、乱石堆间的石穴中，每窝产卵3～5枚，卵圆形，淡蓝色或淡绿色，光滑无斑，雌鸟孵卵。夏候鸟，留鸟，分布于呼伦贝尔市、赤峰市、阿拉善盟。

棕胸岩鹨 / 阿拉善盟 / 2009-9-21

棕胸岩鹨

Prunella strophiata (Robin-breasted Accentor)

雀形目岩鹨科。全长约15cm。雌雄羽色相似，**上体棕褐色具宽阔黑色纵纹**，眼先、颊、耳羽黑褐色，眉纹前段白色、较窄，后段棕红色、较宽阔，颈侧灰色具黑色轴纹。颏、喉白色具黑褐色圆斑。胸棕红色呈带状，胸以下白色具黑色纵纹。虹膜暗褐色或褐色，嘴黑褐色，基部角黄色，脚肉色或红褐色，爪黑色。

栖息于海拔1800～4500米高山灌丛、草地、沟谷、牧场、高原和林线附近，秋冬下到低海拔中低山区。多集小群活动，性机警，以豆科、沙草科、禾本科等植物的种子为食，也食少量昆虫等动物性食物。繁殖期6～7月，营巢于灌丛中，每窝产卵3～6枚，卵天蓝色，光滑无斑，椭圆形。2008年发现于阿拉善盟。

棕眉山岩鹨

Prunella montanella (Mountain Accentor)

雀形目岩鹨科。全长约15cm。雌雄同色。体背褐色，具深褐色纵纹，头顶及头侧近黑色，**宽大的眉纹及喉淡棕黄色**，腹部黄褐色，两胁具褐色斑点，胸中部黑色羽基外露，呈鳞状斑。虹膜黑褐或栗褐色，嘴黑褐色，下嘴基部黄褐色，脚淡黄褐色。

栖息于平原至高山地带，多在灌丛中活动，以植物种子和昆虫为食。繁殖期5～7月，树上筑巢，每窝产卵3～5枚，卵蓝色或淡蓝绿色，光滑无斑。冬候鸟，分布于呼伦贝尔市、兴安盟、赤峰市、锡林郭勒盟、乌兰察布市、呼和浩特市、包头市、巴彦淖尔市、鄂尔多斯市、阿拉善盟。常见。

褐岩鹨

Prunella fulvescens (Brown Accentor)

雀形目岩鹨科。全长约16cm。雌雄相似。**体背浅褐色，头顶、眼先及耳羽暗褐色，眉纹及喉白色。**背肩部羽具栗褐色纵纹，腹面皮黄色沾粉色，体侧无斑点。雌雄同色。虹膜黄色到暗褐色，嘴黑色或嘴角褐色，嘴基较淡，脚肉色或黄褐色。

栖息于山地裸岩及灌丛地带，常集成小群，取食甲虫、蚂蚁、蜗牛等小动物。繁殖期5～7月，每窝产卵4～5枚，卵淡蓝色。冬候鸟，分布于呼伦贝尔市、赤峰市、锡林郭勒盟、乌兰察布市、包头市、巴彦淖尔市、阿拉善盟。较常见。

褐岩鹨 / 张勇

棕眉山岩鹨 / 包头市 / 2008-1-22

贺兰山岩鹨

Prunella koslowi (Mongolian Accentor)

雀形目岩鹨科。全长约15cm。雌雄相似。头棕褐色，背淡皮黄褐色，具**暗色纵纹**，两翅暗褐色具二条白色翼带。颏喉和胸烟灰色，具**白色窄羽缘，形成鳞状斑。**其余下体乳白色或皮黄色，具褐色纵纹或无纵纹。虹膜深褐色，嘴黑褐色，脚土黄色或肉黄色。

栖息于沙漠植物分布的高原沙漠、戈壁滩、半荒漠地带，以昆虫、沙地植物种子、果实为食。繁殖状况不明。冬候鸟，分布于阿拉善盟、鄂尔多斯市、巴彦淖尔市、乌海市，最近几年仅在阿拉善盟可见。被《中国物种红色名录》列为近危物种。

贺兰山岩鹨 / 阿拉善盟 / 2009-3-20

欧亚鸲 / 包头市 / 2008-5-9

红尾歌鸲 / 沈强

雀形目 Passeriformes
鸫科 Turdidae

欧亚鸲

Erithacus rubecula (European Robin)

雀形目鸫科。全长约15cm。雌雄相似。上体暗褐或橄榄褐色，尾上覆羽微缀红色，两翅表面和翅内侧灰色，飞羽、尾羽暗褐色，翅上大覆羽有赭色斑点。**额、眼先、颊、颏、喉、前胸橙色**，下体白色，两胁缀褐色。脚曲蹲、尾轻微上翘。

栖息于低山丘陵和山脚平原地带各种森林中及林缘疏林、果园、灌丛、城镇公园，以昆虫、软体动物、植物果实、种子等为食。繁殖期5～7月，营巢于地上树根、岩石裂缝、树洞中，每窝产卵5～6枚，卵紫色或黄白色，被锈黄色或红褐色斑点，雌鸟孵卵。在包头境内从2005～2008年连续4年的每年10月下旬发现此鸟。

红尾歌鸲

Luscinia sibilanss (Rufous-tailed Robin)

雀形目鸫科。全长约15cm。额、头顶暗褐色或橄榄褐色，眼周淡黄褐色或黄白色，眼先淡黑褐色，耳羽橄榄褐色杂细黄褐色羽干纹。上体橄榄褐色，**尾上覆羽，尾红褐色。**下体白色，颏喉、胸、两胁具褐色鳞状斑。虹膜暗褐，嘴黑褐，脚黄褐或角褐色。

栖息于针叶林、针阔混交林和阔叶林中，以昆虫为食。繁殖期6～7月，营巢于树干下部天然树洞，每窝产卵4～6枚，卵淡蓝色，被褐色斑点，雌鸟孵卵。夏候鸟，分布于呼伦贝尔市。

红喉歌鸲

Luscinia calliope (Siberian Rubythroat)

雀形目鸫科。全长约16cm。雌雄异色。雄鸟体背、尾褐色，眼先黑色，眉纹及颊纹白色，颏、**喉红色，**胸腹部灰褐色。雌鸟喉部白色，其余羽色较雄鸟淡。虹膜褐色或暗褐色，嘴黑褐色或暗褐色，基部较浅淡，脚角色或角黄褐色。

栖息于距水不远的灌丛中，觅食地面昆虫 ，鸣叫响亮。繁殖期5～7月，营巢于灌丛、草丛中，每窝产卵4～6枚，卵椭圆形，蓝绿色，光滑无斑，雌鸟孵卵。夏候鸟，旅鸟，分布于呼伦贝尔市、兴安盟、通辽市、赤峰市、锡林郭勒盟、乌兰察布市、呼和浩特市、包头市、巴彦淖尔市、鄂尔多斯市、乌海市、阿拉善盟。常见。

红喉歌鸲 / 雄鸟 / 包头市 /2007-5-20

红喉歌鸲 / 雌鸟 / 包头市 /2007-5-24

蓝喉歌鸲 / 雄鸟 / 包头市 /2009-10-28

蓝喉歌鸲

Luscinia svecicus (Bluethroatt)

雀形目鹟科。全长约15cm。雌雄异色。雄鸟背羽橄榄色，尾基栗红色，眉纹白色，颏、**喉及上胸蓝色，喉中央有一圆形栗色斑**，上胸与下胸间有黑、白、栗三色形成的胸环，下体余部白色。雌鸟颏、喉棕白色，羽色较淡。中央一对尾羽深褐色，外侧尾羽基部栗红色。虹膜暗褐色，嘴黑色，基部角色，脚暗褐色或肉褐色。

栖息于潮湿且阴暗的矮灌丛或苇丛中。在地面上取食昆虫，鸣声嘹亮动听。繁殖期5～7月，筑巢于灌丛中或草丛地面凹处，每窝产卵4～6枚，卵淡绿色或灰绿色，有褐色斑点，雌鸟孵卵。夏候鸟，旅鸟，分布于呼伦贝尔市、兴安盟、通辽市、赤峰市、锡林郭勒盟、乌兰察布市、呼和浩特市、包头市、巴彦淖尔市、鄂尔多斯市、乌海市、阿拉善盟。数量少，常见。

蓝喉歌鸲 / 雌鸟 / 包头市 / 2009-5-10

蓝歌鸲

Luscinia cyane (Siberian Blue Robin)

雀形目鹟科。全长14cm，雄鸟**上体深蓝色**，黑色过眼纹延伸至颈侧及胸侧。雌鸟上体橄榄褐色，腰及尾上覆羽深蓝色，下体白色，胸部污褐色。虹膜暗褐色，嘴黑色，雌鸟下嘴基部肉褐色，脚趾肉色。

栖息于茂密的灌丛中，食昆虫、浆果、草籽等，繁殖期5～7月，筑巢于掩蔽的地面凹处，每窝产卵5～6枚，卵圆形或长卵圆形，天蓝色或蓝绿色，光滑无斑，钝端有浅色环带，雌鸟孵卵。夏候鸟，旅鸟，分布于呼伦贝尔市、兴安盟、通辽市、赤峰市、锡林郭勒盟、乌兰察布市、呼和浩特市、包头市，数量少，常见。

蓝歌鸲 / 雌鸟 / 包头市 / 2006-5-27

蓝歌鸲 / 雄鸟 / 包头市 / 2007-5-20

红胁蓝尾鸲 / 雌鸟 / 包头市 /2008-10-13

红胁蓝尾鸲

Tarsiger cyanurus (Red-flanked Bush Robin)

雀形目鸫科。全长约14cm。雄鸟上体蓝色，眉纹白色，雌鸟额和眼先白色沾棕色，上体褐色，胸橄榄褐色，**雌雄胁部均是桔黄色，蓝色的尾**，白色的喉和腹。虹膜褐色或暗褐色，嘴黑色，脚淡红褐色或淡紫褐色。

栖息于林缘、疏林下的灌丛中，以昆虫为食。繁殖期5～7月，在树根间凹处或土洞中筑巢，每窝产卵5～7枚，卵椭圆形，白色，钝端有红褐色细小斑点，雌鸟孵卵。夏候鸟，旅鸟，分布于呼伦贝尔市、兴安盟、赤峰市、锡林郭勒盟、乌兰察布市、呼和浩特市、包头市、巴彦淖尔市、鄂尔多斯市、阿拉善盟。数量少，常见。

红胁蓝尾鸲 / 雄鸟 / 包头市 /2008-10-13

贺兰山红尾鸲 / 雄鸟 / 阿拉善盟 /2009-3-7

贺兰山红尾鸲

Phoenicurus alaschanicus (Przewalski's Redstart)

雀形目鹟科。全长约17cm。雄鸟头顶至上背蓝灰色具白色眼圈，下背至尾上覆羽以及颏喉、**胸部橙棕色，两翅具大块白色翅斑**。雌鸟上体褐色，腰和尾上覆羽棕色，下体沙褐色，腹灰白色，翅上白斑不明显。嘴黑色，跗跖和趾黑色。

栖息于高山和高原灌丛草地及岩石灌丛中，以昆虫为食。繁殖状况不明，主要为留鸟，部分冬季迁徙到陕西、山西、河南等地越冬。为我国特有鸟种，仅分布于贺兰山、青海东部及柴达木盆地及阿拉善盟。被《中国物种红色名录》列为近危物种。

贺兰山红尾鸲 / 雌鸟 / 阿拉善盟 / 2007-12-16

赭红尾鸲

Phoenicurus ochruros (Black Redstart)

雀形目鹟科。全长约15cm。**雄鸟头、喉、上胸、背、两翼及中央尾羽黑色。**头顶、枕部灰白色，**下胸、腹、腰、尾下覆羽、外侧尾羽棕红色。**雌鸟似北红尾鸲雌鸟，只是无白色翼斑。虹膜暗褐色，嘴、脚黑色。

栖息于林缘、灌丛，园林地边，常高挺站立，点头颤尾，以昆虫及植物种子为食。繁殖期5～7月，营巢于林下灌丛或岩边洞穴中。每窝产卵4～6枚，卵淡蓝绿色或天蓝色，光滑无斑，或有少许黑褐色斑点，雌鸟孵卵。夏候鸟，分布于乌兰察布市、呼和浩特市、包头市、鄂尔多斯市、阿拉善盟。较少见。

赭红尾鸲 / 雌鸟 / 包头市

赭红尾鸲 / 雄鸟 / 包头市

白喉红尾鸲 / 雌鸟 / 阿拉善盟 / 2008-4-10

白喉红尾鸲

Phoenicurus schisticeps (White-throated Redstart)

雀形目鸫科。全长约15cm。雄鸟夏羽头顶及颈部钴蓝色，上背黑色，至腰部转为锈棕色，尾黑色，翼褐色有白斑。下体栗棕色，腹部中央和**喉白色**。眼先、头侧及颏均为黑色。冬羽似夏羽，头顶钴蓝色较暗，头背部黑色具棕色羽缘。雌鸟似雄鸟，颜色较淡，头顶及颈部黑褐色。虹膜褐色或暗褐色，嘴、脚黑色。

栖息于海拔2000～4000米的高山森林和高原灌丛，以昆虫及其幼虫、植物果实和种子为食。繁殖期5～7月，营巢于树洞、岩壁洞穴及河岸坡洞中，每窝产卵3～4枚，卵粉红色，被褐色斑点。2009年，在阿拉善盟贺兰山及腾格里沙漠天鹅湖边发现此鸟。

白喉红尾鸲 / 雄鸟 / 阿拉善盟 / 2009-10-20

北红尾鸲 / 雄鸟 / 包头市 / 2006-4-20

北红尾鸲 / 雌鸟 / 包头市 / 2006-5-10

红腹红尾鸲 / 雄鸟 / 包头市 / 2008-1-6

红腹红尾鸲 / 雌鸟 / 阿拉善盟 / 2009-3-21

北红尾鸲

Phoenicurus auroreus (Daurian Redstart)

雀形目鹟科。全长约15cm。雄鸟眼先、头侧、喉、**上背及翼黑褐色，翼上有白斑**，头顶、枕部暗灰色，**身体余部红棕色**，中央尾羽黑褐色。雌鸟除棕色尾羽和白色翼斑外，其余部分灰褐色。虹膜暗褐，嘴、脚黑色。

栖息于山地、森林、灌丛地带，常立于低矮突出的枝条上，尾上下颤动。以昆虫及植物种子为食。繁殖期5～7月，在树洞、石缝中筑巢，每窝产卵6～8枚，卵圆形，鸭蛋青色、绿色或白色，有红褐色斑点，雌鸟孵卵。夏候鸟，旅鸟，分布于呼伦贝尔市、兴安盟、通辽市、赤峰市、锡林郭勒盟、乌兰察布市、呼和浩特市、包头市、巴彦淖尔市、鄂尔多斯市、乌海市、阿拉善盟。数量多，分布广，常见。

红腹红尾鸲

Phoenicurus erythrogaster (Guldenstadt's Redstart)

雀形目鹟科。全长约17cm。雄鸟似北红尾鸲，但体型大，头颈及颈背白略带灰色，下体、尾羽栗红色，**翼上白斑甚大**，余部黑色。雌鸟褐色，腰及外侧尾羽棕色，眼先、腹部及尾下覆羽皮黄色，翼上无白斑。虹膜褐色，嘴、脚黑色。

栖息于高海拔地区，耐寒冷，有时在动物尸体上觅食昆虫，雌鸟冬季往低海拔迁移，雄鸟仍留在高海拔处，有时在雪中找食。繁殖期6～7月，营巢于高海拔的高山苔原地带，每窝产卵3～5枚，卵白色，有棕色或红色斑点。旅鸟，分布于赤峰市、乌兰察布市、呼和浩特市、包头市、阿拉善盟。常见。

蓝额红尾鸲 / 雌鸟

蓝额红尾鸲 / 雄鸟 / 2010-4-8

红尾水鸲 / 雌鸟 / 2009-4-24

红尾水鸲 / 雄鸟 / 2009-4-25

蓝额红尾鸲

Phoenicurus frontalis (Blue-fronted Redstart)

雀形目鸫科。全长约15cm。雄鸟夏羽**前额和短眉纹灰蓝色**，头颈、肩部、颏喉、上胸黑色具蓝色金属光泽，两翅暗褐色，腰和尾上覆羽橙棕色，中央尾羽黑色。雌鸟头顶至背棕褐色，具棕白色眼圈，两翅褐色具棕黄色羽缘，上体淡棕褐色。虹膜暗褐，嘴、脚黑色。

栖息于海拔2000～4200米的亚高山针叶林和高山灌丛草甸，以昆虫及其幼虫为食。繁殖期5～8月，营巢于岩石、倒木或树根下的洞中，每窝产卵3～4枚，卵暗粉红白色，被淡红褐色斑，雌鸟孵卵。留鸟，分布于呼和浩特市、阿拉善盟。

红尾水鸲

Rhyacornis fuliginosus (Plumbeous Water Redstart)

雀形目鸫科。全长约14cm。雄鸟通体大都灰蓝色，额基、眼先黑色或蓝黑色，头侧、耳羽、颈部和上胸色暗，腹部较淡，两翅黑褐色，外翈羽缘暗灰蓝色，**尾羽及覆羽栗红色，尾羽尖端缀黑色。**雌鸟上体暗灰褐色，下体白色具淡蓝色“V”形斑。虹膜褐色，嘴黑色，脚雄鸟乌黑色、雌鸟暗褐色。

栖息于山地溪流与河谷沿岸，以昆虫为食。繁殖期3～7月，营巢于河谷、溪流岸边悬岩洞隙、岩石或土坎下凹陷处、树洞，每窝产卵3～6枚，卵圆形或长卵圆形，白色、黄白色或淡绿色，被褐色斑点，雌鸟孵卵。留鸟，分布于通辽市、赤峰市、阿拉善盟。

白顶溪鸲

Chaimarrornis leucocephalus (White-capped Redstart)

雀形目鸫科。全长约20cm。雌雄相似。**头顶至枕纯白色**，前额、眼先、头侧、颈、肩背深色具光泽。两翅覆羽和飞羽黑褐色，腰、尾、尾上覆羽栗红色。下体颏喉、胸深黑色具光泽，腹、尾下覆羽栗红色。虹膜暗褐，嘴、脚黑色。

栖息于山地溪流与河谷沿岸，以水生昆虫、软体动物、植物果实为食。繁殖期4～7月，营巢于溪边树根下、石隙间、树洞、石头缝中，每窝产卵3～4枚，卵浅蓝色或蓝绿色，被红褐色斑点，雌鸟孵卵。留鸟，分布于阿拉善盟。

白顶溪鸲 / 2010-4-20

黑喉石䳭 / 雌鸟 / 包头市 / 2007-5-7

黑喉石䳭 / 上雄下雌 / 包头市 / 2007-5-5

灰林䳭 / 雌鸟

灰林䳭 / 2009-9-20

黑喉石䳭

Saxicola torquata (Stonechat)

雀形目鹟科。全长约14cm。雄鸟头、背、翼、尾、**喉黑色**，颈侧及翼上具白斑，腰白色，胸棕色。雌鸟色泽较浅，上体棕色，具褐色纵纹，翼与尾黑褐色，翼上也有白斑，下体黄褐色。虹膜褐色或暗褐色，嘴、脚黑色。

栖息于农田、沼泽，常站立在枝头、岩石或电线醒目处不断快速扭动或舒展尾羽。在地面或空中飞捕昆虫，在地面营皿状巢，繁殖期5～7月，每窝产卵4～6枚，卵椭圆形，淡绿色、蓝绿色、鸭蛋青色，有红褐色或锈红色斑点，雌鸟孵卵。夏候鸟，旅鸟，分布于呼伦贝尔市、兴安盟、通辽市、赤峰市、锡林郭勒盟、乌兰察布市、呼和浩特市、包头市、巴彦淖尔市、鄂尔多斯市、乌海市、阿拉善盟。濒危，分布广，常见。

灰林䳭

Saxicola ferrea (Grey Bushchat)

雀形目鹟科。全长约15cm。雄鸟**上体暗灰色具黑褐色纵纹**，白色眉纹长而显著，两翅黑褐色具白色斑纹，下体白色，胸、胁烟灰色，尾黑色或黑褐色，具灰色或白色狭缘。雌鸟上体红褐色微具黑色纵纹，下体颏喉白色，其余下体棕白色。虹膜褐色，嘴、脚黑色。

栖息于海拔3000米以下林缘疏林、草坡、灌丛、沟谷、农田，以昆虫及其幼虫、植物种子、果实为食。繁殖期5～7月，营巢于地上草丛或灌丛中、山坡岩洞和石头下，每窝产卵4～5枚，卵淡蓝色、绿色、蓝白色，被红褐色斑点，雌鸟孵卵。留鸟，分布于赤峰市。

穗䳭

Oenanthe oenanthe (Wheatear)

雀形目鹟科。全长约15cm。雄鸟头顶至**体背暗灰**，额及眉纹白色，**眼先及头侧黑色**，翼黑色，腰、尾上覆羽白色，尾羽端部黑色形成“T”形图案；下体白色，胸沾淡黄色。雌鸟上体灰褐色，头侧无灰色，翼上颜色也较淡。虹膜黑棕色，嘴、脚黑色。

栖息于开阔的荒漠、高原及多岩石草地，主要取食昆虫，兼食野果。营巢于岩缝或啮齿类洞穴中，每窝产卵4～7枚，卵钝卵圆形，天蓝色，雌鸟孵卵。夏候鸟，分布于呼伦贝尔市、赤峰市、锡林郭勒盟、乌兰察布市、呼和浩特市、包头市、巴彦淖尔市、鄂尔多斯市、乌海市、阿拉善盟。常见。

穗 䳭 / 雌鸟 / 呼和浩特市 / 2009-6-13

穗 䳭 / 雄鸟 / 呼和浩特市 / 2009-6-13

白顶䳭

Oenanthe hispanica (Black-eared Wheatear)

雀形目鹟科。全长约15cm。**雄鸟黑白二色**，上体黑色，头顶、后颈、腰部和尾上覆羽白色，两翼黑色，尾羽前半部分白色，后半部分黑色，中央尾羽黑色部分最长，约占尾羽长的一半，下体白色，颏喉部黑色。雌鸟头颈部、上体和两翼均为褐色，腰部、尾上覆羽和尾羽似雄鸟，下体淡棕色。虹膜暗褐色或红褐色，嘴、脚黑色。

栖息于干旱的多石块的荒漠、农田、村落中，以昆虫为食。筑巢于地面的天然洞穴或废弃的鼠洞中，雄鸟有强烈的护巢行为，每窝产卵4～6枚，卵椭圆形，鸭蛋青色、绿蓝色、淡蓝色，具红褐色斑点，雌雄共同孵卵。留鸟，分布于赤峰市、锡林郭勒盟、乌兰察布市、呼和浩特市、包头市、巴彦淖尔市、鄂尔多斯市、乌海市、阿拉善盟。分布广，常见。

白顶䳭 / 雄鸟 / 乌兰察布市 / 2008-6-7

白顶䳭 / 雌鸟 / 乌兰察布市

漠　䳭 / 雄鸟 / 包头市

漠 鵰

Oenanthe deserti (Desert Wheatear)

雀形目鹟科。全长约14.5cm。**雄鸟脸、侧颈及喉黑色，尾黑色**，翼黑褐色。头顶、枕、后颈、上背及下体沙黄色。雌鸟脸侧黑褐色，但颏部及喉白色，翼较雄鸟色淡。虹膜褐色，嘴、脚黑色。

栖息于多石荒漠，常栖于低矮植被。性惧生，常飞到土崖后、岩石下藏身，以昆虫为食。繁殖期5～8月，常在雨水冲刷的土沟壁上筑巢，每窝产卵4～6枚，卵淡蓝色或翠兰绿色，钝端有褐色斑点。留鸟，分布于锡林郭勒盟、乌兰察布市、包头市、巴彦淖尔市、鄂尔多斯市、乌海市、阿拉善盟，常见。

沙 鵰

Oenanthe isabellina (Isabelline Wheatear)

雀形目鹟科。全长约16cm。**上体沙褐色**，腰及尾上覆羽白色，**中央尾羽黑色**，基部白色，其余尾羽白色，末端黑色。下体污白色，染以浅褐色。虹膜褐色，嘴、脚黑色。

栖息于干旱荒漠和沙质草地，单独或成对活动。以昆虫和草籽为食。多筑巢于鼠类废弃的洞穴中，繁殖期5～7月，每窝产卵5枚，卵钝卵圆形，淡蓝色，光滑无斑，雌鸟孵卵。夏候鸟，分布于呼伦贝尔市、兴安盟、赤峰市、锡林郭勒盟、乌兰察布市、呼和浩特市、包头市、巴彦淖尔市、鄂尔多斯市、阿拉善盟。常见。

漠 鵰 / 雌鸟 / 乌兰察布市 / 2007-6-16

沙 鵰 / 呼和浩特市 / 2009-5-12

沙 鵰 / 呼和浩特市 / 2009-8-30

白背矶鸫

Monticola saxatilis (Rufous-tailed Thrush)

雀形目鸫科。全长约20cm。**雄鸟头、颈、上背、肩灰蓝色，下背、腰白色**稍沾蓝色，两翅黑褐色，具白色端斑，尾上覆羽栗色，中央尾羽褐色，其余尾羽棕栗色，下体锈棕色。雌鸟上体灰褐色，下体皮黄色满杂黑色鳞状斑，尾上覆羽和尾羽红栗色。虹膜暗褐色，嘴黑褐色，脚褐色。

栖息于海拔2000米左右具有浓密灌丛的草甸、裸岩及疏林地带，以昆虫和植物果实、种子为食，每窝产卵4～6枚，卵淡蓝色或蓝绿色，被少许红褐色斑，雌鸟孵卵。夏候鸟，旅鸟，分布于赤峰市、锡林郭勒盟、乌兰察布市、包头市、鄂尔多斯市、巴彦淖尔市、呼和浩特市、阿拉善盟。较常见。

白背矶鸫 / 包头市 / 2008-9-10

白背矶鸫 / **雄鸟** / 包头市 / 2009-6-16

蓝头矶鸫 / 雌鸟 / 李显达

蓝头矶鸫

Monticola cinclorhynchus (Blue-capped Rock Thrush)

雀形目鹟科。全长约19cm。**雄鸟头至颈部钴蓝色**，颊、耳羽黑色，杂栗色羽干纹。肩背部黑色，具淡棕色羽缘，形成**鳞状斑**。腰、尾上**覆羽暗浓栗色**，尾羽黑色、羽缘灰蓝色。翼黑褐色，具钴蓝色和白色斑块。下体颏喉部白色，余部深栗色，腹部栗黄色。雌鸟上体橄榄灰褐色，具黑色粗鳞状斑。下体白色，具深褐色斑纹。虹膜暗褐，嘴黑褐，脚肉褐色。

栖息于针阔混交林和针叶林中及河流附近多岩石山地、原始森林边缘的次生林中，以昆虫及其幼虫、小型无脊椎动物为食。繁殖期5～7月，营巢于近河谷的林下地面凹坑内或天然洞穴中，每窝产卵4～8枚，卵椭圆形或梨形，淡白色或粉黄色，被棕黄色斑点，雌鸟孵卵。夏候鸟，旅鸟，分布于呼伦贝尔市。

蓝头矶鸫 / 雄鸟 / 李显达

蓝矶鸫

Monticola solitarius (Blue Rock Thrush)

雀形目鹟科。全长约20cm。雄鸟**通体蓝色**，背具黑褐色横斑，尾黑褐色，**喉中部白色**，下体棕白色具黑褐色鳞状斑。雌鸟上体暗灰蓝色，具不明显的黑色横斑。虹膜暗褐，嘴、脚黑色。

栖息于多岩石的低山峡谷以及山溪、湖泊等水域附近的岩石山地，以昆虫及幼虫为食。繁殖期5～7月，营巢于沟谷石缝或岩石间，每窝产卵3～6枚，卵淡蓝色或淡蓝绿色，被少许红褐色斑，雌鸟孵卵。夏候鸟，分布于呼伦贝尔市、赤峰市、锡林郭勒盟、乌兰察布市、呼和浩特市、包头市、阿拉善盟。较常见。

蓝矶鸫 / 雄鸟 / 包头市 / 2009-5-17

蓝矶鸫 / 雌鸟 / 蓝天白云

紫啸鸫 / 包头市 / 2009-5-2

紫啸鸫

Myophoneus caeruleus (Blue whistling Thrush)

雀形目鸫科。全长约29cm。雌雄相似。**通体深蓝紫色，羽端具辉亮的淡紫色滴状斑**，翼和尾黑色，具蓝紫色羽缘。虹膜暗褐或黑褐色，嘴黑色，脚黑色。

栖息于海拔3800米以下的山地森林溪流沿岸，尤以阔叶林和混交林中多岩的山涧溪流沿岸多见。以昆虫及幼虫为食，繁殖期4～7月，营巢于岩缝、树洞、草丛、树杈上，每窝产卵3～5枚，淡绿色，被暗色斑点，雌雄轮流孵卵。夏候鸟，分布于赤峰市。

白眉地鸫

Zoothera sibirica (Siberian Thrush)

雀形目鸫科。全长约23cm。雄鸟**通体近石板灰黑色**，腹部中央、尾下覆羽、及外侧尾羽羽端白色，眉纹白色，尾黑灰或蓝灰。飞翔时见明显的翼下白斑。雌鸟眉纹黄白色，上体橄榄褐，下体皮黄色，胸和两胁具褐色横斑。虹膜暗褐，嘴黑色或黑褐色，下嘴基部黄褐色，脚黄色或橙黄色。

栖息于林下植物发达的针阔混交林、阔叶林及针叶林，以昆虫及其幼虫、小型无脊椎动物、植物果实与种子为食。繁殖期5～7月，每窝产卵4～5枚，卵淡蓝色被棕褐色斑点。夏候鸟，旅鸟，分布于呼伦贝尔市、乌兰察布市、包头市、阿拉善盟。

白眉地鸫 / 罗永辉

虎斑地鸫

Zoothera dauma (Scaly Thrush)

雀形目鸫科。全长约28cm。上体橄榄褐色，下体白色，**密布黑褐色鳞状斑**，翼尾黑褐色，飞行时可见翼下两行白斑。虹膜暗色或暗褐色，嘴褐色，下嘴基部肉黄色，脚肉色或橙肉色。

栖息于茂密林下灌丛，草地、溪流两岸的树林更常见。多单独或成对活动，以昆虫、植物的果实和种子为食。繁殖期5～8月，多在树干分叉处筑巢，每窝产卵4～5枚，卵灰绿色或淡绿色，有稀疏褐色斑点。旅鸟，分布于呼伦贝尔市、兴安盟、赤峰市、锡林郭勒盟、通辽市、乌兰察布市、呼和浩特市、包头市、鄂尔多斯市、巴彦淖尔市、阿拉善盟。数量少，常见。

虎斑地鸫 / 包头市 / 2007-5-20

灰背鸫 / 雌鸟 / 张凤江

灰背鸫

Turdus hortulorum (Grey-backed Thrush)

雀形目鸫科。全长约20cm。**雄鸟上体蓝灰色**，翼与尾黑褐，颏喉灰白，胸淡灰，**胸侧、两胁及翼下橙黄**，腹白色。雌鸟上体橄榄褐色，下体白色，喉、胸及两胁有暗色纵纹。虹膜褐色，嘴雄鸟黄褐色，雌鸟褐色，脚肉黄色或黄褐色。

栖息于低山丘陵地带的茂密森林中，以昆虫及其幼虫为食，也食蚯蚓、植物果实、种子等。繁殖期5～7月，营巢于林下幼树枝杈上，每窝产卵3～5枚，卵圆形或长卵圆形，鸭蛋绿色，被红褐色或紫色斑点，雌鸟孵卵。旅鸟，分布于呼伦贝尔市。

灰背鸫 / 雄鸟 / 唐恩

乌 鸫

Turdus merula (Blackbird)

雀形目鸫科。全长约28cm。雄鸟**全身大致黑色**，有的沾锈色或灰色，下体稍淡。雌雄相似，但雌鸟羽色较淡，喉胸部有暗色纵纹。虹膜褐色，嘴和眼周橙黄色，脚黑褐色。

栖息于次生林、阔叶林、针阔混交林和针叶林等森林中，以昆虫及其幼虫、蚯蚓、蜗牛、蛙及植物果实和种子为食。繁殖期4～7月，营巢于乔木主干分支处，每窝产卵5～6枚，卵淡蓝灰色，被赭褐色斑点，雌鸟孵卵。分布于包头市。

乌 鸫 / 2009-4-17

褐头鸫

Turdus feae (Grey-sided Thrush)

雀形目鸫科。全长约25cm。雄鸟上**体暗橄榄褐色或草黄褐色**，耳覆羽混杂有污灰白色羽干纹，眼先黑褐色，眉纹白色或污白。下体淡灰白色，喉、胸、两胁石板灰色。雌鸟似雄鸟，但羽色较暗，颏喉白色沾褐色斑点，眉纹不显著。虹膜暗褐，嘴暗角褐色，下嘴基部黄色，脚黄褐色。

栖息于海拔1500～2000米的山地森林中，以昆虫及其幼虫、植物果实和种子为食。繁殖期5～7月，营巢于高山灌丛和矮曲林中，每窝产卵4枚，卵淡鸭蛋蓝绿色，被玫瑰棕褐色、淡灰褐色、咖啡色细小斑点，雌雄轮流孵卵。夏候鸟，分布于赤峰市。被《中国物种红色名录》列为易危物种。

褐头鸫 / 张永

白眉鸫 / **雄鸟** / 包头市 / 2007-5-20

白眉鸫

Turdus obscurus (Eye-browed Thrush)

雀形目鸫科。全长约22cm。**头颈灰色，具白色眉纹和颊纹**，黑色过眼纹明显，体背橄榄色，翼尾褐色，颏白，喉灰。雄及两胁橙棕色，腹与尾下覆羽白色。雌鸟头部色较淡，颏、喉白色具暗色纵纹，余似雄鸟。虹膜褐色，上嘴褐色，下嘴黄色，脚雌鸟黄绿色，雄鸟褐红色。

栖息于潮湿的针叶林，迁徙时林缘、灌丛、田边、果园均可见。以昆虫、果实、种子及小型无脊椎动物为食。繁殖期5～7月，筑巢于小树枝杈上，每窝产卵4～6枚。旅鸟，分布于呼伦贝尔市、赤峰市、锡林郭勒盟、乌兰察布市、呼和浩特市、包头市、巴彦淖尔市、鄂尔多斯市、乌海市、阿拉善盟。较常见。

白眉鸫 / **雌鸟** / 包头市 / 2007-5-8

白腹鸫

Turdus pallidus (Pale Thrush)

雀形目鸫科。全长约23cm。雄鸟**上体橄榄褐色**，头灰褐色，外侧尾羽具白色末端，颏白色，喉灰色，胸、胁灰褐色，**腹部灰白色。**虹膜褐色，上嘴褐色，下嘴黄色，嘴尖淡褐色，脚黄色。

栖息于低山森林，次生植被、公园等，多在林下层和地面活动。以昆虫、植物果实和种子为食。繁殖期5～7月，在近溪流的树杈上筑巢，每窝产卵4～5枚，卵椭圆形，鸭蛋绿色，有锈褐色斑点，雌鸟孵卵。旅鸟，分布于赤峰市。

赤颈鸫

Red-throated Thrush

雀形目鸫科。全长约25cm。雄鸟上体灰褐色，颈侧、**喉及胸红褐色，**翼灰褐色，中央尾羽灰色，外侧尾羽灰褐色，腹部白色。雌鸟似雄鸟，羽色稍浅，喉部有黑色纵纹。虹膜暗褐色，嘴黑褐色，下嘴基部黄色，脚黄褐色或暗褐色。

栖息于丘陵疏林，平原灌丛中，成群活动，以昆虫、浆果、植物种子为食。繁殖期5～7月，筑巢于小树杈上，每窝产卵4～5枚，卵蓝色或蓝绿色，有褐色或红褐色斑点，雌鸟孵卵。旅鸟，分布于呼伦贝尔市、兴安盟、赤峰市、锡林郭勒盟、乌兰察布市、呼和浩特市、包头市、巴彦淖尔市、鄂尔多斯市、乌海市、阿拉善盟。常见。

白腹鸫 / 雄鸟

白腹鸫 / 雌鸟

赤颈鸫 / 呼和浩特市 / 2006-4-20

黑喉鸫

Turdus atrogularis (Black-throated Thrush)

雀形目鸫科。全长约25cm。雄鸟上体灰褐色，颈侧、喉及胸黑色，翼灰褐色，尾羽暗褐色，无棕色羽缘，腹部白色。雌鸟似雄鸟，羽色稍浅，喉部有黑色纵纹。虹膜暗褐色，嘴黑褐色，下嘴基部黄色，脚黄褐色或暗褐色。习性和赤颈鸫相同，以前曾和赤颈鸫作为同一物种赤颈鸫的不同亚种，在2005年郑光美主编的《中国鸟类分类与分布名录》中将其提升为独立种。栖息于丘陵疏林，平原灌丛中，成群活动，以昆虫、浆果、植物种子为食。繁殖期5～7月，筑巢于小树杈上，每窝产卵4～5枚，卵蓝色或蓝绿色，有褐色或红褐色斑点，雌鸟孵卵。旅鸟，分布于包头市。常见。

黑喉鸫 / 呼和浩特市 / 2006-4-25

红尾鸫 / 包头市 / 2006-4-25

红尾鸫

Turdus naumanni (Naumann's Thrush)

雀形目鸫科。全长约25cm。雄鸟上体灰褐色，眉纹淡棕色，翼红棕色，尾棕红色，腹面棕白色，胸、胁具棕红色鳞状斑。雌鸟羽色、斑纹较雄鸟淡。虹膜褐色，嘴黑褐色，下嘴基部黄色，跗跖淡褐色。习性和斑鸫相同，以前曾和斑鸫作为同一物种斑鸫的不同亚种，在2005年郑光美主编的《中国鸟类分类与分布名录》中将其提升为独立种。分布于包头市。常见。

斑　鸫

Turdus eunomus (Dusky Thrush)

雀形目鸫科。全长约25cm。雄鸟上体黑褐色，眉纹棕白色，翼红棕色，尾黑褐色，腹面棕白色，胸、胁具黑鳞状斑。雌鸟羽色、斑纹较雄鸟淡。虹膜褐色，嘴黑褐色，下嘴基部黄色，跗跖淡褐色。栖息于丘林地区的林缘、灌草丛中，成小群，多在地面活动，以昆虫、种子为食。繁殖期5～8月，营巢于树干水平枝杈上，树桩或地上，每窝产卵4～7枚，卵淡蓝绿色，有褐色斑点。旅鸟，分布于呼伦贝尔市、兴安盟、通辽市、赤峰市、锡林郭勒盟、乌兰察布市、呼和浩特市、包头市、巴彦淖尔市、鄂尔多斯市、乌海市、阿拉善盟。常见。

斑　鸫 / 包头市 / 2007-5-9

田　鸫 / 2010-6-2

宝兴歌鸫 / 于立峰

田　鸫

Turdus pilaris (Fieldfare)

雀形目鸫科。全长约28cm。雄鸟头颈部、腰部灰色，头顶有少许黑色纵纹，**背栗褐色**，具白色眉纹。下体白色，**颏喉部及上胸黄褐色**，并密布暗黄褐色条纹，下胸、**两胁具黑褐色鳞状斑**。两翼棕褐色，尾羽黑色。雌雄相似，但头部沾棕色。虹膜褐色，嘴橙黄色，尖端黑褐色，脚褐色。

栖息于白桦林、针叶林、混交林和林缘疏林灌丛地带及沼泽、河流附近的灌丛、草地，以昆虫及其幼虫为食。繁殖期5～7月，营巢于树杈上，每窝产卵4～7枚，卵淡绿色或蓝绿色，被红褐色斑点，雌鸟孵卵。夏候鸟，分布于赤峰市。

宝兴歌鸫

Turdus mupinensis (Chinese Thrush)

雀形目鸫科。全长约23cm。雄鸟上体橄榄褐色，具黑色耳簇羽，眉纹棕白色，翼上具两道白色横斑。下体白色，胸部微沾皮黄色，**喉部、胸部及腹部有深色斑点。**雌雄相似。虹膜褐色，嘴暗褐色，下嘴基部淡黄褐色，脚肉色。

栖息于海拔1200～3500米的山地针阔混交林和针叶林中，以昆虫及其幼虫为食。繁殖期5～7月，营巢于亚高山针阔混交林树杈上，每窝产卵4枚，卵淡蓝灰绿色，被玫瑰红褐色或灰蓝褐色斑点。留鸟，分布于赤峰市。

雀形目 Passeriformes
鹟科 Muscicapidae

灰纹鹟

Muscicapa griseisticta (Grey-streaked Flycatcher)

雀形目鹟科。全长约15cm。雌雄羽色相似。上体灰褐色，头顶各羽中央较暗形成中央斑纹。背具不明显暗色羽轴纹。眼先和眼周白色或棕白色，**前额白色。**两翅、尾暗褐色，翅上有明显淡色翅斑。颊、脸暗灰褐色，颧纹黑色。下体白色，**胸腹部、两胁具灰色或黑褐色长形斑点或条纹。**虹膜暗褐，嘴黑色，下嘴基部较淡，脚黑褐色。

栖息于海拔1100～2200米山地针阔混交林、针叶林和亚高山桦矮曲林中，以昆虫及其幼虫为食，繁殖期6～7月，营巢于针叶林中鱼鳞松和冷杉等树的侧枝上，每窝产卵4～5枚，卵淡绿色，光滑无斑，雌鸟孵卵。夏候鸟，分布于呼伦贝尔市、锡林郭勒盟、乌兰察布市、呼和浩特市、包头市。常见。

灰纹鹟 / 孙晓明

乌　鹟

Muscicapa sibirica (Sooty Flycatcher)

雀形目鹟科。全长约13cm。上体灰褐色，**眼先及眼圈白色，翼上具一不明显的皮黄色横斑**，喉白色并延伸到颈侧形成不完全的颈环，胸部具灰褐色的粗纵纹并延伸到两胁，下体余部白色。虹膜暗褐色，嘴黑褐色、下嘴基部较淡，脚黑色。

栖息于山区或山麓林间，成对或单独生活，站立于树枝，突然冲出飞捕过往昆虫。繁殖期5～7月，营巢于树上，由枯草编织成杯状巢，每窝产卵3～4枚，卵淡绿色，雌鸟孵卵。夏候鸟，旅鸟，见于呼伦贝尔市、赤峰市、锡林郭勒盟、乌兰察布市、呼和浩特市、包头市、巴彦淖尔市、阿拉善盟。常见。

乌　鹟 / 包头市 / 2009-5-18

北灰鹟 / 包头市 / 2007-9-1

北灰鹟 / 包头市 / 2007-8-25

北灰鹟

Muscicapa dauurica (Asian Brown Flycatcher)

雀形目鹟科。全长约13cm。上体灰褐色，翼上有一条浅色翼斑，眼先和眼圈污白色；**下体近污白色，胸及两胁苍灰色。**虹膜暗褐色或黑褐色，嘴黑色，下嘴基部较淡，多呈黄白色，嘴较宽阔，脚黑色。

栖息于针叶林及阔叶林中，也见于灌丛或河谷疏林，常站立在树枝顶端，常突然飞起捕捉飞虫，返回原处后尾巴习惯性颤动，有时也在地面觅食。繁殖期5～7月，营巢于森林中乔木树杈上，每窝产卵3～5枚，卵灰白色或灰绿色，有不显著的淡褐色或淡红色斑点，雌鸟孵卵。夏候鸟，旅鸟，分布于呼伦贝尔市、兴安盟、赤峰市、锡林郭勒盟、乌兰察布市、呼和浩特市、包头市、巴彦淖尔市、鄂尔多斯市、阿拉善盟。常见。

白眉姬鹟 / 雄鸟 / 2009-6-20

白眉姬鹟

Ficedula zanthopygia (Yellow-rumped Flycatcher)

雀形目鹟科。全长约14cm。雄鸟上体大部黑色，**眉纹白色醒目。腰黄色，**两翅、尾黑色，翅上具白斑。下体鲜黄色，尾下覆羽白色。雌鸟上体大部橄榄灰或橄榄绿色，腰部鲜黄色，翅上具白斑，胸胁橄榄灰黄色。虹膜暗褐，嘴雄鸟黑色，雌鸟上嘴褐色，下嘴铅蓝色，脚铅黑色。

栖息于海拔1200米以下的低山丘陵和山脚地带的阔叶林、针叶林和针阔混交林中，以昆虫及其幼虫为食。繁殖期5～7月，营巢于阔叶疏林和林缘地带天然树洞或啄木鸟的弃巢中，每窝产卵4～7枚，卵椭圆形，污白色、粉黄色、乳白色，具红褐色斑点，雌鸟孵卵。夏候鸟，分布于呼伦贝尔市、兴安盟、通辽市、赤峰市、锡林郭勒盟、乌兰察布市。

白眉姬鹟 / 雌鸟 / 2009-6-20

黄眉姬鹟 / 华北亚种 / 2009-6-20

黄眉姬鹟 / 雌鸟 / 华北亚种 / 2009-6-23

鸲姬鹟 / 雄鸟 / 沈越

鸲姬鹟 / 雌鸟 / 周海翔

黄眉姬鹟 / 雄鸟 / 吴绍礼

黄眉姬鹟

Ficedula narcissina (Narcissus Flycatcher)

雀形目鹟科。全长约13cm。雄鸟上体橄榄绿色，腰和尾上覆羽柠檬黄色，尾暗褐或黑色，翅上覆羽灰黑色或黑褐色，羽缘橄榄绿色，具大块白色翅斑。眼先、眼圈、**眉纹柠檬黄色**，颊和耳覆羽黄绿色。雌鸟上体橄榄灰绿色，腰和尾上覆羽暗绿黄色，眼先、眼圈、眉纹灰黄白色，下体淡黄白色，喉胸具橄榄灰褐色鳞状斑。虹膜暗褐，嘴黑褐或黑色，脚铅蓝色或黑色。

栖息于海拔2000米左右的山地阔叶林、针阔混交林和林缘地带，以昆虫及其幼虫为食。繁殖期5～7月，营巢于老龄树的天然树洞、啄木鸟弃巢中，每窝产卵3～5枚，卵淡绿蓝色，被淡褐色斑。夏候鸟，分布于赤峰市、乌兰察布市、阿拉善盟。

鸲姬鹟

Ficedula mugimaki (Robin Flycatcher)

雀形目鹟科。全长约13cm。雄鸟上体黑色，眼后上方有一短白色眉纹，两翅和尾黑褐色，**翅上具大块白斑。颏喉、胸、上腹亮栗橙色**，下腹白色，两胁黄橙色。雌鸟上体灰褐沾绿色，眼先棕白色，下体颏至上腹淡棕黄色，其余下体白色。

栖息于海拔1000米以下山地、平原湿润森林中，以昆虫及幼虫为食。繁殖期5～7月，营巢于针叶树紧靠主干的侧枝枝杈间，每窝产卵4～8枚，卵橄榄绿色或淡绿色，被红褐色斑。夏候鸟，分布于呼伦贝尔市、锡林郭勒盟、包头市。少见。

红喉姬鹟 / 雄鸟 / 呼和浩特市 / 2006-5-10

红喉姬鹟 / 雌鸟 / 呼和浩特市 / 2009-9-20

红喉姬鹟

Ficedula parva (Red-breasted Flycatcher)

雀形目鹟科。全长约13cm。雄鸟上体灰黄褐色，尾羽黑褐，**尾羽基部白色**，繁殖期雄鸟**喉部橙黄色**，非繁殖期则近白色，胸以下大致灰色。雌鸟似非繁殖期雄鸟，但胸部沾黄褐色。虹膜暗褐色或褐色，嘴、脚黑色。

栖息于针阔混交林和灌丛，性活泼而胆怯，常站立在枝头捕捉经过的昆虫。繁殖期5～7月，在树上或树洞中营巢，以草茎、苔藓和兽毛编织成深杯状，每窝产卵4～7枚，卵粉黄色或淡绿色，有锈粉黄色斑点。夏候鸟，旅鸟，分布于呼伦贝尔市、兴安盟、通辽市、赤峰市、锡林郭勒盟、乌兰察布市、呼和浩特市、包头市、巴彦淖尔市、鄂尔多斯市、乌海市、阿拉善盟。常见。

灰蓝姬鹟 / 雌鸟 / 何屹

灰蓝姬鹟

Ficedula tricolor (Slaty-blue Flycatcher)

雀形目鹟科。全长约12cm。雄鸟上体深灰蓝色，**额淡蓝色，眼先和头顶黑色，尾黑色，**除中央一对尾羽外，外侧尾羽基部白色，两翅暗褐色，额、喉、上胸形成一三角形白斑，下体灰白略沾棕，两胁沾褐色。雌鸟上体橄榄褐色，腰沾棕色，尾和尾上覆羽红棕色，两翅棕褐色，下体棕白色。虹膜暗褐，嘴黑色，脚暗褐色。

栖息于中海拔山地阔叶林、针阔混交林及针叶林中，以叶甲、蚂蚁、小蜂等昆虫为食。繁殖期5～7月，营巢于山边、岩坡、陡坎或岸边洞穴中，也在树桩、倒木上营巢，每窝产卵枚3～4枚，卵肉红色，具红褐色点斑，雌鸟孵卵。

灰蓝姬鹟 / 何屹

雀形目 Passeriformes
王鹟科 Monarchinae

黑枕王鹟

Hypothymis azurea (Black-naped Monarch)

雀形目王鹟科。全长约15cm。雄鸟额基黑色，**枕部有一绒黑色斑**，头颈、上体部辉青蓝色，两翅和尾暗褐色。下体颏黑色，喉胸青蓝色，下喉与上胸间有一半月形黑色环带。腹及尾下覆羽白色，两胁淡灰蓝色。雌鸟头颈暗青蓝色，枕部无黑斑，胸无黑色环带，背灰蓝褐色，其余似雄鸟。虹膜蓝色或暗褐色，嘴钴蓝色或黑色，脚铅蓝色或黑褐色。

栖息于海拔1000米以下低山丘陵和山脚平原常绿阔叶林、次生林、林缘疏林灌丛，以昆虫及幼虫为食。繁殖期4～7月，营巢于树的枝杈上，每窝产卵3～5枚，卵淡卵黄色、粉黄色、粉白色，被淡棕色或红褐色斑。夏候鸟，分布于赤峰市。

雀形目 Passeriformes
画眉科 Timaliidae

山噪鹛

Garrulax davidi (Plain Laughingthrush)

雀形目画眉科。全长约29cm。大体灰褐色，头顶羽毛缀以暗色羽缘，飞羽下体羽色略淡。虹膜灰褐色，**嘴黄色，长而下弯**，端部黑色，脚褐色。

栖息于丘陵和山地灌丛中，常结群活动，叫声洪亮，以昆虫和植物的果实、种子为食。繁殖期5～7月，在灌丛中筑巢，每窝产卵3～6枚，淡蓝色或淡蓝青色，光滑无斑。留鸟，分布于呼伦贝尔市、兴安盟、赤峰市、乌兰察布市、呼和浩特市、包头市、巴彦淖尔市、鄂尔多斯市、阿拉善盟，常见。

黑枕王鹟 / 雄鸟 / 陈锦莲

山噪鹛 / 包头市 / 2008-10-2

山噪鹛 / 包头市 / 2007-1-22

雀形目 Passeriformes
鸦雀科 Paradoxornithidae

文须雀 / 雌鸟 / 巴彦淖尔市 / 2008-4-4

文须雀 / 雄鸟 / 巴彦淖尔市

文须雀

Panurus biarmicus (Bearded Reedling)

雀形目鸦雀科。全长约16cm。雄鸟头浅灰色，**眼先黑色**，并向下形成较宽的须状纹，为其突出特征。上体黄褐色，翼由黑色、白色、皮黄色组成特殊的斑纹。尾羽长，外侧尾羽末端白色。喉、胸白色沾粉红。下胸及腹中央粉红色，两胁肉桂色，尾下覆羽黑色。雌鸟体色淡，无黑色须，喉胸白色，尾下覆羽白色沾黄。虹膜橙黄色，嘴橙黄色或黄褐色，脚黑色。

栖息于北方多芦苇环境，结群活动于苇丛枝叶间。繁殖期4～7月，在芦苇或灌木下营巢，每窝产卵5～6枚，卵白色，有暗色斑点，双亲轮流孵卵。夏候鸟，冬候鸟，分布于呼伦贝尔市、包头市、巴彦淖尔市、鄂尔多斯市、阿拉善盟，是乌梁素海主要繁殖鸟之一。常见。

棕头鸦雀

Paradoxornis webbianus (Vinous-throated Crowtit)

雀形目鸦雀科。全长约12cm。雌雄相似。**头顶至上背棕红色**，上体余部橄榄褐色，翅红棕色，尾暗褐色。颏、喉、胸粉红色，具细微暗红棕色纵纹，下体余部淡黄褐色。虹膜暗褐，嘴黑褐，脚铅灰色。

栖息于海拔1500～2000米的中的山阔叶林和混交林林缘灌丛地带，以昆虫、小型无脊椎动物、植物果实和种子为食。繁殖期4～8月，营巢于灌木上，每窝产卵4～5枚，卵圆形、长卵圆形、阔卵圆形，白色、淡蓝色或粉绿色，光滑无斑。留鸟，分布于通辽市。

震旦鸦雀

Paradoxornis heudei (Reed Parrotbill)

雀形目鸦雀科。全长约18cm。雌雄相似。头顶、后颈灰色沾赭，眉纹黑而长，上背赭色杂以浅灰色粗纹，肩、下背及腰黄赭色。翼褐色，三级飞羽近黑。中央尾羽淡赭色，外侧尾羽黑色具白色末端。头颈侧、颏、喉淡灰白色，胸淡葡萄红色，腹以下暗黄。虹膜褐色或红褐色，嘴黄色，脚肉色。

栖息于河流、江边、湖泊沼泽芦丛和河口沙洲，以昆虫、小型无脊椎动物为食。繁殖期5～8月，营巢于芦苇丛中，每窝产卵5枚，卵椭圆形，淡黄白色或白色沾绿，具栗色、深红褐色或暗紫色和赭色斑块和斑纹，雌雄轮流孵卵。留鸟，分布于呼伦贝尔市。被《中国物种红色名录》列为近危物种。

震旦鸦雀 / 2008-11-14

震旦鸦雀 / 2008-11-14

棕头鸦雀 / 2009-4-25

雀形目 Passeriformes
扇尾莺科 Cisticolidae

雀形目 Passeriformes
莺科 Sylviidae

山　鹛 / 包头市 / 2007-10-28

鳞头树莺 / 郭玉民

山　鹛

Rhopophilus pekinensis (White-browed Chinese Warbler)

雀形目扇尾莺科。全长约17cm。上体沙褐色，具深褐色纵纹，眉纹棕白色，过眼纹黑褐色，喉、胸部白色，**胸侧和腹具栗色纵纹**，鼻孔不完全被羽掩盖。虹膜暗褐色或黄褐色，嘴角褐色或灰褐色，下嘴肉黄色或粉黄色，脚灰褐色或棕褐色。

栖息于山地灌丛或低矮树木间，性活泼，不擅远距离飞翔，穿越茂密树枝间，以昆虫和食物种子为食。繁殖期5～7月，在枝间筑巢，每窝产卵4～5枚，卵椭圆形，污白色，有褐色、赭褐色斑点。留鸟，分布于兴安盟、乌兰察布市、呼和浩特市、包头市、巴彦淖尔市、鄂尔多斯市、阿拉善盟。较常见。被《中国物种红色名录》列为近危物种。

鳞头树莺

Urosphena squameiceps (Scaly-headed Stubtail)

雀形目莺科。全长约10cm。雌雄相似。上体褐色，**头顶具鳞状斑纹**，眉纹细长、白色或皮黄色，过眼纹暗褐色。下体近白，两胁及臀皮黄色，尾短小。颊、颈侧白色沾褐色，耳羽棕褐色具纤细黄褐色羽干纹。虹膜暗褐，上嘴褐色，下嘴肉色或黄褐色，脚粉红白色或黄白色。

栖息于海拔1500米以下的低山和山脚混交林及其林缘地带，以昆虫为食。繁殖期5～7月，营巢于混交林内灌木或枯枝堆下地面，每窝产卵5～7枚，卵椭圆形，灰色或粉红白色，被赤褐色或粉紫红斑纹。夏候鸟，分布于呼伦贝尔市。

日本树莺

Cettia diphone (Japanese Bush Warbler)

雀形目莺科。全长约15cm。雌雄相似。上体、翼及尾橄榄褐色，**头顶红褐色**，具黄白色眉纹及黑色过眼纹。体腹面污白色，胸、腹沾皮黄色，两胁及尾下覆羽橄榄褐色。虹膜褐色或黑褐色，上嘴褐色、黄褐色或暗褐色，下嘴黄褐色或肉褐色，脚淡褐色或肉褐色。

栖息于海拔1100米以下的低山丘陵和山脚平原地带的林缘疏林、道旁次生林和灌丛中，以昆虫为食。繁殖期5～7月，营巢于林缘地边或道边灌木丛中，每窝产卵3～6枚，卵圆形，锈红色或粉红色，被乌褐色块状斑点，雌鸟孵卵。夏候鸟。

日本树莺 / 姚文志

斑胸短翅莺

Bradypterus thoracicus (Spotted Bush Warbler)

雀形目莺科。全长约12cm。雌雄相似。上体橄榄褐色或赭褐色，眉纹污白色，眼先淡黑褐色，耳羽浅棕褐缀白色。头颈侧灰色，颏喉白色，**下喉和胸灰色具黑色斑。**腹白色，胸侧及两胁、尾下覆羽橄榄褐色，尾下覆羽具白色端斑。虹膜褐色，嘴黑褐色或黑色，下嘴基部肉色，脚灰褐色或肉黄色。

栖息于海拔1000～1800米高山针叶林和林缘疏林灌丛中，以昆虫、蜗牛、蜘蛛等为食，繁殖期5～7月，营巢于高山针叶林和岳桦矮曲林及林缘灌丛中，每窝产卵3～6枚，卵淡粉红色或粉红白色，被红褐色斑。夏候鸟，分布于兴安盟、赤峰市。

中华短翅莺

Bradypterus tacsanowskius (Chinese Bush Warbler)

雀形目莺科。全长约14cm。雌雄相似。上体棕褐色，有时具细微淡色条纹，两翅和尾较暗，眉纹淡棕色、不明显，颊和耳羽锈黄色具白色羽轴纹。颏、喉、腹中央白色，胸、两胁、颈侧缀赭色，**胸有时具少许黑色或褐色斑点。**虹膜淡褐色或红褐色，上嘴黑褐色，**下嘴黄白或角白色**，脚淡黄色或肉色。

栖息于干燥山地疏林、河谷与林缘地带的灌丛、草丛中，以昆虫及其幼虫为食。6～7月繁殖，营巢于草丛或灌丛地上，每窝产卵5枚，淡粉红色，被紫灰色或砖红色斑点。夏候鸟，分布于呼伦贝尔市、通辽市、赤峰市。

斑胸短翅莺 / 张锡贤

中华短翅莺 / 张凤江

矛斑蝗莺

Locustella lanceolata (Lanceolated Warbler)

雀形目莺科。全长约12cm。雌雄相似。上体橄榄褐色并具暗色纵纹。眉纹淡黄色、细而不明显。下体淡赭黄色，喉白色，**胸部、两胁及尾下覆羽均具黑色纵纹。**尾羽暗褐色具不明显的暗色横斑。虹膜暗褐，嘴黑褐色，下嘴基部黄褐色或肉黄色，脚黄褐色或肉黄色。

栖息于低山和山脚地带的林缘疏林灌丛和草丛中，以昆虫及幼虫、小型无脊椎动物为食。繁殖期6～8月，营巢于草丛地上，每窝产卵3～5枚，卵白色被红褐色或深红灰色斑点。夏候鸟，分布于呼伦贝尔市、通辽市、赤峰市。

矛斑蝗莺 / 江航东

北蝗莺 / 包头市 / 2006-8-5

小蝗莺 / 张锡贤

小蝗莺

Locustella cerhiola (Rusty-rumped Warbler)

雀形目莺科。全长约15cm。**头顶和背部具粗著黑色纵纹**，两翼及尾棕褐色，尾端白色。下体近白，**胸及两胁皮黄，无纵纹。**虹膜暗褐色，上嘴褐色，下嘴偏黄，脚淡粉色。

栖息于近水的苇丛、草丛及林边地带，在浓密的植被下活动，有时在灌草尖上仰头鸣叫，受惊动时只短距离飞行后又扎入植被中，以昆虫为食。繁殖期5～7月，在茂密草丛地上营巢，每窝产卵4～6枚，粉红色，有红褐色斑点。夏候鸟，旅鸟，分布于呼伦贝尔市、兴安盟、通辽市、赤峰市、锡林郭勒盟、呼和浩特市、包头市、鄂尔多斯市、阿拉善盟。

北蝗莺

Locustella ochotensis (Middendorffs Warbler)

雀形目莺科。全长约15cm。雌雄相似。上体锈褐色，头顶和枕橄榄褐色微沾灰色，腰和尾上覆羽较棕，**头背部具不明显的暗色斑。**眉纹灰白或污白，眼先和贯眼纹锈橄榄褐色，颊和耳羽淡褐色。两翅和尾棕褐色，**尾呈凸状，缀棕色明暗相间横斑和白色端斑。**下体白色，胸和两胁缀皮黄色。虹膜淡褐，上嘴暗红褐色，下嘴和上嘴嘴缘粉红微沾紫色，脚灰粉红色或肉色。

栖息于平原、低山山坡灌丛和高草丛中，以昆虫及其幼虫为食。繁殖期4～6月，营巢于地上或靠近地面的草丛中，每窝产卵5～6枚，卵粉红色，被黑色或紫色斑点。旅鸟，分布于赤峰市。

苍眉蝗莺 / 姚文志

苍眉蝗莺

Locustella fasciolata (Gray's Warbler)

雀形目莺科。全长约18cm。雌雄相似。**嘴大，体形较其它蝗莺均大。**头颈橄榄色，眉纹灰白，其余上体棕褐色。两翅暗褐色，具淡棕褐色羽缘。**尾呈凸状，尾羽红褐色。**下体白色，下喉和胸灰色，两胁、尾下覆羽橄榄褐色或皮黄色。虹膜褐色，上嘴黑色，下嘴褐色或粉红色，脚暗肉色或黄褐色。

栖息于低山丘陵和山脚平原地区的河边灌丛和草地，以昆虫及其幼虫为食。繁殖期6～8月，营巢于距水域不远的茂密灌丛和草丛地上，每窝产卵3～6枚，卵绿白色或蓝绿色，被褐色或橄榄褐色斑点。夏候鸟，分布于呼伦贝尔市。

北蝗莺 / 包头市 / 2007-6-5

蒲苇莺 / 包头市 / 2006-6-13

蒲苇莺 / 包头市 / 2007-6-5

蒲苇莺

Acrocephalus schoenobaenus（Sedge Warbler）

雀形目莺科。全长约12.5cm。上体橄榄褐色，**多具近黑色纵纹**，顶部橄榄色具黑色纵纹，下背、腰及尾上覆羽栗色，下体近白，胸侧、两胁沾褐黄。虹膜灰褐色，嘴角褐色，上嘴色深，下嘴色浅，脚蓝灰色，脚底污黄，爪黑色。

栖息于长有芦苇、灌丛、高草的沼泽地带，常在低处活动，鸣叫时尾抽动，主要以昆虫及幼虫为食。繁殖期5～7月，营巢于灌丛或草丛中，每窝产卵4～6枚，卵沙灰色或淡黄色，有红色或暗褐色斑点，雌雄轮流孵卵。夏候鸟。

蒲苇莺 / 包头市 / 2006-6-13

黑眉苇莺

Acrocephalus bistrigiceps (Black-browed Reed Warbler)

雀形目莺科。全长约13cm。雌雄相似。上体橄榄棕褐色，**眉纹皮黄色，其上方有明显的黑色纵纹**，过眼纹淡黑褐色，体腹面污白色沾棕，胸部和两肋缀深棕褐色，尾下覆羽为淡赭棕色。虹膜褐色或暗褐色，上嘴黑褐色，下嘴肉色或淡褐色，脚褐色或暗褐色。

栖息于海拔900米以下的低山丘陵和平原地带的湖泊、河流、水塘、沼泽等水域岸边灌丛和苇丛中，以昆虫及其幼虫、无脊椎动物为食。繁殖期6～7月，营巢于小柳树灌丛和草丛的基部，每窝产卵4～6枚，卵椭圆形，灰绿色或淡绿色，被不规则灰褐色斑点。夏候鸟，分布于呼伦贝尔市、赤峰市、通辽市、锡林郭勒盟。

黑眉苇莺 / 兴安盟 / 2009-6-26

稻田苇莺

Acrocephalus agricola (Paddyfield Warbler)

雀形目莺科。全长约13cm。雌雄相似。上体褐色或橄榄棕褐色，头顶较暗，腰和尾上覆羽较淡。**眉纹淡皮黄色，宽阔而显著。**尾羽较窄，呈暗棕褐色，局部具明显的暗色横斑。颏喉纯白，胸腹白色沾皮黄色，两肋、尾下覆羽棕黄色。虹膜暗灰褐色或褐色，上嘴黑褐色，下嘴淡黄色或黄褐色，附跖橄榄褐色或肉褐色。

栖息于湖泊、水库、池塘、水渠等水域岸边灌丛、草丛和苇丛中，以昆虫及其幼虫为食。繁殖期5～7月，营巢于水边苇丛或杂草丛中，每窝产卵4～5枚，卵淡绿色或淡橄榄色或白色，被褐色或灰色斑点。夏候鸟，分布于呼伦贝尔市、巴彦淖尔市、鄂尔多斯市、阿拉善盟。

稻田苇莺 / 沈越

芦　莺 / 包头市

大苇莺 / 2010-5-10

芦　莺

Acrocephalus scirpaceus (Eurasian Reed Warbler)

雀形目莺科。全长约12cm。上体橄榄褐色，腰部沾棕，**白色眉纹不明显，眼圈白色，喉淡白色**，体腹面皮黄色，两胁和尾下覆羽皮黄。翼角黑褐色。虹膜淡褐色或褐灰色，嘴角褐色或暗褐色，下嘴粉黄色或肉黄色，脚绿灰色或淡褐色。

栖息于湖泊、河流和水塘岸边灌丛和高草丛中，也栖息于有芦苇和水草覆盖的浅水水域和沼泽湿地，常单独或成对活动，性活泼，行动敏捷、谨慎，以昆虫及其幼虫为食。繁殖期5～7月，营巢于水域岸边芦苇丛或灌丛中，每窝产卵3～6枚，卵蓝白色或绿白色，被褐色或灰色斑点，雌雄轮流孵卵。夏候鸟，旅鸟。

大苇莺

Acrocephalus arundinaceus (Great Reed Warbler)

雀形目莺科。全长约20cm。雌雄相似。**上体橄榄褐色沾灰**，眉纹淡棕黄色或淡赭色，眼先褐色，**耳羽灰橄榄褐色具白色斑点。**两翅覆羽与背同色，飞羽褐色具淡棕色羽缘。尾羽淡褐色，凸状。颏喉和腹中部白色，腹微缀乳黄色，胸部沾灰，两胁、尾下覆羽、肛周淡赭褐色。虹膜褐色，嘴暗褐色，下嘴基部黄色，脚淡角黄色。

栖息于湖畔、河边、水塘、芦苇沼泽等水域或水域附近的苇丛或草丛，以昆虫、蜗牛、蜘蛛等无脊椎动物和植物果实、种子为食。繁殖期5～7月，营巢于苇丛和灌丛中，每窝产卵3～6枚，卵绿白色或蓝绿色，被褐色或橄榄褐色斑点，雌鸟孵卵。夏候鸟，分布于阿拉善盟。

东方大苇莺

Acrocephalus orientalis (Oriental Great Reed Warbler)

雀形目莺科。全长约18cm。**上体黄褐色**，过眼纹黑褐色，**下体土黄色**，胸部具不明显的黑褐色纵纹，尾羽末端白色。雌鸟羽色较淡，体型稍小。虹膜褐色或暗褐色，嘴黑褐色，下嘴基部肉红色或黄褐色、脚铅褐色或铅蓝色。

栖息于城市、平原水域附近的芦苇丛中，常站立于芦苇顶端或塘边灌丛枝顶端鸣叫，取食蚊类、豆娘、甲虫等昆虫及蜘蛛、蜗牛等。繁殖期5～7月，筑巢于芦苇基杆上，是大杜鹃常寄生的鸟巢，每窝产卵3～6枚，卵椭圆形，蓝绿色、灰白色或鸭蛋青色，有褐色或葡萄红色斑点。夏候鸟，分布于呼伦贝尔市、兴安盟、通辽市、赤峰市、锡林郭勒盟、乌兰察布市、呼和浩特市、包头市、巴彦淖尔市、鄂尔多斯市、乌海市、阿拉善盟。常见。

东方大苇莺 / 包头市 / 2007-5-30

厚嘴苇莺

Acrocephalus aedon (Thick-billed Warbler)

雀形目莺科。全长约18cm。上体橄榄褐色或棕色，无纵纹。与其它大型苇莺的区别在于**嘴略短粗，无眼线和眉纹，眼圈皮黄白色。**下体污白色，两胁棕褐色。虹膜褐色或暗褐色，上嘴黑褐色，上嘴边缘和下嘴肉黄色，脚暗铅褐色。

栖息于河、湖、水塘岸边较暗的苇草灌丛中。以甲虫、金龟子、蝗虫等昆虫及幼虫为食，也捕食蜘蛛等无脊椎动物。繁殖期6～7月，筑巢于河谷两岸较为平坦、且散生有老龄树木的草地灌丛中，每窝产卵5～6枚，卵白色，染有粉红色或白玫瑰色，并具紫褐色斑点。夏候鸟，分布于呼伦贝尔市、兴安盟、赤峰市、锡林郭勒盟、包头市、巴彦淖尔市、鄂尔多斯市、阿拉善盟。较少见。

厚嘴苇莺 / 包头市 / 2006-5-26

靴篱莺 / 蓝添艺

靴篱莺

Hippolais caligata (Booted Warbler)

雀形目莺科。全长约12cm。雌雄相似。眉纹窄而白色。上体灰褐色或沙皮黄色，腰和尾上覆羽缀以淡棕色或淡皮黄色，两翅、尾、背同色，羽缘较淡。方尾，外侧羽缘白色。下体白色或污白，**胸和两胁缀淡灰褐色或褐色，翅下覆羽淡赭褐色。**虹膜褐色，上嘴角褐色，下嘴黄色或棕黄色，尖端较暗，脚褐黄色或灰黄色。

栖息于森林、林间空地和林缘疏林灌丛及开阔草原、旷野和半荒漠地区，以昆虫为食。繁殖期5～7月，营巢于灌丛和草丛掩盖下的地上或离地不高的灌木侧枝上，每窝产卵4～6枚，卵淡粉红色或污白色或粉红白色，被红褐色斑点，雌鸟孵卵。夏候鸟，分布于阿拉善盟。

凤头雀莺

Leptopoecile elegans (Crested Tit Warbler)

雀形目莺科。全长约10cm。雄鸟头顶和枕灰色，有**长而尖的白色羽冠覆盖于头顶和后颈**，眼先黑色，头侧、后颈、**颈侧栗色。**肩背蓝灰色，**腰天蓝色**，两翅和尾暗褐色。颏、喉、胸淡栗色，腹沾紫蓝色。雌鸟头顶灰褐色，较雄鸟暗，白色羽冠较雄鸟短，眼先、眉纹黑色，下背、腰铜绿色，下体污白色，两胁和尾下覆羽淡紫色，余似雄鸟。虹膜红褐色或赭红色，嘴黑色，脚黑褐色。

栖息于海拔3000～4000米的高原山地针叶林中及林缘稀树草坡、矮曲林和灌丛，以昆虫为食。繁殖状况不明。留鸟，分布于阿拉善盟。少见。

凤头雀莺 / 阿拉善盟 / 2009-3-22

叽喳柳莺

Phylloscopus collybitus (Chiff-chaff)

雀形目莺科。全长约12cm。雌雄相似。上体褐色微缀橄榄绿色，尤以腰部和翅上覆羽明显。**眉纹淡皮黄色或皮黄白色，细窄而长，贯眼纹黑色**，头侧和下体土皮黄色。颏、喉和腹中部较淡。虹膜暗褐，嘴暗角褐色或黑色，下嘴基部较淡，脚黑色或黑褐色，脚下面黄色。

栖息于海拔2000米以下低山、丘陵和山脚平原地带的各类森林、树丛、灌丛及草丛，以昆虫及其幼虫、虫卵、小型无脊椎动物为食。繁殖期5～7月，营巢于灌木丛或草丛中，每窝产卵4～7枚，卵阔卵圆形，白色被细小褐色或紫黑色斑点，雌鸟孵卵。夏候鸟，分布于包头市。

褐柳莺 / 包头市 / 2007-5-18

叽喳柳莺 / 阿拉善盟 / 2009-10-28 / 王志芳

褐柳莺

Phylloscopus fuscatus (Dusky Warbler)

雀形目莺科。全长约12cm。上体羽橄榄褐色，腹面近白沾棕色，眉**纹前白，后棕色，贯眼纹暗褐色。**虹膜暗褐色或黑褐色，上嘴黑褐色，下嘴黄色，嘴尖端暗褐色，脚淡褐色。

栖息于低矮灌丛、林缘草地、果林里、城市、平原、山区均常见，树枝间捕食昆虫和虫卵，鸣叫声似“嘎叭、嘎叭”，故俗称“嘎叭嘴”。繁殖期5～7月，筑巢于苇丛深处或灌丛地上、枝条上，巢呈球形，每窝产卵5～6枚，卵白色无斑。夏候鸟，分布于呼伦贝尔市、兴安盟、通辽市、赤峰市、锡林郭勒盟、乌兰察布市、呼和浩特市、包头市、巴彦淖尔市、鄂尔多斯市、乌海市、阿拉善盟。常见。

黄腹柳莺

Phylloscopus affinis (Tickell's Leaf Warbler)

雀形目莺科。全长约11cm。雌雄相似。上体橄榄绿，下体淡黄色，**胸侧沾皮黄，**两胁及臀沾橄榄色。尾羽及飞羽褐色，有橄榄色羽缘，无翼斑。**眉纹黄色，长而宽阔，**贯眼纹黑色，耳羽暗黄。虹膜暗褐，嘴黑褐，下嘴黄色，尖端暗褐，脚角褐色或棕褐色。

栖息于海拔1000～5000米的中高山森林和森林上限以上的高山或高原灌丛，以昆虫为食。繁殖期5～8月，营巢于离地不高的灌丛下部，每窝产卵3～5枚，卵象牙白色，偶被稀疏红褐色斑，雌雄轮流孵卵。夏候鸟，分布于阿拉善盟。

黄腹柳莺 / 2009-9-23

灰柳莺 / 西锐

灰柳莺

Phylloscopus griseolus (Sulphur-bellied Warbler)

雀形目莺科。全长约12cm。雌雄相似。**上体灰褐色具鲜黄色眉纹和黑褐色贯眼纹，两翅和尾黑褐色无翅斑，**下体棕黄色，胸和两胁较暗，腹黄色。虹膜暗褐，上嘴黑色或角褐色，下嘴黄色或橙黄色，脚橙色或绿黄色。

栖息于森林上缘疏林和邻近的高山和高原灌丛地带及林缘和生长有稀疏树木或灌木的荒坡草地，以昆虫及其幼虫、蜘蛛等小型节肢动物为食。繁殖期5～7月，营巢于灌木低枝上或山边小树杈上，每窝产卵4～5枚，卵白色，被锈红色斑点。夏候鸟，分布于包头市。

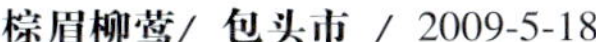

棕眉柳莺/ 包头市 / 2009-5-18

巨嘴柳莺/ 包头市 / 2009-5-18

棕眉柳莺

Phylloscopus armandii (Yellow-streaked Warbler)

雀形目莺科。全长约12cm。雌雄相似。上体橄榄褐色，微沾灰色，**额羽松散沾棕**，腰沾绿黄色，两翅和尾黑褐色或暗褐色。**眉纹棕白色，长而显著**，贯眼纹暗褐色。颊和耳羽棕褐色，颈侧黄褐色。下体绿白色具细黄色纵纹，两胁稍沾橄榄褐色。虹膜褐色或暗褐色，嘴黑褐，下嘴较淡，基部黄褐色，脚灰褐色或铅褐色。

栖息于海拔3200米以下的中低山区和山脚平原地带的森林和林缘、草甸、灌丛，以昆虫和植物果实、种子为食。繁殖期5～6月，每窝产卵5枚，卵白色，被红色斑点。夏候鸟，分布于通辽市、赤峰市、呼和浩特市、包头市、鄂尔多斯市、巴彦淖尔市、阿拉善盟。

巨嘴柳莺

Phylloscopus schwarzi (Radde's Warbler)

雀形目莺科。全长约13cm。雌雄相似。上体橄榄褐色，腰部缀黄褐色，翼及尾暗褐色。眉纹前段皮黄，后段转白，贯眼纹深褐色，耳羽棕色。下体黄白色，**喉污白色**，胸部沾褐色，腹中央鲜黄色，尾下覆羽棕黄色。虹膜暗褐，**嘴形厚**，上嘴黑褐或暗绿褐色，下嘴基部黄褐色，脚黄褐色或肉色。

栖息于海拔1400米以下的低山丘陵和山脚平原地带，以昆虫为食。繁殖期6～8月，营巢于林缘路旁次生杨桦林中，灌丛、草丛或灌木上，每窝产卵4～6枚，卵椭圆形，白色或乳白色，被褐色或淡黄褐色斑点，雌鸟孵卵。夏候鸟，分布于呼伦贝尔市、锡林郭勒盟、包头市、阿拉善盟。常见。

巨嘴柳莺 / 包头市 / 2009-5-18

橙斑翅柳莺 / 阿拉善盟 / 2009-9-21

橙斑翅柳莺 / 阿拉善盟 / 2009-9-21

橙斑翅柳莺

Phylloscopus pulcher (Orange-barred Warbler)

雀形目莺科。全长约12cm。额、顶、枕部暗橄榄绿褐色，稍沾灰色，具不明显淡黄色中央冠纹，眉纹淡黄色，贯眼纹暗褐色。背橄榄绿色，腰黄色形成明显的黄色腰带。翅及尾羽暗褐色，**翅上具两道橙黄色翅斑。**下体灰绿黄色。虹膜黑褐色，嘴黑褐色，下嘴基部暗黄色，脚褐色或暗褐色。

栖息于海拔1500～4000米山地森林和林缘灌丛中，性活泼，行动敏捷，以昆虫和昆虫幼虫为食。繁殖期5～7月，营巢于山地森林中，多置于树干间及枝杈上，每窝产卵3～4枚，卵白色，被红色斑点。夏候鸟，分布于阿拉善盟。

黄腰柳莺

Phylloscopus proregulus (Pallas' s Leaf Warbler)

雀形目莺科。全长约10cm。上体羽鲜橄榄绿色，**腰部具黄带，翅上具两道显著的黄绿色横斑点，**眉纹和冠纹黄绿色，下体苍白色，微沾黄绿色。虹膜暗褐色，嘴黑褐色，下嘴基部暗黄色，脚淡褐色。

栖息于森林和林缘灌丛地带，常与其它柳莺混群活动，通常于树顶端枝叶间来回穿梭跳跃，动作活泼，时常定点振翅，以昆虫和虫卵为食。繁殖期5～7月，营巢于树枝上，每窝产卵3～6枚，卵白色，有紫褐色斑点。旅鸟，分布于呼伦贝尔市、赤峰市、锡林郭勒盟、乌兰察布市、呼和浩特市、包头市、巴彦淖尔市、鄂尔多斯市、阿拉善盟。常见。

黄眉柳莺

Phylloscopus inornatus (Yellow-browed Warbler)

雀形目莺科。全长约10cm。雌雄相似。上体淡橄榄绿，头顶色深而褐，中央具一道不甚明显的黄绿色冠羽，**翼上有两道淡黄色的翼斑。眉纹宽阔淡黄绿色，**贯眼纹暗褐色。下体白色，胸、两胁、尾下覆羽黄绿色。虹膜暗褐，嘴褐色，下嘴基部黄色，脚褐色或淡棕褐色。

栖息于山地、平原地带的混交林或针叶林中，以昆虫或虫卵为食，偶食植物性食物。繁殖期5～8月，营巢于地面或树上茂密枝杈间，每窝产卵4～5枚，卵椭圆形，乳白色，被红褐色斑，雌鸟孵卵。夏候鸟，分布于呼伦贝尔市、兴安盟、赤峰市、锡林郭勒盟、乌兰察布市、呼和浩特市、包头市、鄂尔多斯市、巴彦淖尔市、阿拉善盟。

黄眉柳莺 / 2009-9-18

黄腰柳莺 / 包头市 / 2007-5-13

极北柳莺 / 包头市 / 2007-5-22

极北柳莺

Phylloscopus borealis (Arctic Warble)

雀形目莺科。全长约12cm。上体暗橄榄绿色，黄白色眉纹长而显眼，耳羽斑驳。下体黄绿色，翼橄榄褐色且有一条黄白色点斑带。虹膜暗褐色或褐色，**嘴较粗大且上弯**，上嘴黑褐色，下嘴黄褐色，脚肉色或黄褐色。

栖息于树林中或低矮灌丛间。活跃、敏捷、喜在柳树枝间搜食昆虫和虫卵。繁殖期6～7月，地上筑巢，每窝产卵4～7枚。旅鸟，分布于呼伦贝尔市、赤峰市、锡林郭勒盟、呼和浩特市、包头市、巴彦淖尔市、鄂尔多斯市、阿拉善盟。常见。

暗绿柳莺

Phylloscopus trochiloides (Greenish Warbler)

雀形目莺科。全长约11cm。雌雄相似。体背暗橄榄绿色、橄榄灰色或鲜绿色，**翼上具两条淡黄色翼斑**，眉纹黄白色，长而明显，贯眼纹暗褐色，下体污白色沾黄，尤以两肋、尾下覆羽黄色明显。虹膜褐色，上嘴黑褐色，下嘴淡黄色。

栖息于针叶林、针阔混交林和阔叶林及林缘疏林和灌丛，以昆虫为食。繁殖期6～7月，营巢于地上或河岸与山边陡岩上及灌丛和小树上，每窝产卵5～6枚，卵白色，雌鸟孵卵。夏候鸟，分布于巴彦淖尔市。

双斑绿柳莺

Phylloscopus plumbeitarsus (Two-barred Greenish Warbler)

雀形目莺科。全长约12cm。雌雄相似。上体橄榄绿色，头顶稍暗，眉纹黄白色，长而显著，贯眼纹暗橄榄褐色。翅和尾黑褐色，**翅上具两道明显的白色或淡黄色翅斑**。下体白色或污灰白色微沾黄色，两肋橄榄灰绿色或灰黄色，尾下覆羽灰黄绿色。虹膜褐色或暗褐色，上嘴黑褐色，下嘴淡黄褐色，脚淡褐色或暗褐色。

栖息于山地针叶林和针阔混交林中，以昆虫和蜘蛛等动物性食物为食。繁殖期5～8月，营巢于林中溪流岸边、山坡上或岩石缝隙中，每窝产卵5～6枚，卵白色，雌鸟孵卵。夏候鸟，分布于呼伦贝尔市、赤峰市、鄂尔多斯市、阿拉善盟。

暗绿柳莺 / 包头市 / 2009-4-26

双斑绿柳莺 / 张永

淡脚柳莺

Phylloscopus tenellipes (Pale-legged Leaf Warbler)

雀形目莺科。全长约11cm。雌雄相似。上体橄榄褐色，**具两道黄色翅斑**，眉纹淡黄色，贯眼纹黑褐色。下体白色，两胁沾黄褐色。虹膜暗褐色，上嘴黑褐或角褐色，下嘴肉褐色，**脚淡肉色**。

栖息于海拔1700米以下的阔叶林、混交林和针叶林中，以昆虫为食。繁殖期5～7月，营巢于森林中河谷和溪流沿岸土崖或树根下、倒木洞穴、岩洞坑中，每窝产卵4～6枚，卵椭圆形，卵白色，光滑无斑。夏候鸟，分布于呼伦贝尔市、赤峰市。

冕柳莺

Phylloscopus coronatus (Eastern Crowned Warbler)

雀形目莺科。全长约12cm。雌雄相似。上体橄榄绿色，**头顶较暗，具淡黄色中央冠纹和眉纹**，贯眼纹暗褐色，颊和耳羽淡黄绿色杂褐色或白色。翅上具一条淡黄绿色的翅斑。下体银白，尾下覆羽亮黄色。虹膜褐色或暗褐色，上嘴黑褐色，下嘴角黄白色或黄褐色，脚褐色或铅褐色。

栖息于海拔2000米以下山地针叶林、混交林、阔叶林及林缘地带，以昆虫及其幼虫为食。繁殖期6～7月，营巢于地上及低树树杈上，每窝产卵4～7枚，卵白色无斑。夏候鸟，分布于呼伦贝尔市、赤峰市。

淡脚柳莺 / 沈越

冕柳莺 / 孙晓明

白喉林莺

Sylvia curruca (Lesser Whitethroat)

雀形目莺科。全长约12.5cm。**上体沙褐色**，额、顶、枕和后颈灰褐色，**耳羽黑灰色**，翼及尾羽褐色，外侧尾羽羽缘白色，下体近白色，胸及两胁沾淡黄色，颏喉部白色。虹膜淡褐色、栗色、黄褐色，嘴褐色或角褐色，下嘴基部较淡，脚灰褐色或铅蓝色。

栖息于多草的灌丛和苇丛中，主要以昆虫为食。繁殖期5～7月，灌丛中筑巢，每窝产卵5枚，卵灰白色或乳白色，有褐色或橄榄色斑点，雌雄共同孵卵。旅鸟，分布于呼伦贝尔市、锡林郭勒盟、呼和浩特市、巴彦淖尔市、鄂尔多斯市、阿拉善盟。较常见。

白喉林莺 / 包头市

漠林莺 / 阿拉善盟 / 2009-7-16

沙白喉林莺

Sylvia minula (Desert Lesser Whitethroat)

雀形目莺科。全长约14cm。雌雄相似。上体沙灰褐色或沙灰色，头顶较灰，**眼先和耳覆羽淡沙灰色**，翅较钝。飞羽褐色微具淡黄褐色羽缘，尾褐色，最外侧一对尾羽全白色，邻近一对具白色端斑。下体白色，胸胁微沾淡黄色。虹膜乳黄色，嘴角褐色，下嘴基部较淡，脚灰铅色。

栖息于零星灌木和植物生长的干旱沙漠、戈壁和半荒漠地区，以昆虫及其幼虫、植物种子为食。繁殖期5～7月，营巢于灌木丛、低矮树上，每窝产卵4～6枚。夏候鸟，分布于包头市、鄂尔多斯市、阿拉善盟。少见。

漠林莺 / 阿拉善盟

漠林莺

Sylvia nana (Desert Warbler)

雀形目莺科。全长约12cm。雌雄相似。上体沙灰褐色，腰、尾上覆羽、中央尾羽棕红色，最外侧一对尾羽白色。两翅褐色，外侧飞羽羽缘淡色，内侧飞羽羽缘棕黄褐色。颊灰、眼先、眼周白色。下体淡皮黄白色，**两胁、腹和尾下覆羽沾皮黄色。虹膜黄色，下嘴黄色，**上嘴先端角褐色，脚黄色或肉色。

栖息于荒漠和半荒漠地区灌木丛及有沙地植物生长的戈壁沙滩、多石山丘和荒漠，以昆虫及其幼虫为食。繁殖期5～7月，营巢于荒漠和半荒漠中的灌木上，每窝产卵4～5枚，卵白色，被褐色或灰色斑点，雌雄轮流孵卵。夏候鸟，分布于阿拉善盟。较常见。

沙白喉林莺 / 2010-5-12

戴　菊 / 雌鸟 / 张勇

雀形目 Passeriformes
戴菊科 Regulidae

戴　菊

Regulus regulus (Goldcrest)

雀形目戴菊科，全长约10cm。雄鸟体背橄榄绿色，具**橙黄色顶冠**，两侧有黑色侧冠纹，头颈侧灰绿色，眼圈白色。翅黑色具两道白色翅斑，尾黑褐色。下体污白色，胸、两胁沾橄榄黄色。雌鸟似雄鸟，但羽色较暗，顶冠为柠檬黄色。虹膜褐色，嘴黑色，脚淡褐色。

栖息于海拔800米以上的针叶林和混交林中，以昆虫、小型无脊椎动物、植物种子为食。繁殖期5～7月，营巢于云杉、冷杉等针叶林侧枝上或细枝丛中，每窝产卵7～12枚，卵白玫瑰色，被细褐色斑，雌雄轮流孵卵。旅鸟，分布于呼和浩特市、赤峰市、包头市。少见。

戴　菊 / 雄鸟 / 包头市 / 2007-10-26

雀形目 Passeriformes
绣眼鸟科 Zosteropidae

红胁绣眼鸟

Zosterops erythropleurus (Chestnut-flanked White-eye)

雀形目绣眼鸟科。全长约11cm，似暗绿绣眼鸟，区别在上体灰色略多，**两胁栗色**，雌鸟较淡，黄色喉斑较小，头顶无黄色。虹膜褐色或棕褐色，上嘴褐色，下嘴蓝灰色，跗跖蓝铅色或红褐色。

常见于海拔1000米以上的原始森林、次生林，有时与暗绿绣眼鸟混群，习性也类似。繁殖期5～8月，营巢于树木枝杈间或灌木丛上，每窝产卵4枚左右，卵椭圆形，乳白色，微沾淡青色。少见。

暗绿绣眼鸟

Zosterops japonicus (Janpanese White-eye)

雀形目绣眼鸟科。全长约11cm。上体缘橄榄色，具**明显的白色眼圈**和黄色喉及臀部。胸及两胁灰色，腹近白色。虹膜红褐或橙褐色，嘴黑色，下嘴基部较淡，脚暗铅色或灰黑色。

栖息于平原至山地的阔叶林、针叶林和竹林，性活泼，繁殖期外结群活动，在树冠的枝叶间捕食昆虫，也取食小浆果及花蜜。繁殖期3～8月，营巢于阔叶或针叶树及灌木上，每窝产卵3～4枚，卵淡蓝绿色或白色。少见。

红胁绣眼鸟 / 包头市 / 2007-5-27

暗绿绣眼鸟 / 包头市 / 2007-5-22

攀　雀 / 2009-5-18

雀形目 Passeriformes
攀雀科 Remizidae

攀　雀

Remiz consobrinus (Chinese Penduline Tit)

雀形目攀雀科。全长约11cm。雄鸟头顶灰色具褐色羽干纹，**后颈、颈侧暗栗色，形成一半圆形领圈。**上背棕褐色，向后转为沙褐，翅及尾暗褐色。眉纹及颊白色。额基、眼先、颊的上部及耳羽黑色。下体皮黄色。雌鸟上体沙褐色，额、眼先、颊、耳羽为暗棕栗色，余似雄鸟。虹膜暗褐色，上嘴黑褐色或灰黑色，下嘴灰色或灰黑色，脚铅灰黑色或铅蓝色。

栖息于开阔草原、半荒漠地区的疏林内，以昆虫、蜘蛛、小型无脊椎动物、植物种子、浆果、嫩芽等为食。繁殖期5～7月，营巢于杨树、榆树、柳树等阔叶树上，每窝产卵7～8枚，卵长椭圆形，白色光滑无斑。夏候鸟，旅鸟，分布于呼伦贝尔市、兴安盟、赤峰市、通辽市、巴彦淖尔市、阿拉善盟。较常见。

攀　雀 / 2009-5-18

雀形目 Passeriformes
长尾山雀科 Aegithalidae

银喉长尾山雀

Aegithalos caudatus (Long-tailed Tit)

雀形目长尾山雀科。全长约14cm。**嘴细小，尾甚长**，黑色而带白边。下体淡葡萄酒红色，**喉部中央具银灰色斑。**虹膜褐色或暗褐色，嘴黑色，脚铅黑色或棕黑色。

栖息于山地针叶或针、阔混交林中，性活泼，结小群在树冠层及低矮树丛中找食昆虫及种子，夜宿时挤成一排。繁殖期4～6月，营巢于背风的落叶松、云杉、桦树等乔木枝杈上，每窝产卵9～10枚，卵白色，缀以淡褐色或淡红褐色斑点，雌鸟孵卵。留鸟，分布于呼伦贝尔市、兴安盟、赤峰市、通辽市、乌兰察布市、呼和浩特市、包头市、巴彦淖尔市、鄂尔多斯市、阿拉善盟。常见。

银喉长尾山雀 / 亚成鸟 / 包头市 / 2008-6-21

银喉长尾山雀 / 包头市 / 2008-3-10

银喉长尾山雀 / 呼伦贝尔市 / 2007-12-3

沼泽山雀 / 呼伦贝尔市 / 2008-4-14

褐头山雀 / 包头市 / 2006-6-10

褐头山雀 / 包头市 / 2006-6-14

雀形目 Passeriformes
山雀科 Paridae

沼泽山雀

Parus palustris (Marsh Tit)

雀形目山雀科。全长约10cm。**前额、头顶至后枕黑色**，体背、翼及尾灰褐色，嘴基经颊至颈侧白色，颏、喉黑色，其余下体白色，两胁灰棕色。虹膜褐色，嘴黑色，脚铅黑色。

栖息于山地针叶林、针阔混交林、阔叶林、次生林，果园、庭院也可见到，以昆虫、蜘蛛、小型无脊椎动物、植物种子、浆果、嫩芽等为食。繁殖期4～6月，营巢于天然树洞、树缝、啄木鸟弃巢，每窝产卵6～10枚，卵圆形或长椭圆形，乳白色被红褐色斑点，雌鸟孵卵。夏候鸟，分布于呼伦贝尔市、兴安盟、赤峰市、通辽市、呼和浩特市、包头市、巴彦淖尔市。较常见。

褐头山雀

Parus montanus (Willow Tit)

雀形目山雀科。全长约12cm。上体灰褐色，**头顶至后枕黑褐色**，喉黑褐色，颏及颈侧白色，下体污白色，胸及两胁沾皮黄色。虹膜褐色或暗褐色，嘴黑色，脚铅褐色。

栖息于海拔800～4000米的湿润的山地针叶林中，多小群活动。繁殖期4～5月，营巢于天然树洞或树裂隙中，每窝产卵4～6枚，卵椭圆形，乳白色或白色，有棕褐色或红褐色斑点，雌鸟孵卵。留鸟，分布于呼伦贝尔市、通辽市、赤峰市、锡林郭勒盟、乌兰察布市、呼和浩特市、包头市、巴彦淖尔市、鄂尔多斯市、阿拉善盟。常见。

煤山雀 / 阿拉善盟 / 2009-7-4

煤山雀

Parus ater (Coal Tit)

雀形目山雀科。全长约12cm。雌雄相似。雄鸟夏羽头黑色具短**黑色羽冠**，具蓝色金属光泽，后颈中央白色，两颊各有一大块白斑。上体蓝灰色，翅上有两道白色翅带。颏喉、前胸黑色，并延伸至后颈部，其余下体白色。冬羽似夏羽，但上背蓝灰色稍淡，下体羽色较暗。雌鸟和雄鸟冬羽相似。虹膜暗褐色，嘴黑色，脚铅黑色。

栖息于海拔3000米以下的阔叶林、针阔混交林和针叶林、次生林、林缘疏林灌丛，以昆虫、蜘蛛、小型无脊椎动物、植物种子、浆果、嫩芽等为食。繁殖期5～7月，营巢于天然树洞、土崖裂隙，每窝产卵8～10枚，卵椭圆形，白色，具浅红色或肉桂色斑点，雌鸟孵卵。留鸟，分布于呼伦贝尔市、呼和浩特市、阿拉善盟。较常见。

煤山雀 / 阿拉善盟 / 2009-9-21

黄腹山雀

Parus venustulus (Yellow-bellied Tit)

雀形目山雀科。全长约10cm。雄鸟**头部及喉、胸黑色，头侧具大块白斑**，枕部有一白色沾黄的斑块，背蓝灰色，翼暗褐色，翼上具两条白色沾黄的翅斑，尾羽和尾上覆羽黑色，**腹部黄色**。虹膜褐色或暗褐色，嘴蓝黑色或灰蓝色，脚铅灰色或灰黑色。

栖息于海拔500～2000米的山地，常成群活动于高大针叶树和阔叶树上或穿梭灌丛间，有时和大山雀混群，以昆虫为食，也食植物性食物。繁殖期4～6月，在树洞中营巢，每窝产卵5～7枚，卵白色，有红色或褐色斑点。留鸟，分布于呼伦贝尔市、通辽市、赤峰市、乌兰察布市、呼和浩特市、包头市。较常见。

黄腹山雀 / 雌鸟

大山雀

Parus major (Great Tit)

雀形目山雀科。全长约14cm。**头黑色，两侧有大型白斑**，上体蓝灰色，翼上有一道白色翅斑；下体白色，**中央贯以醒目的黑色纵纹**，雌鸟的纵纹较细。虹膜褐色或暗褐色，嘴黑色或黑褐色，脚暗褐色或紫褐色。

栖息于山区针、阔叶林间，性活泼，以昆虫、蜘蛛为食，仅冬季和初春季节食少量植物性食物。繁殖期4～8月，在树洞或石缝中筑巢，每窝产卵6～9枚，卵圆形或椭圆形，乳白色或淡红白色，密布红褐色斑点，雌鸟孵卵。留鸟，分布于呼伦贝尔市、兴安盟、通辽市、赤峰市、乌兰察布市、呼和浩特市、包头市、巴彦淖尔市、鄂尔多斯市、阿拉善盟。常见。

黄腹山雀 / 雄鸟 / 包头市 / 2008-5-6

大山雀 / 雄鸟

大山雀 / 雌鸟

灰蓝山雀

Parus cyanus (Azure Tit)

雀形目山雀科。全长约13cm。**头顶浅灰色或蓝白色**，后颈具黑色领环并与蓝褐色贯眼纹相连。背、肩、腰浅灰蓝色，飞羽暗褐色，羽缘白色或蓝色，翅上覆羽具白色翅斑。尾羽深蓝色具白色端斑。下体灰白色，腹中部有一黑斑，有的胸具宽阔黄色胸带。虹膜黑褐色，嘴黑色，脚灰蓝色或黑色。

栖息于山地、平原地带的混交林或针叶林中，以昆虫或虫卵为食，偶食植物性食物。繁殖期5～7月，营巢于天然树洞、建筑物墙壁、岩缝中，每窝产卵3～11枚，卵白色，被红褐色斑点。留鸟，分布于呼伦贝尔市。

灰蓝山雀 / 2010-5-16

雀形目 Passeriformes
鳾科 Sittidae

普通鳾

Sitta europaea (Eurasian Nuthatch)

雀形目鳾科。全长约13cm。**上体自头顶部至尾上覆羽均呈浅石板蓝色**，贯眼纹黑色，尾羽石板蓝色，具白斑，两翅黑褐色，具淡色羽缘，下体白色或淡棕色，**尾下覆羽白色，具栗色羽缘。**虹膜暗褐色或褐色，上嘴灰蓝色，先端黑色，下嘴基部角灰色，端部灰褐色，跗跖肉褐色。

栖息于海拔800～1800米的针叶林、针阔混交林、阔叶林中，以昆虫及其幼虫、植物种子、果实为食。繁殖期4～6月，营巢于溪流沿岸或潮湿开阔且有老龄树的混交林的树洞中，每窝产卵6～12枚，卵椭圆形，粉白色，被紫褐色或锈褐色斑，雌鸟孵卵。留鸟，分布于呼伦贝尔市、兴安盟、通辽市、赤峰市、乌兰察布市、呼和浩特市、包头市。较少见。

黑头鳾

Sitta villosa (Chinese Nuthatch)

雀形目鳾科。全长约11cm。雄鸟额基白色，眉纹白色或白沾棕黄色，长而显著，头顶至后颈亮黑色，眼先、眼后、耳羽污黑色，耳羽杂有白色细纹。上体石板灰蓝色，颊、颏、喉污白色，下体灰棕色或浅棕黄色。雌鸟头顶黑褐色或暗褐色，眉纹污白，羽色较雄鸟淡，为淡棕色。虹膜褐色或暗褐色，嘴铅黑色，下嘴基部石板灰色，脚铅褐色。

栖息于山地针叶林和针阔混交林，以昆虫、植物种子等为食。繁殖期5～7月，营巢于针叶林及以针叶林为主的混交林的树洞中，每窝产卵4～9枚，卵白色，被朱红色或紫红色斑点，雌鸟孵卵。留鸟，分布于赤峰市、包头市、巴彦淖尔市、阿拉善盟。较少见。被《中国物种红色名录》列为近危物种。

普通鳾 / 包头市 / 2010-4-27

黑头鳾 / 阿拉善盟 / 2007-8-26

普通鳾 / 包头市 / 2010-4-20

黑头鳾 / 阿拉善盟

红翅旋壁雀

雀形目 Passeriformes
旋壁雀科 Tichidromidae

红翅旋壁雀

Tichodroma muraria (Wallcreeper)

雀形目旋壁雀科。全长约15cm。雌雄相似。冬羽**上体灰色**，头顶沾棕，**尾羽基部沾粉红色**，中、小覆羽胭红色，**飞羽黑色具大的白斑**。眼周微白，眼先灰黑色，颏喉白色，其余下体深灰色。夏羽头顶深灰色，腰背部灰色沾棕黄色，颏、喉、颊黑色，**下体灰黑色**。虹膜褐色或暗褐色，嘴黑色细长微向下弯，脚黑色。

栖息于高山悬崖峭壁和陡坡上，以昆虫及其幼虫、蜘蛛、小型无脊椎动物为食。繁殖期4～7月，营巢于悬崖峭壁岩石缝隙中，每窝产卵4～5枚，卵白色椭圆形，被红褐色斑点，雌鸟孵卵。留鸟，分布于包头市、巴彦淖尔市、阿拉善盟。少见。

红翅旋壁雀 / 阿拉善盟 / 2009-7-4

雀形目 Passeriformes
旋木雀科 Certhiidae

旋木雀

Certhia familiaris (Eurasian Treecreeper)

雀形目旋木雀科。全长约14cm。雌雄相似。**上体棕褐色具白色纵纹**，腰和尾上覆羽红棕色，尾黑褐色，外翈羽缘淡棕色，翅黑褐色，翅上覆羽羽端棕白色，飞羽中部具两道淡棕色带斑。眉纹灰白或棕白色，眼先黑褐色，耳羽棕褐色，**两颊棕白杂有褐色细纹**，下体白色，下腹、两胁沾灰。虹膜暗褐色或茶褐色，嘴黑色，下嘴乳白色，跗跖淡褐色。

栖息于山地针叶林和针阔混交林、阔叶林、次生林，以昆虫、小型无脊椎动物、植物种子等为食。繁殖期4～6月，营巢于阔叶林及混交林的树皮缝隙、裂隙、树洞中，每窝产卵4～6枚，卵椭圆形，乳白色被赤褐色斑点，雌鸟孵卵。留鸟，分布于呼伦贝尔市、赤峰市。少见。

旋木雀 / 包头市 / 2008-10-17

雀形目 Passeriformes
雀科 Passeridae

黑顶麻雀

Passer ammodendri (Saxaul Sparrow)

雀形目雀科。全长约15cm。雄鸟**头顶中央黑色，具宽阔黑色中央冠纹。**眉纹白色，至眼上变为桂皮黄色，且逐渐变宽，在颈侧形成黄斑，贯眼纹黑色。肩、背、腰淡沙棕色，具稀疏黑色纵纹。两翅灰褐色，具白色翅斑，尾暗褐，羽缘淡沙灰色。颏喉黑色，颊及喉侧及其余下体白色。雌鸟上体淡沙灰褐色，眉纹赭红褐色，下体沙棕色，喉部有一不明显的暗色斑。虹膜褐色，嘴黑色或黄褐色，脚肉黄色。

栖息于荒漠、半荒漠和有稀疏灌木的沙漠、绿洲、河谷、农田，以昆虫、植物叶芽、种子等为食。繁殖期5～7月，营巢于树洞中，每窝产卵4～6枚，卵白色被灰锈色斑。留鸟，分布于巴彦淖尔市、鄂尔多斯市、阿拉善盟。常见。

黑顶麻雀 / 雌鸟 / 2009-7-15

黑顶麻雀 / 左幼右雄 / 阿拉善盟 / 2009-7-15

家麻雀

Passer domesticus (House Sparrow)

雀形目雀科。全长约15cm。雄鸟**头顶和腰灰色，眼后、后颈至背栗红色**，背部具黑色纵纹。颏、喉和上胸黑色，颊白色，下体余部白色沾棕，翅具白色带斑。雌鸟色淡，具一土黄色眉纹，喉及上胸无黑斑。虹膜暗褐或暗茶色，嘴黑色，或褐色，脚淡肉褐色或皮黄色。

栖息于平原、山脚、高原地带村庄、城镇、农田、河谷及其附近树林、灌丛、荒漠、草甸，以谷物、草籽等植物性食物为主，也食昆虫及其幼虫。繁殖期4～8月，营巢于房檐下、房屋缝隙中、岩坡、岩洞、树上，每窝产卵5～7枚，卵白色、淡绿白色，灰蓝色或淡黄白色，被褐色或黄色斑点，雌雄轮流孵卵。留鸟，分布于呼伦贝尔市、兴安盟。少见。

麻　雀

Passer montanuss (Tree Sparrow)

雀形目雀科。全长约14cm。头顶及**上体栗褐色**，具黑色纵纹，颈部有白色领环，翼和尾黑褐色，有淡黄色羽缘，翅上有两道明显白斑。**颏、喉部黑色。**颊部污白色。虹膜暗褐或暗褐红色，嘴黑色，跗跖污黄色。

栖息于居民点附近的田野，食性杂，以昆虫、植物种籽等为食。繁殖期3～8月，喜在屋檐下，墙缝、树洞筑巢，每窝产卵4～6枚，卵椭圆形，白色或灰白色，或白色稍沾灰蓝色，有黄褐色或紫褐色斑点，雌雄轮流孵卵。留鸟，分布于呼伦贝尔市、兴安盟、通辽市、赤峰市、锡林郭勒盟、乌兰察布市、呼和浩特市、包头市、巴彦淖尔市、鄂尔多斯市、乌海市、阿拉善盟。常见。被《中国物种红色名录》列为近危物种。

家麻雀 / 左、中雌，右雄 / 呼伦贝尔市 / 2009-10-23

麻　雀 / 包头市 / 2009-6-13

石　雀 / 包头市 / 2010-5-18

麻　雀 / 包头市 / 2006-4-18

石　雀

Petronia petronia (Rock Petronia)

雀形目雀科。全长约15cm。雌雄相似。头顶暗褐色，**中央具暗色带。眉纹淡皮黄色**或皮黄白色，**长而显著**，侧贯纹和贯眼纹暗色。上体灰褐或淡沙棕褐色，肩背处具粗着暗色纵纹，**尾具白色端斑。**下体白色沾褐，**喉部有一黄色斑**，胸胁具暗褐或暗赭褐色条纹。虹膜褐色，上嘴角褐色，下嘴黄褐色，脚淡黄褐色。

栖息于高原、荒芜多岩丘陵地带，结大群活动，常与家麻雀混群栖居，以草籽、草叶等植物性食物和昆虫为食。繁殖期5～7月，营巢于悬崖峭壁洞穴中，每窝产卵4～7枚，卵白色、赭色或绿褐色，被褐色斑点。留鸟，分布于呼伦贝尔市、赤峰市、锡林郭勒盟、乌兰察布市、包头市、巴彦淖尔市、阿拉善盟。常见。

黑喉雪雀

Montifringilla davidiana (David's Snow Finch)

雀形目雀科。全长约15cm。大体褐色，雌雄同色，额、眼先、颏及喉部黑色。初级覆羽基部白色，外侧尾羽偏白色。虹膜褐色，嘴皮黄色，端部黑色，脚黑色。

栖居多石的山区及有疏草的半荒漠地域，繁殖期5～7月，营巢于鼠等动物的废弃洞中，每窝产卵5～6枚，留鸟。分布于赤峰市、呼和浩特市、阿拉善盟、锡林郭勒盟。

黑喉雪雀 / 孙少海

雀形目 Passeriformes
燕雀科 Fringillidae

苍头燕雀

Fringilla coelebs (Chaffinch)

雀形目燕雀科。全长约16cm。**雄鸟顶冠及颈、背橄榄灰色，眼先、眉纹、颏、喉及胸粉红色，具醒目的白色肩斑及翼斑。**雌鸟色暗且无粉红色。与燕雀的区别还有尾上覆羽偏绿，肩纹较白。虹膜褐色，嘴肉褐、灰褐或角褐色，脚肉褐色、褐色。

栖息于落叶林、混交林及次生灌丛，常与其它雀类混群，于地面取食。繁殖期5～7月，营巢于树上，每窝产卵4～7枚，卵淡蓝绿色或红绿色，有粉紫色斑点，雌鸟孵卵。冬候鸟，分布于呼和浩特市、包头市、巴彦淖尔市、阿拉善盟。较少见。

苍头燕雀 / 雄鸟 / 包头市 / 2010-5-18

苍头燕雀 / 雌鸟 / 包头市 / 2010-5-18

燕 雀 / 雌鸟

燕 雀 / 雄鸟

林岭雀 / 沈越

燕 雀

Fringliia montifringilla (Brambling)

雀形目燕雀科。全长约16cm。雄鸟夏羽**头至上背黑色**，带有金属光泽。下背、腰及尾上覆羽白色，翼、尾黑色，肩羽、小覆羽黄褐色，中覆羽白色，**喉、胸、胁部橙褐色**，体侧带有黑点，腹以下白色。**尾呈凹形分叉。**雌鸟似雄鸟，但羽色不如雄鸟。虹膜褐色或暗褐色，嘴基角黄色，嘴尖黑色，脚暗褐色

在平原、山地都有活动。栖息针阔混交林，迁徙时在农田、树林、荒山成群活动，叫声尖锐，单调频繁重复，食物以草籽、谷物、树嫩芽为主，繁殖期吃大量昆虫。繁殖期5～7月，每窝产卵6～7枚，卵绿色，有红紫色斑点。旅鸟，分布于呼伦贝尔市、兴安盟、通辽市、赤峰市、锡林郭勒盟、乌兰察布市、呼和浩特市、包头市、巴彦淖尔市。常见。

林岭雀

Leucosticte nemoricola (Plain Mountain Finch)

雀形目燕雀科。全长约16cm。雌雄相似。**头、上体暗褐色具淡棕色羽缘，形成明显的暗色纵纹。**腰淡褐灰色具淡棕色羽缘，尾上覆羽黑褐色具宽白色端斑，尾暗褐色具窄棕色羽缘。翅上中覆羽暗灰色，大覆羽褐色，均具白色端斑。眉纹污白色，颊和耳羽棕褐色具淡色羽轴纹。下体灰褐，胸、两胁具不明显暗色条纹。虹膜褐色或红褐色，嘴淡褐色或角褐色，下嘴基部淡红褐色，脚角褐色或暗褐色。

栖息于树线以上、永久雪线以下的高山和亚高山草甸、灌丛、林缘地带，以高山植物种子、叶芽、花蕾及少量昆虫为食。繁殖期6～8月，营巢于岩壁或石头缝隙或洞中，每窝产卵4～5枚，卵白色微沾粉红，光滑无斑。留鸟，分布于包头市。

粉红腹岭雀

Leucosticte arctoa (Asian Rosy Finch)

雀形目燕雀科。全长约17cm。**雄鸟头顶前部、眼先、颊黑色**，头顶后部至后颈灰白色具宽棕褐色羽缘。背、肩淡棕褐色具粗着黑褐色纵纹，腰、尾上覆羽灰褐色具玫瑰红色羽缘和端边，翅上飞羽和覆羽黑褐色缀玫瑰红色。下体灰黑褐色，颏至胸具灰色羽缘，**两胁和腹玫瑰粉红色。**雌鸟似雄鸟，但体羽粉红色少。虹膜红褐，嘴夏季黑色，冬季橙黄或黄白，尖端黑褐，脚黑色。

栖息于树线以上的山顶苔原、灌丛、草地和有稀疏植物生长的裸岩地上和岩坡上，以野生植物种子、灌木果实及昆虫为食。繁殖期6～7月，营巢于岩壁缝隙和岩石间，每窝产卵3～4枚，卵白色。冬候鸟，分布于呼伦贝尔市、通辽市、赤峰市。

松　雀

Pinicola enucleator (Pine Grosbeak)

雀形目燕雀科。全长约22cm。**雄鸟上体头、腰玫瑰红色**，其余上体暗灰色具淡色羽干纹和红色羽缘，两翅和尾黑褐色，翅上有两道白色翅膀。下体红色，腹至尾下覆羽灰白色。雌雄大致相似，但雄鸟红色部位雌鸟为黄橙色。虹膜

松　雀 / 雌鸟 / 姜峰

粉红腹岭雀 / 呼伦贝尔市 / 2009-10-26

普通朱雀 / **雌鸟** / 包头市 / 2007-5-14

暗红色或褐色，嘴黑褐色或铅黑色，下嘴较淡，脚黑褐色。

栖息于针叶林和针阔混交林中，主要以松子、橡子等树木种子、果实、叶芽为食。繁殖期5～7月，营巢于针叶林或以针叶林为主的混交林中近树干侧枝上，每窝产卵3～5枚，卵天蓝色或淡蓝色，被暗色斑点。冬候鸟，分布于呼伦贝尔市。

普通朱雀

Carpodacus erythrinus (Common Rosefinch)

雀形目燕雀科。全长约14cm。**额至枕部、颏至上胸为亮洋红色**，耳羽褐色沾红，腰暗红色，上体余部及翼、尾褐色，下体胸以下白色。雌鸟上体橄榄褐色，具暗色纵纹，下体白色稍沾黄，喉、胸及两胁具暗色纵纹。虹膜暗褐色，嘴角褐色，下嘴较淡，脚褐色。

栖息于亚高山森林地带，多见于沿溪流的林缘、灌丛，迁徙时见于平原的杂木林、疏榆林及村落附近的树林。以植物叶芽、种子、浆果、谷物及昆虫为食。繁殖期5～7月，营巢于溪谷灌丛中，每窝产卵4～5枚，卵淡蓝绿色，有褐色斑点，雌鸟孵卵。旅鸟，分布于呼伦贝尔市、赤峰市、锡林郭勒盟、呼和浩特市、包头市、巴彦淖尔市、鄂尔多斯市、阿拉善盟。常见。

普通朱雀 / **雄鸟** / 包头市 / 2007-5-14

红眉朱雀 / 雄鸟 / 阿拉善盟 / 2009-7-4

红眉朱雀 / 雌鸟 / 阿拉善盟 / 2009-7-4

红眉朱雀

Carpodacus pulcherrimus (Beautiful Rosefinch)

雀形目燕雀科。全长约15cm。雄鸟上体褐色斑驳，**眉纹、颊、额、耳羽及下体淡紫粉色**，臀污白色。雌鸟无粉色，但具明显的皮黄色眉纹，上体灰褐色，下体略淡，除腹部外多具褐色纵纹。虹膜红褐色或暗褐色，嘴暗褐色或角褐色，下嘴较淡，脚肉色或角褐色。

栖息于海拔1500米以上的山地低矮针阔混交林中，以植物种子为食。繁殖期5～8月，营巢于灌丛或小树上，每窝产卵3～5枚，卵蓝色，有稀疏黑色斑点，雌鸟孵卵。旅鸟，分布于赤峰市、锡林郭勒盟、呼和浩特市、包头市、巴彦淖尔市、鄂尔多斯市、阿拉善盟。较常见。

沙色朱雀

Carpodacus synoicus (Pale Rosefinch)

雀形目燕雀科。全长约15cm。**雄鸟额基部、眼先、眼周和前颊赤红色或灰粉红色，额和头侧银粉红色，**耳覆羽和后颊稍暗，头顶、**肩背沙褐色，**下背羽缘沾粉色具不明显的暗色羽干纹，腰、尾上覆羽粉红色。两翅、尾褐色具白色羽缘。下体近白色。雌鸟通体沙褐色，头顶、颊、喉及上胸具模糊暗色纵纹。虹膜暗褐，嘴暗褐或暗褐灰色，脚黑褐色。

栖息于海拔2000～4000米的干旱岩石荒漠、沟谷、山坡，以草籽、果实等野生植物为食。繁殖期5～8月，营巢于山崖和土坡缝隙间。留鸟，分布于包头市。

北朱雀

Carpodacus roseus (Pallas' s Rosefinch)

雀形目燕雀科。全长约16cm。雄鸟额至后颈、头侧、颈侧洋红色，额、头顶及喉部具粉白色鳞状斑，腰、胸及两胁粉红色，背灰褐色具黑色纵纹，翼及尾灰褐色，腹部近白色，尾下覆羽粉红色。雌鸟上体灰褐沾粉红，腰、胸粉红，腹及尾下覆羽白色，上下体均密布暗褐色纵纹。虹膜暗褐色，嘴黄褐或角褐色，脚黄褐或褐色，趾、爪黑褐色。

栖息于低海拔山区的针阔叶混交林和阔叶林，丘陵地带的杂木林和平原的榆、柳林中。以杂草种子、浆果和叶为食。冬候鸟，分布于呼伦贝尔市、兴安盟、通辽市、赤峰市、呼和浩特市、包头市、巴彦淖尔市、阿拉善盟。较常见。

北朱雀 / 雄鸟 / 包头市 / 2007-11-9

北朱雀 / 雌鸟 / 包头市 / 2009-10-26

沙色朱雀 / 董国泰

白眉朱雀 / **雄鸟** / 阿拉善盟 / 2009-3-22

白眉朱雀 / **雌鸟** / 阿拉善盟 / 2009-3-22

白眉朱雀

Carpodacus thura (White-browed Rosefinch)

雀形目燕雀科。全长约16cm。雄鸟额基、眼先、颊深红色，眉纹长而宽阔，前额、**眉纹珠白色沾粉红色，具丝绢光泽。**头顶至背棕褐色具黑褐色斑羽干纹。腰和尾上覆羽玫瑰红色，尾黑褐。下体玫瑰红色，颏喉、上胸具珠白色羽干纹，腹白色。雌鸟前额白色杂黑色，头顶至背橄榄褐色，具黑褐色纵纹，**眉纹皮黄白色。腰和尾上覆羽棕黄或金黄**，具暗褐羽干纹，下体皮黄白色，密被黑褐色羽干纹。虹膜暗褐色，嘴角褐色，脚橄榄褐色或角褐色。

栖息于海拔3000～4500米的高山灌丛、草地和生长有稀疏植物的岩石荒坡，以草籽、果实、浆果、嫩芽等植物性食物为食。7～8月繁殖，营巢于距地不高的低矮灌丛中，每窝产卵3～5枚，深蓝色，被少许黑色或紫褐色斑点，雌鸟孵卵。留鸟，分布于阿拉善盟、巴彦淖尔市、鄂尔多斯市，较常见。

拟大朱雀

Carpodacus rubicilloides (Streaked Rosefinchh)

雀形目燕雀科。全长约18cm。**雄鸟头部深红色具银白色细短条纹或斑点**，肩背和翅上覆羽暗褐色具黑色纵纹，腰粉红色，两翅和尾黑褐色，肩背、飞羽羽缘沾粉红色，**下体红色具白色条纹或斑点。**雌鸟上体灰褐或淡黄褐色，下体皮黄色，均具黑色纵纹，飞羽和翅覆羽黑褐色具淡灰色或灰白色羽缘。虹膜暗褐，嘴角褐色，嘴峰较暗，嘴基角黄色，脚暗褐色。

栖息于树线以上至雪线附近的高山和高原灌丛、草地、岩石荒坡，以植物种子、嫩芽、果实为食。繁殖6～9月，营巢于低矮蔷薇或其它灌木丛及溪边或农田地边小柳树上，每窝产卵3～5枚，卵阔卵圆形，蓝色被黑色或紫褐色斑。留鸟，分布于鄂尔多斯市。

红交嘴雀

Loxia curvirostra (Red Crossbill)

雀形目燕雀科。全长约17cm。**全身大致玫瑰红色，上、下嘴尖交叉，**头侧暗褐色，翼及尾近黑色；喉及腹羽红色，尾下覆羽中央褐色。雌鸟以橄榄灰代替雄鸟的红色部分，胸沾黄色，尾下覆羽具黑斑。虹膜暗褐或黑褐色，嘴黑褐或角褐色，嘴缘黄褐色，脚黑褐色稍显红色。

栖息于山区针叶林，游荡期也见于丘陵和平原的阔叶林中，喜集群活动，在树上觅食球果，除食松子外，也食树芽、榛子、野果植物种子和少量昆虫等。繁殖期5～8月，筑巢于针叶树杈枝上，每窝产卵4枚，绿白色、绿蓝色或乳白色，有褐色、淡棕色斑点，雌鸟孵卵。旅鸟，分布于呼伦贝尔市、通辽市、赤峰市、呼和浩特市、包头市、阿拉善盟。常见。

拟大朱雀 / 雌鸟 / 林植

拟大朱雀 / 雄鸟 / 2007-7-31 / 张永

红交嘴雀 / 雄鸟 / 包头市 / 2007-11-6

红交嘴雀 / 雌鸟 / 包头市 / 2007-11-9

白翅交嘴雀

Loxia leucoptera (White-winged Crossbill)

雀形目燕雀科。全长约15.5cm。嘴相侧交，体形似红交嘴雀，只是略小，主要区别在具两道明显的**白色翼斑**，且三级飞羽羽端白色。繁殖期雄鸟暗玫瑰绯红色，尾上覆羽更艳。雌鸟羽色橄榄绿色，尾上覆羽黄绿色。虹膜褐色或暗褐色，嘴暗角褐色，脚肉褐色。

栖息于山区针叶林，游荡期也见于丘陵和平原阔叶林中。喜结群活动，在树上觅食球果、树芽、野果和少量昆虫。可象鹦鹉似的用嘴攀缘，倒悬进食等，习性似红交嘴雀。繁殖期4～7月，营巢于落叶松树杈上，每窝产卵3～5枚，卵淡蓝色有黑褐色斑点，或绿色有暗紫色斑点。旅鸟，分布于呼伦贝尔市、赤峰市。较常见。

白翅交嘴雀 / 雄鸟 / 李显达

白腰朱顶雀

Carduelis flammea (Common Redpoll)

雀形目燕雀科。全长约13cm。雄鸟上体沙褐色，有黑褐色纵纹，**头顶朱红色**，额、眼先、颏黑色，腰灰白沾粉红，翼及尾黑褐色，具一条白色翼斑，**喉及上胸粉红色向上延伸到脸侧**，下体余部白色，**两胁具黑褐色纵纹**。雌鸟似雄

白翅交嘴雀 / 雌鸟 / 2006-11-13

白腰朱顶雀 / 包头市 / 2007-11-17

鸟，但胸无粉红色。虹膜褐色，嘴黄色或黄褐色，嘴峰黑褐色，脚黑褐色。

栖息于溪边的丛深柳林、沼泽化的多草疏林等幼林中，成群活动，不畏人，多在地面取食，主食草籽，也食昆虫、谷物。繁殖期5～7月，每窝产卵5～6枚，卵淡蓝色或绿色，有褐色斑点，雌鸟孵卵。冬候鸟，分布于呼伦贝尔市、兴安盟、赤峰市、乌兰察布市、呼和浩特市、包头市、巴彦淖尔市、阿拉善盟。常见。

极北朱顶雀

Carduelis hornemanni (Hoary Redpoll)

雀形目燕雀科。全长约13cm。上体灰白色，额和头顶前部朱红色，在淡色头部形成**一朱红色斑**，极为醒目，下背、**腰纯白色**，腰沾玫瑰色。尾上覆羽白色具褐色羽干纹，尾羽黑褐具白色羽缘。眼先黑色，眼周、耳羽和颊近白色，颊沾玫瑰色。颏黑色，下体白色，**喉胸粉红**，胸及两胁微具黑色纵纹。虹膜褐色，下嘴黄色，上嘴黑褐色，脚暗褐色。

栖息于北极苔原灌丛地上，以赤杨、桦树等树木种子、草籽、灌木果实、植物嫩芽为食。繁殖期6～8月，营巢于柳灌丛和小树上、岩缝间，每窝产卵4～6枚，卵淡蓝色被褐色斑。冬候鸟，分布于呼伦贝尔市。

极北朱顶雀 / 李显达

黄　雀 / 雄鸟 / 包头市 / 2007-6-30

黄　雀 / 雌鸟 / 包头市 / 2007-11-5

黄　雀

Carduelis spinus (Eurasian Siskin)

雀形目燕雀科。全长约12cm。雄鸟**额、眼先、头顶、颏部黑色**，背暗绿色具褐色羽干纹，**腰及尾基黄色**，**翼及尾褐色**，**翼上具两道黄色翅斑；头侧、喉及胸黄色**，耳羽沾黑，腹以下白色，两肋有黑色纵斑。雌鸟色暗而多纵纹，头与颏部无黑色。虹膜褐色或黑褐色，嘴暗褐或暗铅灰褐色，脚黑褐或暗褐色。

栖息于山区的针阔混交林和针叶林，以及平原的杂木林和河滩丛林，繁殖期外成群活动，以植物种子、昆虫、浆果、谷物等为食。随季节和地区而变化。繁殖期5～8月，营巢于松树和树下小树上，每窝产卵4～6枚，卵蓝色或绿色，有细小赭色斑点，雌鸟孵卵。旅鸟，分布于呼伦贝尔市、兴安盟、通辽市、赤峰市、锡林郭勒盟、乌兰察布市、呼和浩特市、包头市、阿拉善盟。常见。

红额金翅雀

Carduelis carduelis (Eurasian Goldfinch)

雀形目燕雀科。全长约13cm。雄鸟**额、头顶、颊、颏、上喉朱红色**，眼先和眼周黑色。上体淡灰褐色或污褐色，尾上覆羽白色，两翅和尾黑色，翅上有黄色斑。下体喉白色或污白色，头侧、颈侧、胸、两胁灰褐色，腹白色。雌雄相似，但面部红色较淡，翅上黄色较浅。虹膜褐色，嘴肉黄色，尖端暗褐，脚淡褐色。

栖息于高山针叶林或针阔混交林及人工林、农田、草原、居民点附近，以草籽、植物果实、种子等植物性食物为食，也食部分农作物和昆虫。繁殖期5～8月，营巢于树侧枝外端，每窝产卵3～5枚，卵淡蓝白色，被稀疏灰褐色或红褐色斑点，雌鸟孵卵。在包头市2008年10月仅见到一次。

红额金翅雀 / 包头市

金翅雀

Carduelis sinica (Gray-capped Greenfinch)

雀形目燕雀科。全长约14cm。雄鸟头部灰褐、耳羽沾黄，背部及翼覆羽暗褐色，**腰黄色，翼和尾基部有金黄色块斑，喉至上胸黄褐色，腹及两胁棕黄色，尾下覆羽黄色。**雌鸟体色较暗，黄色翼斑也较小。虹膜栗褐色，嘴黄褐色或肉黄色，脚淡棕黄色或淡灰红色。

栖息于平原至海拔2400米的山地、灌丛、人工林、公园和村旁的树林，喜在针叶树上筑巢，结群活动，以杂草和树木种子为食，也食昆虫和谷物。繁殖期3～8月，营巢于低山丘陵和山脚地带针叶树幼树树杈上或杨树、果树等阔叶树上，每窝产卵4～5枚，卵椭圆形，卵色变化大，灰绿色或淡绿色有锈褐色斑点，或绿色、绿白色、鸭蛋青色有褐色斑点，雌鸟孵卵。留鸟，分布于呼伦贝尔市、兴安盟、通辽市、赤峰市、乌兰察布市、呼和浩特市、包头市、巴彦淖尔市、鄂尔多斯市、阿拉善盟。分布广，数量多，常见。

金翅雀 / 包头市 / 2009-3-21

金翅雀 / 包头市 / 2009-3-20

黄嘴朱顶雀 / 阿拉善盟 / 2009-3-21

黄嘴朱顶雀

Carduelis flavirostris (Twite)

雀形目燕雀科。全长约13cm。雄鸟上体沙褐色或棕褐色，具粗着暗褐色羽干纹，腰淡玫瑰色，尾上覆羽暗褐色具宽阔白色羽缘。两翅和尾褐色具白色羽缘。颏、喉、胸沙棕色，其余下体淡灰白色或白色，均具黑褐色纵纹。雌性相似，但腰无红色，呈淡皮黄色具淡褐色纵纹和白色羽缘。虹膜暗褐，**嘴淡，冬季黄色，夏季灰色，**跗跖黑褐或黑色。

栖息于海拔3000米以上高山和高原矮丛、灌丛草甸、岩石荒坡及荒漠、半荒漠地区，以草籽和其它植物种子、部分昆虫、农作物为食。繁殖期6～8月，营巢于低矮灌木、岩石缝隙中，每窝产卵4～6枚，卵淡蓝绿色或淡蓝色，被红褐色或栗红色斑点，雌鸟孵卵。留鸟，分布于阿拉善盟。较常见。

红腹灰雀

Pyrrhula pyrrhula (Eurasian Bullfinch)

雀形目燕雀科。全长约16cm。体形厚实。**雄鸟头至后颈黑色，**背灰色，腰白色，翼、尾黑色，翼上具一道白色翼斑。**胸及上腹粉红色，**下腹及尾下覆羽白色。雌鸟以灰棕色代替雄鸟红色部分。虹膜褐色，嘴灰黑色略带钩，脚黑褐色。

栖息于阔叶林、混交林，性活泼，不畏人，常结小群活动，以树木种子和草籽为食。繁殖于西伯利亚，冬候鸟，分布于呼伦贝尔市、包头市。

灰腹灰雀

Pyrrhula griseiventris (Oriental Bullfinch)

雀形目燕雀科。全长约17cm。雄鸟嘴基至后颈黑色具蓝色光泽，耳羽灰白色。背、肩灰色，腰白色，两翅和尾辉蓝黑色，翅上有白色或灰白色翅斑。下体灰色沾葡萄红色。雌鸟似雄鸟，头部黑色较暗，肩背淡褐，下体淡灰褐色。虹膜褐色，嘴黑色，脚黑褐色。

栖息于针叶林及针阔混交林、林缘次生杨桦林、果园、林区住宅附近，以植物果实、种子、昆虫为食。繁殖状况不明，冬候鸟，分布于呼伦贝尔市。较常见。

红腹灰雀 / 雌鸟

红腹灰雀 / 雄鸟

灰腹灰雀 / 雄鸟 / 呼伦贝尔市 / 2006-1-7 / 姚文志

灰腹灰雀 / 雌鸟 / 呼伦贝尔市 / 2006-12-23 / 姚文志

锡嘴雀

Coccothraustes coccothraustes (Hawfinch)

雀形目燕雀科。体长17cm，雄鸟的眼先、嘴基、颏、喉的中央黑色，头由前至后渐浓呈淡棕色，领环灰白色，肩、背茶褐色，腰淡黄色，尾棕褐色，尾端白色，下体淡黄色，腹中央、尾下覆羽白色，翅黑栗色有白斑。雌鸟色比雄鸟淡。虹膜红褐色或褐色，**嘴粗大而坚厚，铅灰蓝色**，下嘴基部近白色，脚肉色、爪黄褐色。

栖息于平原或低山阔叶林中，成群活动，飞行时呈波形，两翅扇动快速，鸣叫声多变，鸣声持续时间长，以松、柏、桧的种子及浆果等为食。繁殖期5～7月，营巢于阔叶树茂密的树枝上，每窝产卵3～7枚，卵卵圆形或长卵圆形，淡黄绿色或灰绿色，有紫灰色斑点，雌鸟孵卵。留鸟，旅鸟，分布于呼伦贝尔市、兴安盟、通辽市、赤峰市、乌兰察布市、呼和浩特市、包头市、巴彦淖尔市、鄂尔多斯市、阿拉善盟。数量多，分布广，常见。

锡嘴雀 / 雄鸟 / 包头市

锡嘴雀 / 雌鸟 / 包头市

黑尾蜡嘴雀 / 上雄下雌 / 包头市 / 2006-6-18

黑尾蜡嘴雀 / 雄鸟 / 包头市 / 2008-12-17

黑头蜡嘴雀 / 包头市 / 2007-11-9

黑尾蜡嘴雀

Eophona migratoria (Yellow-billed Grosbeak)

雀形目燕雀科。全长约18cm。雄鸟头、翼和尾黑色，飞翔时翼下缘白色，**胁部棕褐色**，身体余部灰褐色。雌鸟头部无黑色，余部似雄鸟。虹膜淡红褐色，**嘴橙黄色**，尖端黑色。

栖息于平原、丘陵、山区的阔叶林和灌丛中，除繁殖期喜集小群活动，主食植物性食物，也食昆虫。5月开始繁殖，筑巢于灌丛、幼树和乔木树叉上。每窝产卵3～5枚，卵椭圆形或长卵圆形，米黄色有淡红色斑点，或灰白色有黑褐色斑点。旅鸟，夏候鸟，分布于呼伦贝尔市、兴安盟、通辽市、赤峰市、锡林郭勒盟、呼和浩特市、包头市、巴彦淖尔市、鄂尔多斯市、阿拉善盟。较少见。

黑头蜡嘴雀

Eophona personata (Japanese Grosbeak)

雀形目燕雀科。全长约23cm。雄鸟头黑色，额和头顶具蓝色金属光泽，耳羽棕灰色。体羽灰色，两翅和尾黑色，翅上具白色翅斑。**下胸、两胁褐灰色或葡萄灰色**，腹淡灰色，腹中央及尾下覆羽白色。雌性相似，但上体较褐。虹膜红色，**嘴粗大，蜡黄或鲜黄**，脚黄褐或肉褐色。

栖息于海拔1300米以下针阔混交林、针叶林及阔叶林中，以昆虫、植物种子、果实等为食。繁殖期5～7月，营巢于茂密原始针阔叶混交林中的松树、椴树、水曲柳等乔木枝杈间，每窝产卵3～4枚，卵淡蓝色或灰绿青色，被褐色或黑色斑。旅鸟，分布于赤峰市、呼和浩特市、巴彦淖尔市、阿拉善盟。少见。

白斑翅拟蜡嘴雀 / 雌鸟 / 阿拉善盟 / 2009-3-7

白斑翅拟蜡嘴雀

Mycerobas carnipes (White-winged Grosbeak)

雀形目燕雀科。全长约22cm。雄鸟头、颈、背、胸黑色，腰和尾上覆羽、胸以下的整个下体黄色，**两翅和尾黑色，具白色翅斑**，腹及两胁绿黄色。雌鸟似雄鸟，羽色较淡，头颈部及上胸灰褐色，下背沾绿色。虹膜褐色或红褐色，嘴黑褐色、灰褐色或淡紫褐色，下嘴较淡，颜色随季节变化，脚肉褐色或淡粉红褐色。

栖息于高山和高原地带及中低山和山脚沟谷地带，以树木种子、坚果、浆果等植物性食物为食，也食少量农作物种子和昆虫。繁殖期5～8月，营巢于山地森林中的林下小树或灌木上，每窝产卵3～5枚，卵白色被紫红色或灰褐色两层斑。留鸟，分布于巴彦淖尔市、阿拉善盟。较常见。

蒙古沙雀

Rhodopechys mongolica (Mongolain Finch)

雀形目燕雀科。全长约14cm。嘴短粗，上嘴稍弯曲，头、颈、上体灰褐色，**腰及尾上覆羽灰色，沾粉红色，尾羽黑褐色具白色羽缘，翅黑褐色，沾粉红色，下体**

白斑翅拟蜡嘴雀 / 雄鸟 / 阿拉善盟 / 2009-3-7

蒙古沙雀 / 包头市 / 2009-5-2

暗粉红色。虹膜暗褐或茶褐色，嘴黄褐色或肉黄色，脚黄褐色或肉色。

栖息于荒漠半荒漠环境。冬季成群活动，以植物种子为食。繁殖期5～6月，营巢在石头下或岩缝中，每窝产卵3～5枚，卵淡蓝色或绿白色，钝端有少许黑色斑纹。留鸟，分布于呼伦贝尔市、赤峰市、包头市、巴彦淖尔市、阿拉善盟。较常见。

巨嘴沙雀

Rhodopechys obsoleta (Desert Finch)

雀形目燕雀科。全长约14cm。**嘴黑色、**粗厚呈圆锥状，**眼先黑色，**头、颈上体浅沙色，翼和尾上有粉、黑、白色花纹，飞行时更为显眼。虹膜暗褐色，嘴雄性黑色，雌性暗褐色，脚暗褐色灰黑色。

栖息于草原和半沙漠地带，多成对或小群活动。在灌丛或矮树上筑巢，以植物种子为食。繁殖期4～7月，每窝产卵4～6枚，卵淡蓝色，有细小暗褐色斑点。留鸟，分布于锡林郭勒盟、包头市、巴彦淖尔市、阿拉善盟。常见。

巨嘴沙雀 / 包头市 / 2009-3-21

巨嘴沙雀 / 包头市 / 2006-7-6

长尾雀 / 雌鸟 / 包头市

长尾雀

Uragus sibiricus (Long-tailed Rosefinch)

雀形目燕雀科。全长约17cm。**雄鸟嘴短粗，头、腰及胸粉红色，背褐色具黑色的羽干纹和玫瑰红色羽缘；**翼及尾黑色，**翼上有两道白斑，**外侧尾羽具白色羽缘。雌鸟以灰褐色代替雄鸟的红色部分，**尾上覆羽浅玫瑰红色，**下体具褐色纵纹。虹膜褐色或暗褐色，嘴角褐色，脚暗褐色或黑褐色。

栖息于平原和丘陵的溪边、灌丛、草丛、次生林，也见于山区的灌丛、常绿林和针阔混交林，繁殖期多成群活动，主要取食植物性食物，繁殖期也食昆虫。繁殖期5～6月，在林缘或林下小树上筑巢，每窝产卵4～5枚，卵椭圆形，翠绿色或蓝绿色，有黑色斑点，雌雄轮流孵卵。夏候鸟，分布于呼伦贝尔市、兴安盟、通辽市、赤峰市、锡林郭勒盟、呼和浩特市、阿拉善盟。较少见。

长尾雀 / 雄鸟 / 包头市 / 2009-10-26

雀形目 Passeriformes

鹀科 Emberizidae

白头鹀 / 包头市 / 2006-12-22

白头鹀

Emberiza leucocephalos (Pine Bunting)

雀形目鹀科，全长18cm。**雄鸟头顶中央有一明显的白色斑**，头侧、枕部有栗褐色纵纹，耳羽及颈侧灰白色，肩背、腰尾上覆羽红褐色，尾羽黑褐色，外侧两对尾羽的内羽片白色，颏、喉浅栗色，喉中央有一半月形白斑，胸腹浅栗色，下体余部白色，翅黑褐色。雌鸟近似雄鸟，羽色没雄鸟艳亮，头顶白斑不明显。虹膜黑褐色，嘴黑褐或角褐色，下嘴较淡，脚肉色。

栖息于平原、山区，成群活动于树上和草甸，以草籽为食，也食昆虫。繁殖期5～8月筑巢于草丛及灌丛低枝上，每窝产卵4～6枚，卵白色或灰白色，有锈褐色或红褐色斑点，雌鸟孵卵。冬候鸟，分布于呼伦贝尔市、通辽市、赤峰市、呼和浩特市、包头市、巴彦淖尔市、阿拉善盟。较常见。

灰眉岩鹀 / 包头市 / 2009-7-4

灰眉岩鹀

Emberiza godlewskii (Chestnut-lined Rock Bunting)

雀形目鹀科。全长16cm。**雄鸟眼先和颧纹栗色，头顶、头侧有黑栗色带，头顶余部、眉纹、颈侧、颏喉、胸均为蓝灰色。**上背至尾上覆羽红褐色，尾黑褐色，外侧两对尾羽具楔状白斑，两翼飞羽黑褐色，覆羽上有两道淡棕色翼斑；下体淡红褐色，腹中部和尾下覆羽色淡。雌鸟近似雄鸟，色较浅。虹膜褐色或暗褐色，嘴黑褐色，下嘴较淡，脚肉色。

栖息于山坡、岩石灌丛中活动。以植物种子为食，繁殖期取食昆虫。繁殖期5～6月，营巢于草丛或灌丛地上浅坑内，每窝产卵3～6枚，卵色变化大，有白色、灰白色、浅绿色、灰蓝色等，有紫黑色或暗红褐色点状、丝状斑点和斑纹，雌鸟孵卵。留鸟，分布于通辽市、赤峰市、乌兰察布市、呼和浩特市、包头市、巴彦淖尔市、鄂尔多斯市、乌海市、阿拉善盟。常见。

灰眉岩鹀 / 包头市 / 2009-6-20

三道眉草鹀 / 包头市 / 2008-1-22

三道眉草鹀 / 包头市 / 2006-6-30

栗斑腹鹀 / **雌鸟** / 兴安盟 / 2009-5-27

三道眉草鹀

Emberiza cioides (Meadow Bunting)

雀形目鹀科。全长约17cm。**雄鸟全身大致栗褐色，**背部有黑色纵纹，眉纹上缘、过眼纹和颊纹黑色，眉纹、颊、喉和颈侧白色，**胸部具深色横带斑，腹以下栗色较浅。雌鸟羽色较淡，**眉纹和耳羽土黄色，眼先和颊纹也沾污黄。虹膜暗褐色，嘴黑色，脚肉色。

栖息于平原至丘陵的林缘和灌丛，少单独活动，较怕人，繁殖期以昆虫为主要食物，其它季节主要食植物性食物。繁殖期5～7月，营巢于草丛中的地面上，很少在灌丛上，每窝产卵4～5枚，卵白色、乳白色、灰白色，有褐色、黑褐色、赭褐色线状、波状斑纹和斑点，由雌鸟孵卵。留鸟，分布于呼伦贝尔市、兴安盟、通辽市、赤峰市、锡林郭勒盟、乌兰察布市、呼和浩特市、包头市、巴彦淖尔市、鄂尔多斯市、阿拉善盟。常见。

栗斑腹鹀

Emberiza jankowskii (Jankowski's Bunting)

雀形目鹀科。全长约16cm。雄鸟头顶至背栗红色，眼先、颧纹黑褐色或深栗色，眉纹白色或灰白色，耳羽褐色或灰褐色，颊白色。肩背栗棕色具粗着暗色中央纹和淡色羽缘，下背、腰、尾上覆羽砖红色无暗色中央纹。两翅和尾黑褐色，两对外侧尾羽具楔状白斑。下体污白色，**腹中央具深栗色斑。**雌鸟羽色较暗，**上胸具灰黑色斑点。**虹膜暗褐，嘴暗褐或黑色，下嘴基部黄白色，跗跖肉色或肉青色，爪黑色。

栖息于山脚和开阔平原地带的疏林灌丛和草丛中，以各种草籽、野蒿种子、昆虫、农作物为食。繁殖期5～7月，营巢于地上草丛中或灌丛中和多枝叶树杈上，每窝产卵4～6枚，卵钝卵圆形，灰白或淡青色，被不规则棕色或玫瑰色斑点，雌雄轮流孵卵。留鸟，分布于兴安盟、赤峰市。数量少，仅在分部地可见。被《中国物种红色名录》列为易危物种。

红颈苇鹀

Emberiza yessoensis (Ochre-rumped Bunting)

雀形目鹀科。全长约14cm。雄鸟春羽**头颈部、颏喉部黑色**，有的具不明显白色眉纹，**耳后有白色带斑，后颈、腰、尾上覆羽栗色或棕红色**，背、肩黑色具长栗色纵纹。中央尾羽淡栗色，其余尾羽黑褐色具淡色羽缘。下体白色，胸及两胁沾赭色。冬羽头和上体具宽的栗色或赭色羽缘，背具栗色或皮黄色羽缘，眉纹、耳羽黑色具皮黄白色条纹，下体淡赭色。雌鸟和雄鸟冬羽相似。虹膜褐色或暗褐色，嘴黑褐色，脚肉褐色。

栖息于低山灌丛草地和有稀疏灌木的湿生草甸及蒿草塔头草甸及水域附近草地、沼泽，以各种草籽、谷类、昆虫为食。繁殖期5～7月，营巢于以蒿草和小叶樟为主的的湿生草甸和蒿草塔头草甸中的草丛、地面、灌丛低枝上，每窝产卵5～6枚，卵椭圆形，污白色、灰白色或青灰色，被黄褐色或紫褐色斑。夏候鸟，分布于呼和浩特市、巴彦淖尔市。少见。

栗斑腹鹀 / 雄鸟 / 兴安盟 / 2009-5-29

红颈苇鹀 / 徐松平、崔永利

白眉鹀

Emberiza tristrami (Tristram' s Bunting)

雀形目鹀科。全长约15cm。**雄鸟头及喉部黑色，冠纹、眉纹和颊纹白色，耳羽后部有一小白点**，上背橄榄褐色具栗褐色纵纹，下背至尾上覆羽栗红色，胸与两胁栗褐色并具暗色纵纹，胸与喉间具白色横带，下体余部白色。雌鸟以褐色代替雄鸟头部黑色部分，喉部白色具黑色细纹，胸部栗色较淡。虹膜褐色或暗褐色，嘴褐色或角褐色，下嘴基部肉色或肉黄色，脚肉色。

栖息于山地针阔混交林和针叶林带，喜在沟谷、林缘、林间空地和林下灌丛或草丛活动，胆小而安静，飞行快速，呈直线以昆虫和植物种子为食。繁殖期5～8月，在灌丛下的地面或树上营巢，每窝产卵4～6枚，卵椭圆形，灰色或浅蓝绿色，有黑色或褐色片状、线状、点状斑纹。夏候鸟，旅鸟，分布于呼伦贝尔市、兴安盟、赤峰市、呼和浩特市、包头市、巴彦淖尔市。较少见。

白眉鹀 / 包头市 / 2006-5-28

栗耳鹀

Emberiza fucata (Chestnut-eared Bunting)

雀形目鹀科。全长约16cm。雄鸟头顶至后颈和颈侧灰色具黑色羽干纹，**颊和耳羽栗色在头侧形成大的栗**

栗耳鹀 / 兴安盟 / 2008-11-14

小 鹀 / 呼和浩特市 / 2006-10-23

色块斑，颊纹皮黄白色，颚纹黑色。背栗色或栗褐色，具黑色纵纹。颏喉、胸皮黄白色，上胸有一条由黑色点斑组成的横带，两端与颚纹相连，形成黑色“U”形斑，下有一条栗色胸带，其余下体白色或皮黄白色。雌性相似，但上体较褐，胸部黑色斑点小而少，黑色胸带不明显，仅具模糊栗色胸带。虹膜褐色，嘴褐色，下嘴基部肉色，脚肉色。

栖息于低山、丘陵、平原、河谷、沼泽等开阔地带，以昆虫及其幼虫、草籽、灌木果实、种子、农作物为食。繁殖期5～8月，营巢于林缘或林间沼泽草甸中苔草塔头上或塔头根部地上，每窝产卵4～6枚，卵椭圆形，淡灰色、灰白色或灰青色，密布褐色斑点，雌鸟孵卵。夏候鸟，分布于呼伦贝尔市、兴安盟、通辽市、赤峰市、锡林郭勒盟、呼和浩特市、巴彦淖尔市。较常见。

小 鹀

Emberiza pusilla (Little Bunting)

雀形目鹀科。全长约13cm。雄鸟**夏羽头部赤栗色，头侧线和耳羽后缘黑色**，上体余部大致沙褐色，背部具暗褐色纵纹，下体偏白，胸及两胁具黑色纵纹。雌鸟及雄鸟冬羽羽色较淡，无黑色头侧线。虹膜褐色或黑褐色，上嘴黑褐色，下嘴灰褐色，脚肉色或肉褐色。

栖息于平原至山地的树林、灌丛、草地及农田，春季结小群，秋季结大群，冬季分散或单独活动，甚胆怯，以草籽、谷物及昆虫为食。繁殖于西伯利亚。冬候鸟，分布于呼伦贝尔市、兴安盟、通辽市、赤峰市、锡林郭勒盟、乌兰察布市、呼和浩特市、包头市、巴彦淖尔市、鄂尔多斯市、阿拉善盟。分布广，数量多，常见。

黄眉鹀

Emberiza chrysophrys (Yellow-browed Bunting)

雀形目鹀科。全长约15cm。**雄鸟头顶、头侧黑色，头顶中央具白色冠纹，眉纹淡黄色**，长而宽，眼后变为白色。背棕褐色或红褐色，具宽的黑色中央纹，腰和尾上覆羽棕红色或栗色，两翅和尾黑褐色，最外侧两对尾羽具楔状白斑，翅上有两道白色翅斑，颊纹白色、颚纹黑色。下体白色，喉具黑褐色条纹，胸和两胁具暗色纵纹。雌鸟似雄鸟，头褐色，耳羽淡褐，眉纹淡黄色或土黄色，上体有沾较多褐色，黑色纵纹多。虹膜暗褐色，嘴褐色或角褐色，下嘴基部较淡，呈肉色或黄褐色，嘴尖端黑褐色，脚肉色或淡褐色。

栖息于西伯利亚泰加林地区的灌丛、草地、溪流沿岸及小块松林和杨桦林中，迁徙时栖息于低山丘陵、平原地带的混交林和阔叶林中，以草籽等植物性食物为食，也食昆虫。繁殖期6～7月，营巢于树上，每窝产卵4枚，卵灰白色被铅灰色和黑褐色斑点。冬候鸟，旅鸟，分布于呼伦贝尔市、赤峰市。较少见。

黄眉鹀 / 2008-12-25

田　鹀

Emberiza rustica (Rustic Bunting)

雀形目鹀科。全长约15cm。雄鸟头部黑色，**眉纹白色或土黄白色在黑色头部极为醒目，枕部有一白斑**，颊纹土黄白色，其下有一由黑色斑点形成的颚纹位于喉侧。上体栗红色，背羽具黑褐色纵纹，两翅和尾黑褐色，外侧两对尾羽具楔状白斑。下体白色，胸具宽阔栗色胸带，两胁栗色。雌性相似，头部为沙色或棕褐色，具褐色纵纹。虹膜暗褐，上嘴黑褐色或褐色，下嘴肉色，脚肉色或肉褐色。

栖息于低山、丘陵和山脚平原开阔地带的灌丛和草丛，以杂草种子、植物嫩芽、灌木浆果及昆虫为食。繁殖期5～7月，营巢于枯草丛、幼树低枝上，每窝产卵4～6枚，卵灰色、铅灰色或灰褐色，被小暗色斑，雌鸟孵卵。冬候鸟，旅鸟，分布于呼伦贝尔市、兴安盟、赤峰市、呼和浩特市、巴彦淖尔市。较少见。

田　鹀 / 2008-11-14

黄喉鹀 / 雄鸟 / 赤峰市 / 2008-11-14

黄喉鹀

Emberiza elegans (Yellow-throated Bunting)

雀形目鹀科。全长约15cm。雄鸟头、**眉纹及喉黄色，具黑褐色短羽冠。**眼先、颊及耳羽黑色，**背部有明显三角形黑斑。**雌鸟似雄鸟但色暗，褐色取代黑色，皮黄色取代黄色。与田鹀的区别在脸颊清褐色而无黑色边缘，且脸颊后无浅色块斑。虹膜褐色或暗褐色，嘴黑褐色，脚肉色。

栖息于丘陵及山峭的干燥落叶林及混交林，越冬在多荫林地、森林及次生灌丛。繁殖期5～7月，营巢于林缘、河谷和路旁次生林与灌丛中的地上草丛中、灌木上，每窝产卵3～6枚，卵白色或乳白色，有不规则褐色斑点及斑纹，雌雄轮流孵卵。夏候鸟，旅鸟，分布于呼伦贝尔市、兴安盟、通辽市、赤峰市、呼和浩特市、包头市。较常见。

黄喉鹀 / 雌鸟 / 赤峰市 / 2009-6-20

黄胸鹀 / 雌鸟 / 包头市 / 2007-6-17

黄胸鹀

Emberiza aureola (Yellow-breasted Bunting)

雀形目鹀科。全长约14cm。雄鸟头顶至尾上覆羽暗栗色，背部有黑色纵纹，翼及尾黑色，翼上有两条白色翼斑；额、头侧及喉黑色，**下体鲜黄色，胸部有一栗色横带**，两肋具棕褐色纵纹，尾下覆羽白色。雌鸟上体色淡，头部无黑色而具黄白色的眉纹，下体浅黄色无胸带。虹膜褐色，嘴黑褐色，下嘴较淡，脚淡褐色或肉色。

栖息于大面积的稻田、芦苇或高草丛及湿润的荆棘丛。繁殖期以昆虫为食，其它季节主要取食植物性食物。繁殖期5～7月，多在草丛中地面凹陷处营碗状巢，每窝产卵4～5枚，卵圆形，灰绿色，有灰褐色或褐色斑纹，雌雄共同孵卵。夏候鸟，分布于呼伦贝尔市、兴安盟、通辽市、赤峰市、锡林郭勒盟、呼和浩特市、包头市、巴彦淖尔市、鄂尔多斯市。较常见。被《中国物种红色名录》列为近危物种。

黄胸鹀 / 雄鸟 / 包头市 / 2006-5-24

栗　鹀

Emberiza rutila (Chestnut Bunting)

雀形目鹀科。全长约15cm。雄鸟**全身大致栗红色**，翼与尾黑褐色，**下胸以下为黄色**，两肋具橄榄绿色纵纹。雌鸟上体橄榄褐色，下背和腰淡栗红色。颚纹黑色，颊、颏和喉淡牛皮黄色，下体余部浅硫磺色。尾下覆羽白色。虹膜褐色或暗褐色，嘴暗角褐色或黑褐色，脚肉褐色。

栗　鹀 / 雌鸟 / 江航东

栖息于有低矮灌丛的开阔针叶林、混交林及落叶林。常活动在山麓或田间树上，也见于湖畔或沼泽地的柳林、灌丛或草甸，多成小群活动，以植物性食物为食，兼食昆虫。6月开始繁殖，在林下灌丛和草丛中营巢，每窝产卵多4枚，卵白色微沾淡蓝色或灰色，有小暗色斑点。旅鸟，分布于呼伦贝尔市、兴安盟、赤峰市、锡林郭勒盟、包头市。较常见。

栗 鹀 / 雄鸟 / 兴安盟 / 2009-5-27

灰头鹀

Emberiza spodocephala (Black-faced Bunting)

雀形目鹀科，全长约14cm。**雄鸟头、颈及喉及上胸暗灰绿色，眼先及嘴基黑色，**背、翼及尾褐色，背上有黑褐色纵纹。**胸以下淡黄色，**胸及两胁具黑色细纹。雌鸟通体大致褐色，具淡色眉纹和颊纹。虹膜暗褐色，嘴褐色或黑褐色，尖端黑色，下嘴基部黄褐色，脚淡黄色或淡黄褐色。

栖息于平原至高山的疏林、灌丛、草甸灌丛及山间耕地，常结小群活动，繁殖期以昆虫为食，其它季节主要取食植物性食物。5月开始繁殖，营巢于灌丛中地面上或距地面不高的树杈，每窝产卵4～6枚，卵圆形、尖卵圆形或钝卵圆形，卵色变化大，有灰白色、乳白色、浅蓝色、鸭蛋青色，被以红褐色、栗褐色、鲜红色斑纹，雌雄轮流孵卵。夏候鸟，分布于呼伦贝尔市、赤峰市、锡林郭勒盟、乌兰察布市、呼和浩特市、包头市、巴彦淖尔市、鄂尔多斯市。常见。

灰头鹀 / 雌鸟 / 包头市 / 2009-5-18

灰头鹀 / 雄鸟 / 包头市 / 2009-4-25

苇　鹀 / 包头市 / 2006-10-10

灰　鹀

Emberiza variabilis (Grey Bunting)

雀形目鹀科。全长约16cm。雄鸟夏羽**通体暗灰色，背具黑色纵纹；**冬羽上体、喉、胸具红褐色羽缘，腹具白色羽缘。雌鸟上体锈褐色或暗褐色，具黑色和皮黄色纵纹，头顶中央具淡色冠带，眉纹和颧纹淡色，耳羽褐色。颏喉白色，其余下体淡色具黑色纵纹。虹膜黑褐色，嘴黑灰色，下嘴基部灰肉色或肉褐色，脚淡褐肉色。

栖息于山地针叶林、针阔混交林和林缘灌丛。6～7月繁殖，营巢于草丛和灌木低枝上，每窝产卵5枚，白色或灰白色，被小黑褐色、灰青色、紫灰色斑点。冬候鸟，旅鸟，分布于呼伦贝尔市、阿拉善盟。

灰　鹀 / 雄鸟 / 包头市 / 2009-5-18 / 张凤江

苇　鹀

Emberiza pallasi (Pallas' s Reed Bunting)

雀形目鹀科。全长约14cm。雄鸟上体沙褐色，具有黑色纵纹，额、顶和枕部黑色，后颈有一白色环带，翼黑褐色具淡色羽缘，中央尾羽深褐色，外侧两对尾羽具白斑，其余尾羽近黑色，下体近白色，两胁沾棕褐色，颏喉部黑色，髭纹白色。雌鸟头顶沙褐色，具有黑色纵纹，眉纹黄白色，嘴铅灰色、脚粉色。虹膜暗褐色，嘴黑色，下嘴黄褐色，脚淡褐色、黄褐色或肉色。

栖息于平原沼泽及溪流边的灌丛和苇浦中，性活泼，以植物种子为食，也食少量昆虫。繁殖期5～7月，灌丛枝上筑巢，每窝产卵2～5枚，卵粉红色，有暗色斑点。旅鸟，分布于呼伦贝尔市、兴安盟、通辽市、赤峰市、锡林郭勒盟、呼和浩特市、包头市、巴彦淖尔市、鄂尔多斯市、乌海市、阿拉善盟。数量多，常见。

芦 鹀

Emberiza schoeniclus (Reed Bunting)

雀形目鹀科。全长约16cm。雄鸟头、颏、喉及上胸中央黑色，眉纹白色或污白色，细窄而不明显，颚纹白色，并向颈侧延伸，与灰白色领环相连。**肩背红褐色或栗皮黄色**，具宽阔黑色纵纹，腰亮灰色。翅、尾黑褐色。下体白色。雌鸟头棕褐色或赭褐色，具黑色羽干纹，眉纹白色、宽阔，后颈无白色领环或领环不明显，颏喉白色，微沾赭色，其余似雄鸟。虹膜褐色或暗褐色，上嘴灰褐色或黑褐色，下嘴角黄色或基部较淡，嘴形较粗壮，脚肉褐色或淡黄褐色。

栖息于低山丘陵和平原地区的河流、湖泊、草地、沼泽和苇塘等开阔地带的芦苇丛、灌丛及高原沼泽草地和灌丛，以草籽、浆果、芦苇子等植物性食物为食。繁殖期5～7月，营巢于灌丛、草丛、芦苇丛中地上或低枝上，每窝产卵4～6枚，卵椭圆形，灰褐色、灰粉红色淡橄榄褐色、皮黄色等，被褐色或黑褐色斑点，雌鸟孵卵。旅鸟，分布于呼伦贝尔市、兴安盟、锡林郭勒盟、呼和浩特市、包头市、巴彦淖尔市、阿拉善盟。少见。

芦 鹀

苇 鹀 / 包头市

铁爪鹀 / 雌鸟 / 包头市 / 2007-12-23

铁爪鹀

Calcarius lapponicus (Lapland Longspur)

雀形目鹀科。全长约16cm。**雄鸟脸及胸黑色**，颈背棕色，头侧具白色的“之”字形图纹。雌鸟头顶暗褐色具皮黄色纵纹，其特色不显著，背羽边缘棕色，侧冠纹黑褐色。虹膜黑褐色，嘴黄色或黄褐色，尖端近黑褐色，**脚褐色或黑褐色。**

繁殖于北极区，迁徙时栖息于草地、田野、常与云雀混群。繁殖期6～7月，筑巢于凹地或冰原边上的低凹处，以杂草隐蔽，每窝产卵4～6枚，卵褐色或橄榄褐色，有黑褐色斑点，雌鸟孵卵。冬候鸟，旅鸟，分布于呼伦贝尔市、兴安盟、通辽市、赤峰市、锡林郭勒盟、呼和浩特市、包头市、巴彦淖尔市。常见。

铁爪鹀 / 雄鸟 / 包头市 / 2007-12-23

雪 鹀

Plectrophenax nivalis (Snow Bunting)

雀形目鹀科。全长约16cm。**雄鸟夏羽除背、翅尖、三级飞羽和中央尾羽为黑色外，其余为白色。**冬羽和夏羽相似，但头顶、耳覆羽、胸侧为栗黄色或淡栗色，肩背黑色，羽缘灰黄色或沙栗色，形成黑色纵纹，腰和下体白色，翅、尾同夏羽。雌鸟似雄鸟，羽色较暗，为污白色和黑褐色两色体羽。虹膜褐色，嘴雄鸟夏季黑色，冬季黄色，尖端黑色，雌鸟夏季黑褐色，冬季黄色，尖端黑色，脚黑色。

栖息于海岸、河岸、山边悬崖、苔原、岩石地上等开阔地带和裸露的高山、河谷，以野生植物种子为食，也食农作物种子。繁殖期6～8月，营巢于岩壁缝隙、岩洞、岩石间，每窝产卵4～7枚，卵圆形，白色微沾绿色，被黑色斑。冬候鸟，分布于呼伦贝尔市。较常见。

雪 鹀 / 呼伦贝尔市

雪 鹀 / 呼伦贝尔市 / 2009-10-24

雪 鹀 / 呼伦贝尔市 / 2009-10-24

内蒙古野生鸟类

Wild birds in Inner Mongolia

参考文献

郑光美，张词祖.中国野鸟. 北京：中国林业出版社，2002.

郑光美.中国鸟类分类及分布名录.北京：科学出版社，2005.

约翰·马敬能，卡伦·菲利普斯，何芬奇.中国鸟类野外手册.长沙：湖南教育出版社，2000.

高玮.中国东北地区鸟类及其生态学研究.北京：科学出版社，2006.

旭日干.内蒙古动物志.第三卷（鸟纲 非雀形目）.呼和浩特：内蒙古大学出版社，2007.

杨贵生，邢莲莲.内蒙古脊椎动物名录及分布.呼和浩特：内蒙古大学出版社，1998.

旭日干.内蒙古动物志.第二卷.呼和浩特：内蒙古大学出版社，2001.

邢莲莲.内蒙古乌梁素海鸟类志.呼和浩特：内蒙古大学出版社，1996.

杨贵生 ，邢莲莲.内蒙古荒漠草原和草原化荒漠地区鸟类区系的过度特征.内蒙古大学学报.1999，30（5）：636～640

颜重威，杨贵生. 内蒙古草原繁殖鸟类群聚组成之比较.生态学报.2000，20（6）：992 ～1001 .

王岐山，马鸣等.中国动物志·鸟纲（第五卷 鹤形目 鸻形目 鸥形目）.北京：科学出版社，2006.

郑作新. 中国鸟类分布名录.北京：科学出版社，1976.

陈服官，罗时有等.中国动物志·鸟纲（第九卷 雀形目）.北京：科学出版社，1998.

张荣祖. 中国自然地理动物地理.北京：科学出版社，1979.

李湘涛.中国猛禽.北京：中国林业出版社，2004.

颜重威等.中国野鸟图鉴.台北：台湾翠鸟文化事业有限公司，1996.

(日）和田刚一摄.彭华英译.野鸟282种.天津：天津人民出版社，2001.

格日乐图. 哈素海、岱海、黄旗海湿地鸟类的调查研究.内蒙古师范大学学报.2004，33（3）：294～299 .

（英）哈里森（Harrison，C.）,格林史密斯（Greensmith,A.）著.丁长青译.鸟（全世界800多种鸟的彩色图鉴）.北京：中国友谊出版社，1997.

（美）安德鲁·高斯列尔主编.邬兴淮译.世界鸟类.哈尔滨：黑龙江科学技术出版社，2004.

（日）五百沢日丸解说.山形则男·吉野俊幸写真.日本の鳥 550山野の鳥.文一総合出版，2008.

（日）桐原政志解说.山形则男·吉野俊幸写真.日本の鳥 550水边の鳥.文一総合出版，2000.

（日）真木広造，大西敏一著.日本の野鳥590. 平凡社出版，2007.

上海市野生动物保护协会.上海常见鸟类图鉴.北京：中国林业出版社，2005.

沙谦中撰文.陈加盛等摄影.台湾湿地鸟的辨识.台北：台北市野鸟学会，1988.

马玉明.内蒙古资源大辞典·鸟纲： 880～920.呼和浩特：内蒙古人民出版社， 1997.

赵正阶.中国鸟类志（下册，雀形目），长春：吉林科学技术出版社，2001.

孙成骞.中国陕西鸟类图志，西安：陕西科学技术出版社，2007.

李庆伟，张凤江.东北鸟类大图鉴.大连：辽宁师范大学出版社，2008.

聂延秋.包头野鸟.北京：中国科学技术出版社，2007.

观鸟与鸟类摄影行为准则

为了更好地保护野生鸟类资源和生态环境，引导科学文明地开展观鸟与鸟类摄影活动，特倡议制定本行为准则。

观鸟与鸟类摄影不论出于何种目的，都必须尊重自然、爱护鸟类、崇尚科学、保护生态环境。

保持适当观鸟、拍摄鸟类的距离，不过分亲近拍摄，不追求超近距离高清晰画质。保持隐蔽和安静，不惊吓鸟类，不用任何不当的方法驱赶或招引鸟类。

在野生鸟类的繁殖季节，不刻意拍摄孵卵、育雏场景，如特殊工作需要，最好提前安装遥控观察摄影设备，决不能为观鸟及摄影方便清除巢区周围的遮挡物，改变巢区的环境，避免亲鸟弃巢。

认真遵守并积极宣传《野生动物保护法》、《森林法》、《草原法》、《环境保护法》等国家和地方的法律法规，发现非法猎捕野生动物现象时应及时阻止，对不听劝阻的严重违法行为，要及时报告有关主管部门。

遵守自然保护区的有关规定，支持自然保护区的管理工作。在观鸟过程中注意保护候鸟的繁殖地、越冬地和迁徙停歇地，特别是重视珍稀鸟类及其栖息地的保护。

保护环境，不攀折花木，不践踏草场，处理好野外生活垃圾，尽量减少植被破坏。

发现新鸟种、珍稀鸟种及带环志的鸟类，要及时进行GPS定位，认真做好记录，应及时告知相关部门及科研单位。

应及时公布观鸟记录和鸟类摄影的成果，观鸟信息应客观准确，鸟类照片应体现原创性和真实性，同时注意知识产权的保护。

野外观鸟与鸟类摄影注意事项

到野外观鸟或进行鸟类摄影前，应先学习一些鸟类学、生态学、观鸟及鸟类摄影的相关基础知识，了解鸟类的生态习性，掌握观鸟和摄影的基本要领。

通过网上搜索、资料查询或咨询鸟友，事先了解所去地域的自然环境、交通状况、天气情况、鸟类信息，以便做好必要的准备工作。

出发前要告知家人或亲友出行计划和路线，定时保持通讯联系。中途出行计划如有变更，要及时通报，并告知预期返回时间，便于联系。

除携带观鸟和摄影器材外，还要根据出行时间长短、地域环境、气候特点带好充足的衣服、雨具、食品、药品、饮用水、备用汽油(驾车)、手电、车辆自救用具、GPS、通讯器材、露营用具等。

出发前要认真检查核对物品清单，对需操作使用的用具，要备好说明书并预先进行一些操作试验。

观鸟和摄影时应以不干扰鸟类正常活动为原则，穿着以接近环境自然色的服装为宜，如迷彩、绿、土黄、灰等颜色。

观鸟团队以4～6人为宜，如驾车观鸟、拍摄，2～3辆车同行为好。如有可能，应邀请当地鸟友一起观鸟。

不随便采集和食用不认识的野果、野菜、菌类等，以免中毒；不饮用不确定是否能够饮用的水源的水。

合理做好路程安排，不超速、不赶路、不疲劳驾驶，新路驾驶要谨慎，没路的地域不盲目行驶，以确保安全。

学习自救常识，准备常用的外伤、止血、包扎用品和急救药品，以防意外。

中文名索引 INDEX

拉丁名索引 INDEX

说明

本书图片以在内蒙古自治区境内拍摄的为主，并记录了拍摄地点；少数在内蒙古有分布记录的鸟类图片是作者在内蒙古自治区境外拍摄，部分征集鸟友的图片均未标注拍摄地点。征集鸟友的图片均署名使用。

本书鸟名、拉丁名、英文名排序均参照2005年郑光美先生主编的《中国鸟类分类与分布名录》一书。

根据《内蒙古脊椎动物名录及分布》（杨贵生、邢莲莲主编，1998年内蒙古大学出版社出版）、《内蒙古动物志.鸟纲.非雀形目》（旭日干主编，2007年内蒙古大学出版社出版）、《内蒙古动物志》（第二卷，内蒙古陆栖脊椎动物总论，旭日干主编，2001年内蒙古大学出版社出版）三部著作所提供的内蒙古野生鸟类名录447种，本书仅有4种鸟类白喉石䳭、柳雷鸟、矛隼、棕柳莺未集录到。本书新增鸟类分布记录23种，分别是：白鹭、牛背鹭、流苏鹬、红颈瓣蹼鹬、三趾鸥、黄腿银鸥、白头鹎、荒漠伯劳、发冠卷尾、八哥、棕胸岩鹨、欧亚鸲、白喉红尾鸲、红尾鸫、黑喉鸫、灰蓝姬鹟、叽喳柳莺、橙斑翅柳莺、蒲苇莺、芦莺、红胁绣眼鸟、暗绿绣眼鸟、红额金翅雀。本书共集录内蒙古野生鸟类466种。